JN096586

基本操作からレポート作成までわかる!

Microsoft Power BIの教科書 第2版

著 片平 毅一郎

秀和システム

はじめに

みなさんは、「自分の仕事を効率化したい。だけどデータ分析は難しそう……」と思っていないでしょうか？

Power BIを使うと、様々なデータからグラフを簡単に作成することができます。グラフを見るだけでも、いままで気がつかなかった多くの発見があります。それだけでも立派なデータ分析だといえます。

本書は、業務レポートを効率的に作りたいと考える方や、初めてPower BIでレポートを作ることになった方に向けて書いています。
Power BIの基本機能についてはもちろんのこと、レポートを作るときに注意する点や考慮すべき点についても学べるようになっています。レポートのサンプルを多く用意しているので、レポート作成のアイディアに困ったときには、きっと参考になることでしょう。

本書の特徴は、「実務で役に立つ知識を重視して解説」しているところです。というのも、筆者はPower BIを開発・販売する立場ではなく、実務で実際にPower BIを利用しているユーザー企業の担当者だからです。
「業務で○○○のようなデータが欲しい！」などと各部署から寄せられる依頼に応えるべく、日々、Power BIの機能を駆使してレポート作成に励んでいます。そういった日々の作業でよく使われるPower BIの機能を整理し、実践的に解説したのが本書だといえます。
「要望を満たす別の手段があればPower BIは使わない」というポリシーで使っているリアルユーザーだからこそわかる、他のツールにはないPower BIのよさが伝わるように心がけています。

今後、AIを使った自動化が進み、業務は大幅に効率化されて、多くの仕事はなくなるかもしれません。そうなったとしても、データを見て判断をする仕事はきっと残るでしょう。日本を含む世界各国ではAIによる自動分析の導入が進んでいますが、「分析結果の根拠が人間には理解されにくい」という欠点があります。
人は、理由や根拠に納得できないと、判断することができません。AIで例えば「3年後の売上が2倍になる」と予測数字が出たとき、「設備投資に数億円を出す決断ができるか？」「売上倍増に向けて努力できるか？」という問題が生じます。人の目でわかる形にデータを可視化して判断をサポートするPower BIは、今後ますます重要になると考えます。

それでは、Power BIを学んでいきましょう。

2023年8月　　片平 毅一郎

本書の構成

1章でPower BIの概要を紹介したあと、2～7章でPower BIの主たる機能と活用法を紹介します。

●すぐに使えるPower BI Desktopの機能(無料版)
　2章：個人で使うために必要な機能の解説
　3章：組織で使うために必要なノウハウの説明
　7章：便利で役立つ機能の紹介

●組織でレポートを共有するPower BIサービスの機能(有料版)
　4章：Web上でレポートを共有したり、スマホやタブレットでレポートを参照したりする方法の説明

●業務でレポートを作成するときに役立つサンプルの解説
　5章：データ分析に役立つ知識と機能を解説
　6章：実務で役立つ4種類のサンプルレポートを解説

●レポート作成で役立つ機能の解説
　7章：特に役立つ機能についてランキング形式で解説

サンプルのダウンロード

本書で使用しているサンプルデータなどは、次の秀和システムのWebサイトからダウンロードできます。

https://www.shuwasystem.co.jp/support/7980html/7018.html

本書のサンプルデータを使ってPower BIを動かすために必要な環境は次のとおりです。

- **Power BI**
  バージョン2.99.862.0 64-bit(2021年11月)以上
- **Excel**
  バージョン2111 ビルド 16.0.14701.20206以上

目　次

第4章 Power BI Proサービスの説明

注意

Power BIの全体像

BIツールとは何か？　Power BIはなぜ選ばれ、何ができるのか？
この章では、Power BIの導入からレポートのリリースまでの流れを説明します。
Power BIの全体像を一緒につかんでいきましょう。

1.1 10分でわかるPower BI

Power BIと聞いて、何ができると想像しますか？ 「データの分析ツール」を知っている人は多いと思いますが、「Excelとの違いは何？」「Power BIではどんなことができるの？」と聞かれると、はっきり答えられない人も多いと思います。

この章では「Power BIをどのように導入して、使っていくか」がイメージできるように、「とある会社の経理部門がPower BIを導入する」というストーリーで説明していきます。導入の流れを理解することで、Power BIの全体像も把握できます。これにより、Power BIの導入に必要なステップやタスクが特定でき、計画を立てやすくなります。Power BIの具体的な操作方法については、2章から説明していきます。

Power BIの導入プロセスについて

Power BIは、情報システム部員ではなく、現場が主体的に導入するケースが多いです。

「システム開発の知識がないのにPower BIを使い始めたけれど、大丈夫だろうか？」

「運用が困難になったり、料金トラブルが発生したりしないだろうか？」

などと不安になることがあると思います。その点、Power BIは、欲しいレポートを作成しつつ徐々に利用機能を拡張していったとしても、手戻りが少ない製品の構成となっています。

システム開発の専門用語でいうと、アジャイル形式という、2週間や1カ月といった短期目標をターゲットにして開発する手法との相性がいいです。とはいえ、全体像がわからない状態でPower BIを使い始めるのは不安でしょう。

これから、導入の流れについてご一緒に見ていきましょう。

▼レポート作成の流れの違い

従来の開発手法
（ウォーターフォール）
最初に「作りたいもの」「作成方法」
を検討し、完成形を意識して開発する手法
要件定義
レポートシステムの要望を定義
概要設計
レポート一覧とデータ構造を定義
詳細設計/開発
概要設計に従いレポートを作成
テスト
リリース
Power BIで推奨の開発手法
（アジャイル）
直近で必要なレポートを目標として、
作成していく手法
要件定義
作りたいレポートを1つ決める
開発
使えるレポートの作成を重視して開発
リリース
レポートが1つ完成したら使い始める
繰り返す

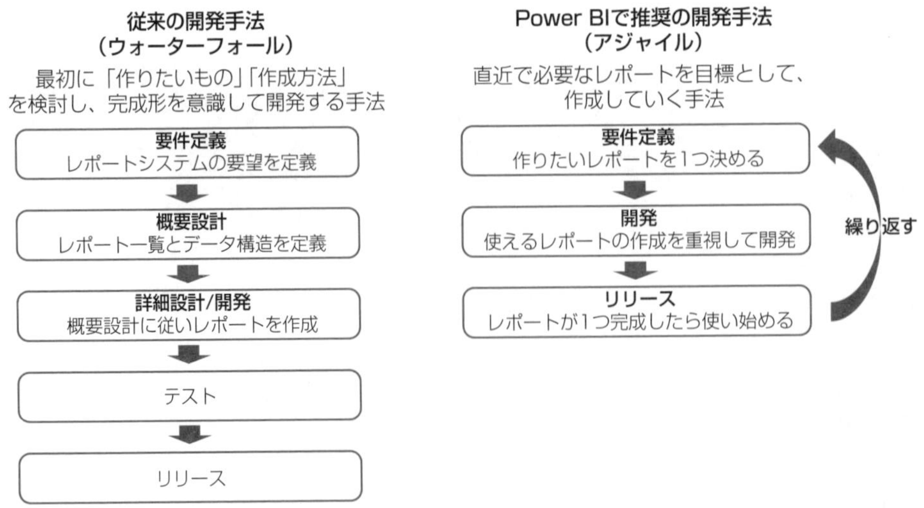

1.1.1　BIツールが注目される理由

さかのぼること1カ月前。会議室に低く通る声で経理部長は話しました。

経理部長　「経営会議の営業部長の売上分析の発表はすばらしかったよ」
東雲課長　「データ分析はビジネスマンの基本ですよね。私も1年前から取り組んでいますよ」
経理部長　「それはすばらしい。来週に部内でBIツールのプレゼンを頼んだよ、東雲くん」
東雲課長　（えっ Excelの話じゃなかったの？　BIツールって何だ？）

こうして、経理のPower BIプロジェクトは始まったのでした。

「データを活用して、もっと効率的に仕事を進めたい」と思ったことはないでしょうか？　その手助けとなるのが**BI（ビジネスインテリジェンス）ツール**です。BIツールを使うと、データを簡単に可視化することができます。これにより、いままで気づかなかったデータの特徴や傾向を把握することができます。最近のBIツールには以下の特徴があります。

グラフの視点を素早く切り替えられる

「この製品の売上データの詳細を知りたい」と思ってグラフをクリックすると、リアルタイムで詳細が表示されます。これはBIツール業界のブレークスルーとなった特徴です。これにより、「固定表示のレポートを見る」から「動的に表示を変えながら分析する」という新たな使い方が広がりました。

ユーザー自身がレポートを作成できる

データ分析のたびに、部下や開発者にレポート作成を依頼していては、業界の変化のスピードについていくことができません。「自分が知りたい内容のレポートを、自分自身で即座に作成できる」ことが、最近のBIツールの特徴です。直感的な操作で使えるため、初めての方でも簡単にレポートを作成できます。

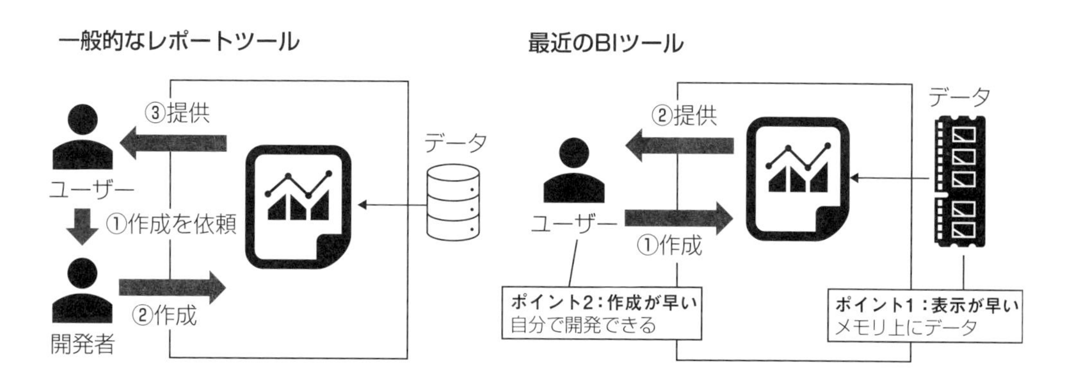

1.1.2 Power BIの特徴を知ろう

東雲課長 「如月(きさらぎ)さんはどうしてPower BIを選んだの？」

東雲課長はBIツールとしてどのソフトを使うべきか検討していた。同じ経理部門の如月さんのチームではすでにPower BIを使っているという情報を得て声をかけた。

如月さん 「Microsoft製品だったし、無料で使えたからですよ」
東雲課長 「え、それだけ？ 他のBIツールと機能や費用の比較とかしなかったの？」

Power BIの魅力

BIツールには様々な製品がありますが、その中でもMicrosoft社が開発したPower BIは、高い評価を得ているBIツールの1つです。Power BIには、次の2つの大きな魅力があります。

1 無料で使える

パソコン単体でインストールして使う場合は無料です。無料といっても、高度な機能を使えます。BIツールは2000年ごろには10万円近くする製品でした。それが無料で使えるというのは破格のサービスです。

2 他のMicrosoft製品との親和性が高い

ExcelやPowerPointなど、Microsoft製品を使っている企業は多いでしょう。その場合、Power BIを導入することで次のような相乗効果があります。

- **操作性がExcelと似ているため、操作に慣れるまでが早い**
- **ExcelなどのMicrosoft製品とのデータ連携に強みがあり、データの活用がスムーズにできる**
- **セキュリティの強度やソフトウェアの安定度には定評があり、安心して利用できる**

Power BIは、現場で使用するうちに便利だと感じ、正式に導入するパターンが多いです。一方、従来のレポートツールの導入には多くの初期投資が必要でした。ソフトやサーバーの購入、プログラムの開発など、レポートを手にするまでは長い道のりでした。Power BIの場合、初期投資といえるのはソフトの使い方を勉強する時間(工数)くらいです。そのため、調査に時間をかけるよりも、実際に作業してみて効果を確かめるほうが効率的です。

Power BIは無料かつMicrosoft製品であるため、会社での利用許可も素早く得られるでしょう。この機動性の高さこそがPower BIの魅力です。

1.1.3 Power BI Desktopでレポートを作成

東雲課長「如月さんは、どの業者にPower BIの開発を発注しているの？」
如月さん「いいえ、レポートは自分で作っていますよ」
東雲課長「えっ？　あんなにすごい画面を普通の人が開発できるの？　設計とか大変じゃないの？」
如月さん「Power BIはExcelと同じ感覚で使えるツールなんです。Excelのシートを作るのに発注はしませんよね？　東雲課長がご自分で作られるのでしたら、サポートしますよ」

Power BIでレポートを作るときは、身構える必要はありません。無料ですし、初めてでも半日あればそれなりのレポートが作れます。何より、自分ひとりでできるので、失敗しても何の問題も起きません。自分が持っているExcelのデータをPower BIに読み込んで、グラフを作ってみましょう。レポートの作成手順は次のようになります。

1　Power BI Desktopをパソコンにインストール
Microsoft Storeからインストールできます。無料で配布されているので、気になったらまずダウンロードしてみましょう。

2　ふだん仕事で使用しているExcelのデータを用意
データをテーブル形式になるように整えたら、そのまま分析用のデータとして使えます。

3　Power BIからExcelのデータを取り込む
Power BIは、取り込みの設定をデータに合わせて自動で調整してくれます。そのため、ほとんどの場合は、Excelファイルを指定するだけでデータの取り込みが完了します。

4　Power BIでグラフを作成
Power BIを開くと、いろいろなグラフのアイコンが表示されています。作りたいグラフのアイコンをクリックして、表示したい数値や項目を選択すれば、グラフが作成されます。

以上のように、Power BIのレポート作成手順は単純です。自分用の分析であれば、凝ったレポートを作る必要はありません。ぜひ作ってみましょう。

1.1.4 Power BIサービスで情報共有

東雲課長 「すごく便利な経費レポートを作れたんだけど、どうやって共有するの？」
如月さん 「誰とレポートを共有するのですか？」
東雲課長 「まずは課内かな。それで好評なら全社の部長クラスに公開しようと思っているんだ」
如月さん 「課内でしたら、共有フォルダーにファイルを置いておけばいいですよ。全社の部長に配布する場合は、Power BIサービスというWebのサービスがいいですね」

Power BIサービスの特徴

Power BIはExcelと同じで、ファイル共有をすれば、他の人でもそのファイルを閲覧・修正できます。身近な範囲で使うのでしたら、ファイル共有で十分でしょう。

ファイル共有のデメリットは、パソコンにPower BIをインストールしなければならない点です。レポートを提供する相手の人の役職が上であればあるほど、このデメリットは大きくなります。

それを解決するのが、Power BIサービスです。これは、Power BIのレポートを共有するためのプラットフォームサービスです。Webブラウザやスマートフォン／タブレットのアプリで情報を参照できます。状況に応じて様々なデバイスからレポートを参照できるのが、Power BI サービスの魅力です。

ただし、このサービスは有料となります。

▼Power BI Desktopの運用例

作業する端末	利用頻度	用途、メリット、デメリット
パソコン（レポート作成）	四半期、年	用途：新しい視点でデータ分析
		メリット：新しいレポートを作りやすい
		デメリット：レポートを開くのに時間がかかる

▼Power BIサービスを追加した場合の運用例

作業する端末	利用頻度	用途、メリット、デメリット
Web（レポート作成） タブレット	週、月次	用途：定期的に進捗と実績を状況分析
		メリット：レポートを共有しやすい
		デメリット：レポートを気軽に追加・変更しにくい
スマートフォン	毎日	用途：速報確認
		メリット：場所を選ばずにデータを確認できる
		デメリット：画面が狭くて、多くの情報が見られない

1.1.5 Power BIサービスの料金体系

東雲課長「いやー、私が作ったレポートが課内で評判だよ。全社の部長さんにも配布したいんだけど、Power BIサービスはどうやって導入するの？」
如月さん「私も課長のレポートの評判を聞いていますよ。Power BIサービスは有料ですので、まずは料金体系について説明しますね」

Power BIサービスの料金体系

Power BIサービスは、月次課金の有料サービスです。Power BIサービスで注意が必要なのは、レポートを参照するだけの人もサービスに加入しなければならない点です。「レポートの開発者が1人で、参照する人が10人」の場合、合計11人がサービスに加入する必要があります。

ライセンス費用

有料版には**Power BI Pro**と**Power BI Premium**の2種類があります。PremiumはProよりも使えるリソースや機能が多い分、料金も高いです。

▼料金体系についてのまとめ

製品	契約種別	費用
Power BI Pro	ユーザーライセンス	1人あたり1,250円／月 ※Microsoft 365 E3以上の加入が必要
Power BI Premium	容量ライセンス	ユーザー無制限（不特定の受信者に発信可能） 624,380円／月 ※開発者はPower BI Proライセンスが必要
	ユーザーライセンス	1人あたり2,500円／月

※2023年6月現在。料金は変更される場合があるので、契約前にご確認ください。

まずはPower BI Proを導入し、運用しているうちに利用者が増えたり課題に直面したりして、Power BI Premiumへの切り替えを検討する――という流れが一般的です。導入前にPower BI ProとPremiumのどちらが適切かを見極めるのは、多くの人にとって難しいでしょう。Power BI Premiumの開発にはPower BI Proのライセンスが必要なので、まずはPower BI Proを導入することをおすすめします。

1.1.6 Power BIサービスの導入検討

東雲課長は他部門に経費レポートを提供するためのプレゼンをしたが、経理部長はあまりピンと来ないようだった。

経理部長 「プレゼンで見せてもらったようなことをするには、Excelで十分だね」
東雲課長 「待ってください！ Power BIで作成した経費レポートをご覧いただけますか？」

見慣れた経費レポートが次々と姿を変える様子に、経理部長の目は釘づけになった。

Power BIサービスの導入検討

Power BIサービスの導入には費用がかかるため、検討と承認のプロセスが必要となるでしょう。ただし、Power BIでは導入前に無料でレポートを作成して効果を確認できるため、検討はシンプルです。

既存のPower BIレポートに、サービス費用以上の価値があるかどうかを確認する作業となります。費用以上の価値があると判断された場合はサービスに加入し、そうでないという判断ならばサービスに加入しない（必要ならば担当者が個人的にPower BI Desktopを使う）という選択肢となります。

Power BIサービスの導入可否の検討ポイント

Power BIサービスを導入するかどうかの判断ポイントになる点を参考までに紹介します。

- **上位の役職者が参照するかどうか？**
  パソコンへのインストールの負担や問い合わせの負担を考慮して検討します。また、Power BI Desktopは1GB以上のメモリを使用するので、パソコンが低スペックであったり、複数のソフトを起動して作業している場合、十分な動作速度を得られない可能性があります。
- **レポートの参照頻度**
  日次や週次でKPI（数値目標や達成度）を確認する場合は、レポートに素早くアクセスできるPower BIサービスのメリットが大きくなります。しかしながら、年次でデータを深く分析する使い方の場合は、Power BI Desktopのほうが優れています。

Power BIサービスの確認方法

Power BIサービスは月額のサブスクリプションであり、無料で使える30日の試用期間もあるので、実際に利用して有益性を確かめることをおすすめします。机上の会議で1時間検討する費用以下で、Power BIサービスを試すことができます。

1.1.7　Power BIサービスでのレポート共有の流れ

東雲課長　「如月さん、Power BI Desktopで共有レポートは作ったけれど、Web版のリリースまであと3日しかないよ。大丈夫かな？」

如月さん　「はい。Web版のリリースは、パソコンから発行ボタンを押せば完了です。以後、共有相手の人はWebからPower BIサービスにログインすればレポートを参照できます」

東雲課長　「えっ？　ワンクリックで終わりなの？」

Web版のレポートの作成と参照方法

Power BI Desktopで作成したレポートは、ボタンひとつで共有できます。その分、よりコアなレポート分析に時間をかけられます。リリース時の実際の操作手順は次のとおりです。

● Web版のレポートを発行する

1　Power BI Desktopで共有したいレポートを開く

2　「発行」ボタンを押して発行先を選択すれば、Web発行は完了

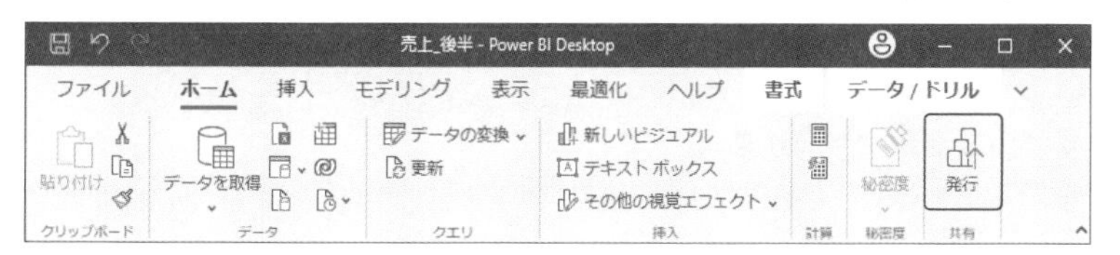

発行したPower BIのレポートは、Microsoft 365のPower BIのページに登録されます。次の画面のようなイメージで、Power BI Desktopと同じ内容のレポートを参照できます。

▼Web版のレポート

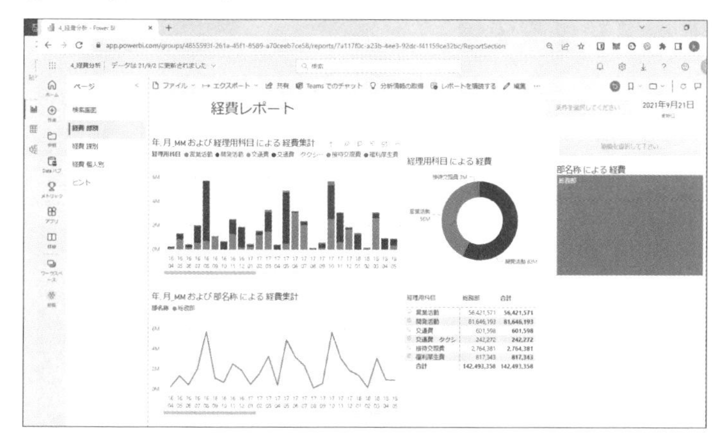

1.1.8 スマートフォン・タブレット用レポートの参照と作成方法

東雲課長　「Power BIはスマホで見られるって聞いたけど、使いづらいね」
如月さん　「(課長のスマホの画面を見て)これ、普通のWebブラウザからレポートを見ていますよね。参照専用のアプリがあるので、アプリをインストールするといいですよ」

スマートフォン・タブレット用アプリで参照

Power BIサービスを導入したら、専用のモバイルアプリをスマートフォンにインストールしてみましょう。スマートフォンでも軽快にPower BIのレポートを参照できるようになります。

「スマートフォンの画面は小さいので、レポートがよく見えないのでは？」と思う方もいるでしょう。Power BIでは、スマートフォン用のレイアウトを作成できます。作成済みのレポートから、表示したいグラフを選んで並べるだけなので、大した手間もかけずに作成できます。

Power BIモバイルアプリの特徴

モバイルアプリは、メニューがすっきりしていて使いやすいです。その理由は、モバイルアプリには開発用のメニューが含まれていないためです。モバイルアプリは参照に特化しているため、参照するだけの人には使いやすいメニュー構成となっています。

▼スマホ用アプリの画面

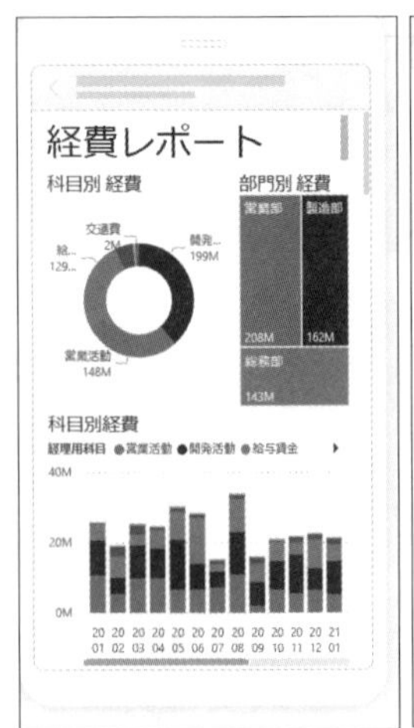

▼タブレット用アプリの画面

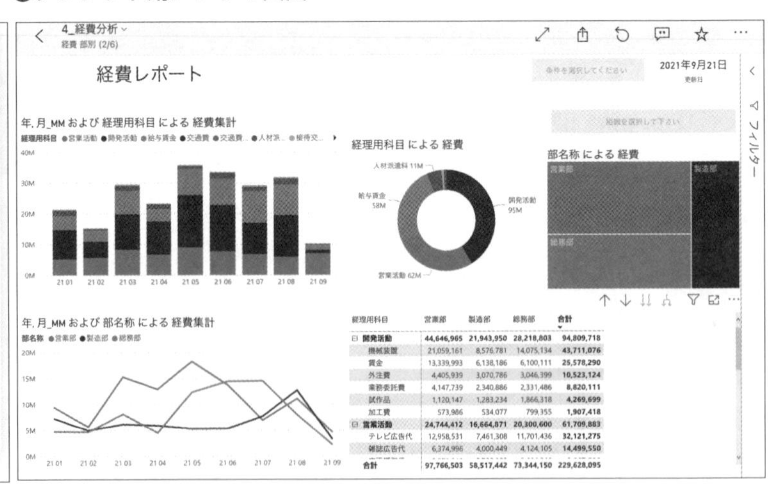

1.1.9 Power BIの利用規模の拡大とPower BI Premiumサービス

東雲課長「Power BIで作った経費レポートを会社の全社員で使うことになったよ」
如月さん「それはうれしい決定ですね」
東雲課長「でも、データをもっと頻繁に更新してとか、もっと大量のデータを分析したいとか言われて大変だよ」
如月さん「それですと、専門家に確認したり、Power BI Premiumの導入を検討したほうがいいかもしれないですね」

Power BIサービスの規模の拡大と運用見直し

東雲課長のサンプルケースのように利用が拡大した場合、運用は業務部門から情報システムなどの専門部隊に移管したほうがいいでしょう。望ましい体制は次のようになります。

- **情報システムの専門チーム**
  部門をまたいだレポートのルールの作成と管理、セキュリティ管理、データ更新の管理やスピード改善といった技術面の対応などを行う。
- **業務部門の担当者**
  レポートの作成と改善、そしてレポートの内容に関する問い合わせ対応などを行う。

運用体制を見直すタイミングで、いったんルールや運用方法を再検討することも有意義です。それまでのPower BIでの作業経験をもとに、具体的な問題点や改善点を確認して、全体を見直しましょう。

Power BI Premiumについて

利用人数が増加した場合、Power BI Premiumへの移行が視野に入ります。Power BI Premiumの容量ライセンスは月額60万円以上するので、参照人数が500人を超える場合に使うことが多いでしょう。また、Power BI Premiumには「大容量のデータ分析を高スペックな環境で実施できる」という特徴があります。

- **モデルのメモリサイズの制限が400GB（Power BI Proでは1GB）**
- **1日48回の更新が可能（Power BI Proでは1日8回）**
- **上位スペックの料金体系もある**

このようなスペックへのニーズが生じ、対応が必要となったときに、Power BI Premiumを検討することになります。

Power BI Premiumには様々なサービスがあります。より多くの専門的な知識が必要になるので、このレベルまでPower BIの活用が進んだ場合は、専任の担当者を設けることをおすすめします。

1.1.10 Power BIの全体像のまとめ

如月さん　「経費レポート、各部署で話題になっているそうですね」
東雲課長　「そうなんだよ。1カ月で作成したって言ったら、みんな驚いていたよ。どうやって設計や開発をしたのかって」
如月さん　「東雲課長も、はじめは同じように驚いていましたからね」
東雲課長　「そうそう。欲しい機能を足していくだけであんな立派なシステムが作れたことに、自分でもびっくりしているよ」

いかがでしたか？　東雲課長の目を通して、次の内容を見てきました。

- **Power BIの概要説明**
- **Power BI Desktopで、パソコン用のレポート作成**
- **Power BIサービスで、Webサイトやスマートフォン用のレポート作成**

想像していたよりも簡単にできそうだと感じられたのではないでしょうか？
システム開発では、最初にゴールを決めて計画をしっかり立てないと、大きな手戻りが発生することがあります。ですが、Power BIでは、自分の作成したいレポートのイメージを持った上で、指示された順に作業していけば、無理なくシステム（自動更新されるレポート）が完成するようになっています。Microsoft社の有料サービスへの誘導戦略がしっかりしている結果ともいえるでしょう。
1章ではPower BIの全体の流れを中心に説明してきました。「Power BIのツールが何を得意としているか」、そして「レポートを共有するにはどのような方法があるか」について紹介しました。
Power BI の機能や使い方を知りたい方には少し物足りなかったと思いますが、このあとPower BI Desktopなどのインストール手順を説明した上で、次の章から機能と使い方の詳しい説明をしていきます。

ワンポイント　Microsoft Storeとは何？
スマートフォンのアプリダウンロードサービスであるApp StoreやGoogle Playと同じコンセプトのマーケットです。Windows用のアプリが1つの場所に集まっているので探しやすく、また、インストールと削除の方法が統一されています。専門的な話として、ここに登録されているアプリは他のアプリとはメモリ空間が分かれているために、他のアプリの干渉によるエラーが発生しにくいのが特徴です。

1.2 Power BIのインストール手順

この節では、パソコン用のPower BI Desktopおよびスマートフォン／タブレット用のPower BIモバイルアプリのインストール方法について説明します。

Power BI Desktopのインストールには、「Microsoft Storeを利用する」「インストール用ファイルをダウンロードして実行する」という2種類の方法があります。

Microsoft Storeからインストールすると、自動でPower BIのバージョンアップが実行されるようになります。Power BIのバージョンアップは毎月行われるため、特別な事情がない限りはMicrosoft Storeからのインストールをおすすめします。

1.2.1 Power BI DesktopをMicrosoft Storeからインストール

1 Windowsのスタートメニューもしくは検索バーから「Microsoft Store」と入力し、Microsoft Storeを起動

2 Microsoft Storeの上部の検索ウィンドウから「Power BI Desktop」で検索

「Power BI」だけで検索すると、「Power BI Desktop」と「Power BI」が出てきます。「Power BI」はスマートフォン／タブレット用のモバイルアプリなので、「Power BI Desktop」を選択してください。

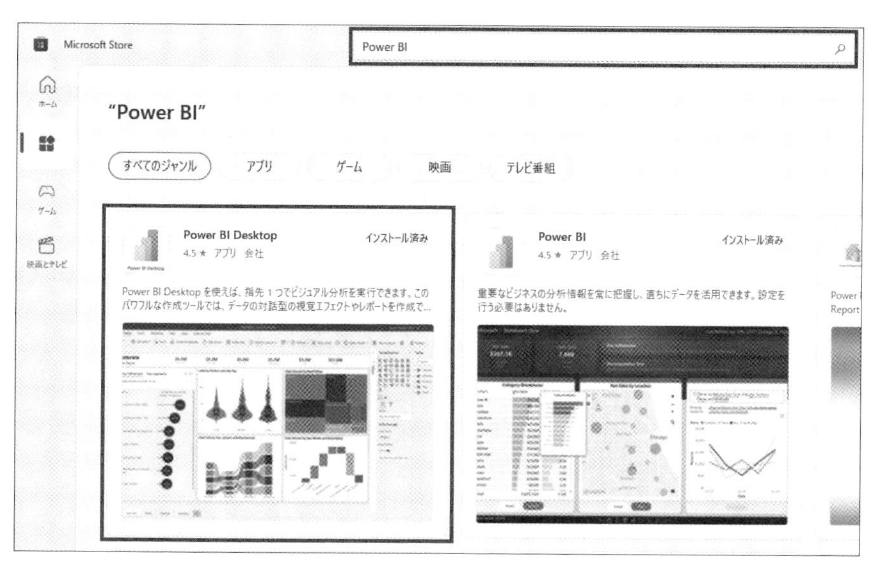

3 入手ボタンをクリック

Power BI Desktopのインストール用画面に移動したら、「入手」ボタンをクリックします。すると、インストールが始まり、しばらく待つと完了します。

Microsoft Storeを使わない場合

次に示すPower BIのダウンロードページから、「Power BI Desktopの高度なダウンロードオプション」を選択すると、ダウンロードが可能になります。ファイルは2種類ありますが、「_x64」が64bit用なので、こちらを選びます。

URL　https://powerbi.microsoft.com/ja-jp/downloads/

ダウンロード版には、「Power BIの新しいバージョンが自動更新されない」というデメリットがあります。Power BIは、プログラムのアップデートが毎月行われています。データファイルをほかのユーザーと共有したとき、そのデータファイルを作成したPower BIより古いバージョンでは、ファイルを開くことができません。トラブルを防ぐためにも、特に事情がなければMicrosoft Storeからインストールすることをおすすめします。

▼Power BI Desktopの動作環境

OS	Windows 8.1、Windows Server 2012 R2 以降、.NET 4.6.2 以降
メモリ(RAM)	2GB以上で使用可能。4GB以上を推奨
ディスプレイ	1440×900以上または1600×900(16:9)

Power BI Desktopの注意事項

- **Mac版　：Mac版は存在していません。Microsoft社では、Web上で開発できるPower BIサービスの利用を推奨しています。**
- **使用メモリ：Power BI Desktopは約1GBのメモリを使用します。レポート1つにつき1GBです。3つのレポートを同時に開く場合は、3GBのメモリが必要になります。**

1.2.2 スマートフォンとタブレットのインストール

Power BIモバイルアプリを使用するには、次の作業が必要です。

- **Power BIサービスの加入**
- **Power BIモバイルアプリのインストール**

スマートフォンやタブレットにアプリをインストールするときは、App StoreもしくはGoogle Playから行います。「Power BI」という名称で検索してインストールしてください。

作って覚える Power BI初級編

2章の初級編では、実際にPower BIを使って、レポート完成までの流れを演習していきます。その中で、個人用レポートを作成するために必要な知識の習得を目指します。実際に手を動かしてグラフを作成すること、自分で機能を使用することが上達の近道です。ぜひご一緒にPower BIでのレポート作りにチャレンジしてみましょう。

2.1 Power BIを起動しよう

2.1.1 Power BIで作る"動くレポート"

この章の目的

この章では、「売上レポート」を作成しながらPower BIの使い方を学んでいきます。Power BIには多彩な機能がありますが、全体の流れを理解していれば、作り方はシンプルです。この章の学習を終えるころには、個人用のレポートを自由自在に作成できるようになるでしょう。

作成の手順

Power BIでは、次の手順でレポートを作成していきます。

1 データの準備

まずはExcelデータを用意します。Power BIは外部のデータを取り込むため、データは外部で用意する必要があります。

2 データ加工

Power BIに取り込んだデータを、ビジュアル(グラフ)で利用できるようにPower BI内で加工します。具体的には、データの型を定義し、数字と日付の表示形式を設定します。

3 レポート作成

ここまで来たら、待ちに待ったレポート作成です。ビジュアル(グラフ)を作成し、それらを組み合わせてレポートを作成します。

どんなに難しいレポートを作成するときでも、基本はこの3つのステップになります。何をすべきかわからなくなったときは、この3つのステップに立ち返りましょう。

▼図 レポート作成の3ステップ

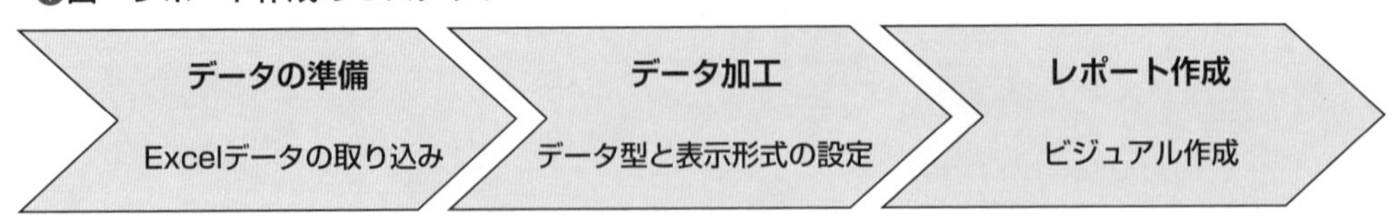

作成レポートの内容

この章で学ぶ、Power BIの主な機能は次の4つです。

1　ビジュアル：ひと目で情報が伝わるグラフや数字を表示する機能

線グラフ、棒グラフ、そして地図など、デフォルトでは36種類から選べます。様々な種類のグラフを直感的な作業で作成できます。

2　スライサー：様々な切り口でデータを抽出する機能

抽出条件の切り替えがワンクリックでできます。例えば、国の一覧から「日本」をクリックすると、日本に関する情報のみが表示されます。Power BIでは、抽出条件を変えるとリアルタイムでグラフに反映されるため、使っていて爽快感があります。

3　ドリルダウン：詳細なデータを表示する機能

年次推移のグラフを見ていて、「詳細な月次推移のグラフを参照したい」と思ったことはないでしょうか？　ドリルダウン機能を使えば、年から月の表示に切り替えることも簡単です。ドリルダウンを使って、気になるデータを詳細データに展開し、確認することができます。

4　相互作用：それぞれのグラフが有機的に結び付いた機能

グラフ内の項目をクリックすると、周囲のグラフも一瞬で変化します。クリックした値が強調表示されたり、クリックした値に合わせてデータが抽出されたりします。この機能は、BIツールが普及するきっかけとなった一番の機能といっても過言ではありません。

▼レポートで使われている機能

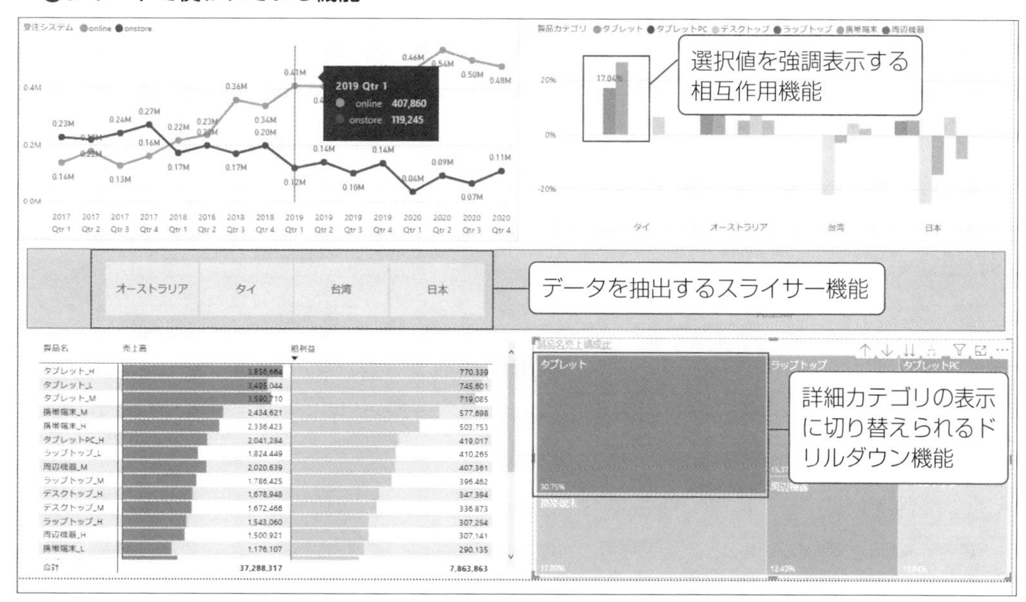

2.2 データの準備

2.2.1 Excelデータの準備

これからレポートを作成していくにあたって、まず「データの準備」を行います。はじめに、分析対象のデータをExcelで用意します。データをきれいな形で準備すると、あとで加工する手間がなくなります。作業効率を上げるためにも、データの準備をしっかり行う習慣を身につけましょう。

Excelデータを準備するときのポイントは次の3つです。

データ準備の3つのポイント

1　左上のセルA1から入力する

Power BIは、Excelシート上の左上端のセルを起点としてデータを取り込みます。セルA1からデータを入力しなくても実際には問題は起きませんが、「誤って1行目や1列目に本来のデータ以外のものを入れてしまう」といったミスを防ぐためにも、セルA1から入力するのがおすすめです。

2　1行目にはヘッダーを入力する

列の名前は、あとでPower BIでのグラフ作成に使用するため重要です。わかりやすく、かつ重複しない名前をつけるように工夫しましょう。

3　データのフォーマットを揃える

Power BIでデータを取り込むときに問題が生じるのを防ぐため、日付データのフォーマットを統一し、数値データには文字列の値を入れないようにしてください。

以上が、Excelのデータを準備するときのポイントです。これらを踏まえて、Excelデータを作成しましょう。

▼Excelデータ準備の3つのポイント

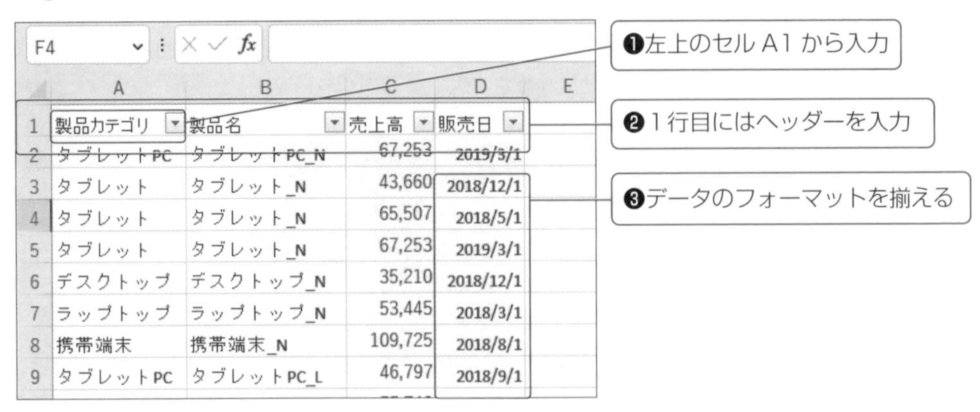

演習：Excelデータの準備

この演習では、「好ましくない形でExcelにデータを登録した場合、Power BIではデータがどのように取り込まれるか」について紹介します。

●データ準備の失敗例

・同じ列名を重複して使用

「製品名」という列名をExcelのヘッダーに重複して登録しました(下図①)。Power BIは情報を列名で区別するので、列名を重複して使うことはできません。重複した場合は、「製品名_1」のように、名前の後ろに連番が自動的に追加されます。

・セル結合を利用

Excel上でセル結合したデータは、Power BI上ではnullとして取り込まれます(②)。そのため、期待どおりのデータが取り込まれません。

・書式の違う日付を入力

Excel上の日付データに異なるフォーマットのものが混在していると、Power BIでは日付型としてうまく認識することができません(③)。その場合は、データが数値型や文字型として、Power BIに取り込まれます。

・データ以外の行に書式設定を行う

Excel上で、データ領域以外に書式設定をした場合、見た目上はデータがなくても、その列や行まで、Power BIにnullとして取り込まれてしまいます(④)。

▼Excelデータ(上)とPower BIへの取り込み結果(下)

	A	B	C	D	E
1	製品名	製品名	売上高	販売日	
2	タブレットPC	タブレットPC_N	67,253	2019/3/1	
3		タブレット_N	43,660	2018/12/1	
4		タブレット_N	65,507	2018年5月1日	
5	タブレット	タブレット_N	67,253	2019/3/1	
6	デスクトップ	デスクトップ_N	35,210	2018/12/1	

製品名	製品名_1	売上高	販売日	Column5
タブレットPC	タブレットPC_N	67253	2019/03/01	null
タブレット	タブレット_N	43660	2018/12/01	null
null	タブレット_N	65507	43221	null
null	タブレット_N	67253	2019/03/01	null
デスクトップ	デスクトップ_N	35210	2018/12/01	null

❶同じヘッダー名を使用
❷セル結合を利用
❸販売日に書式の違う日付を入力
❹データ以外の行に書式設定を行う

2.2.2 Power BI Desktopの起動と画面構成を紹介

データの準備ができたので、Power BI Desktopを使用していきます。まずは、Power BIの起動方法と画面の構成について確認していきましょう。

Power BIの起動

1　Power BI Desktopの起動

Power BI Desktopを起動するには、デスクトップまたはスタートメニューからPower BI Desktopアプリをクリックします。Power BI Desktopをインストールしていない方は、1.2節を参考にインストールしてください。

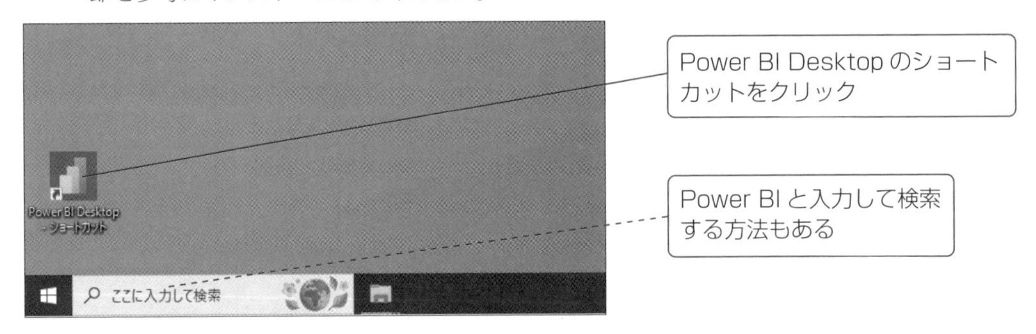

2　Power BI Desktopのホーム画面

Power BIを起動すると、次のようなポップアップ画面が表示されます。ポップアップ画面は案内ページなので、閉じても問題ありません。右上の閉じるボタン(×)で閉じて、Power BIの画面構成の確認に移りましょう。

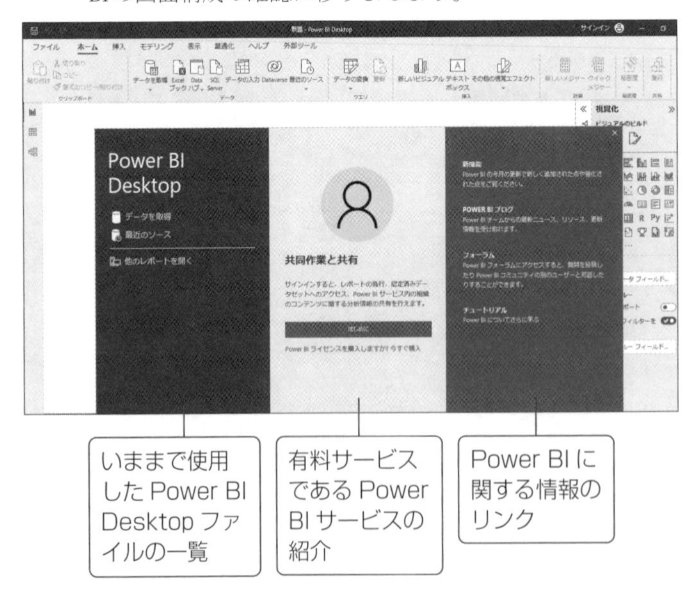

Power BIの３つのビュー画面

Power BIでは、画面左端の３つのビューを切り替えて操作します。

●**レポートビュー：レポートの作成作業画面**　複数のグラフを組み合わせます。

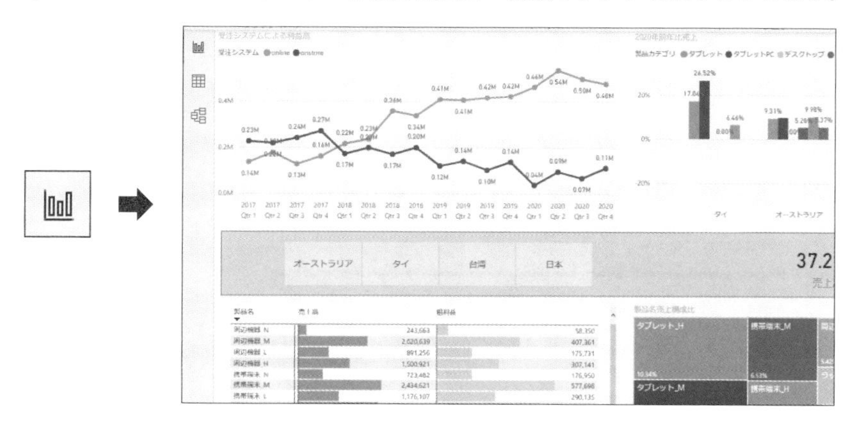

●**データビュー：元データの確認画面**　データ型や値の表示形式を設定することができます。

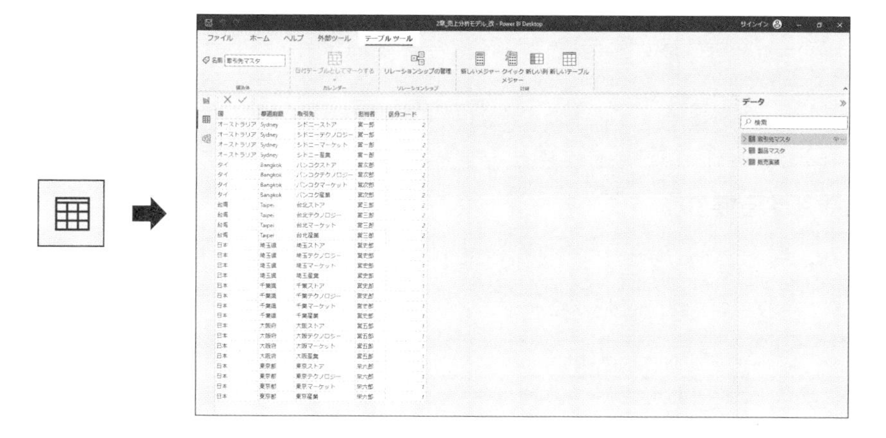

●**モデルビュー：リレーションシップの設定画面**　テーブル同士の関係性を定義します。

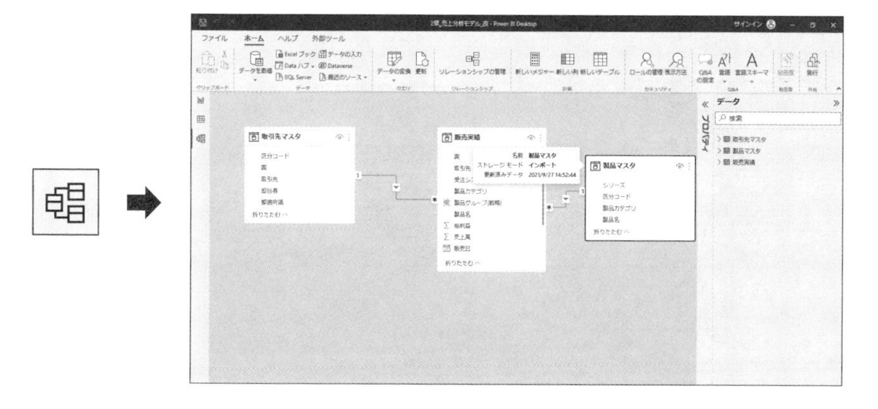

2.2.3 データをPower BIに取り込もう

レポートを作成するには、もととなるデータが必要です。用意したExcelデータをPower BI Desktopに取り込んでみましょう。取り込み時に使うのが**データ取得**の機能です。

データソースの設定について

「データ取得」は、レポートビュー、データビュー、モデルビューのどの画面からでも、「ホーム」リボンから実行できます。ここに表示のないデータを取り込みたい場合には、「データを取得」ボタンをクリックします。すると100種類以上のデータソースが表示されるので、その中からデータ形式に合ったデータソースを選択します。

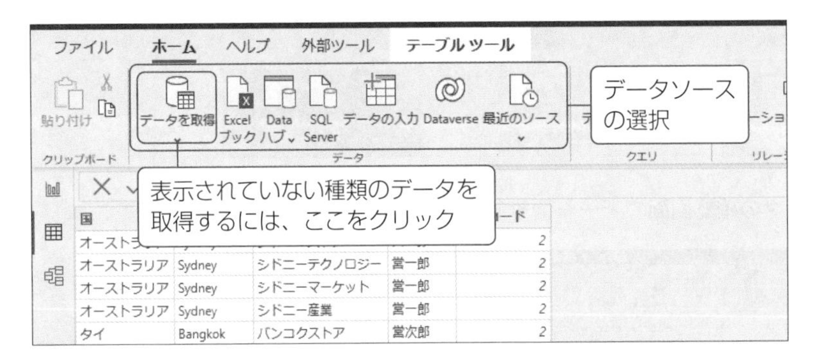

最新のデータに更新する場合

「データ取得」で一度データを取り込むと、その設定がPower BI内に保存されます。そのため、Excelのデータを変更したあとで、Power BIに最新データを反映させたい場合は、「更新」ボタンをクリックするだけで済みます。

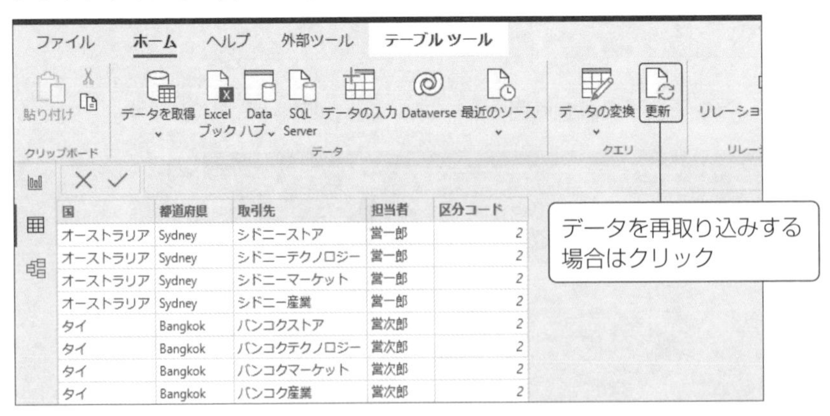

演習：Excelファイルを取り込む

では、ExcelデータをPower BIに取り込むための具体的な操作方法について演習します。

1 対象のExcelデータを選択

「ホーム」リボンの「Excelブック」の取り込み機能を利用して、用意したExcelデータを選択します。

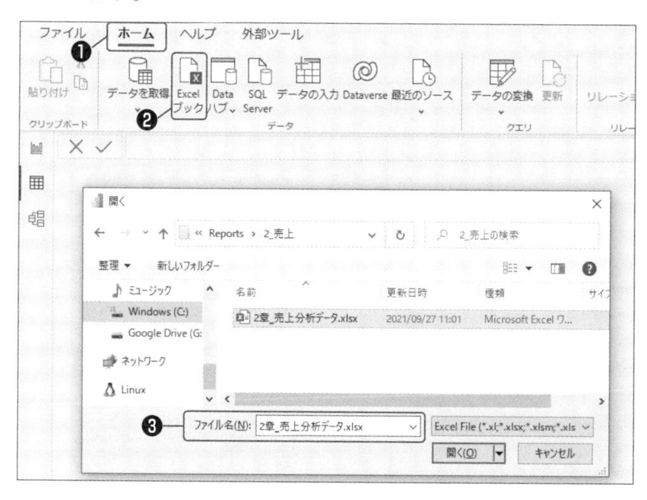

❶「ホーム」タブをクリック
❷「Excel ブック」をクリック
❸対象の Excel ファイルを選択

2 Excelシートを選択してデータ取り込みを実行

左にExcelシートの一覧が表示されます。シート名をクリックするとデータが右画面に表示されるので、データに問題がないことを確認してから「読み込み」ボタンをクリックします。

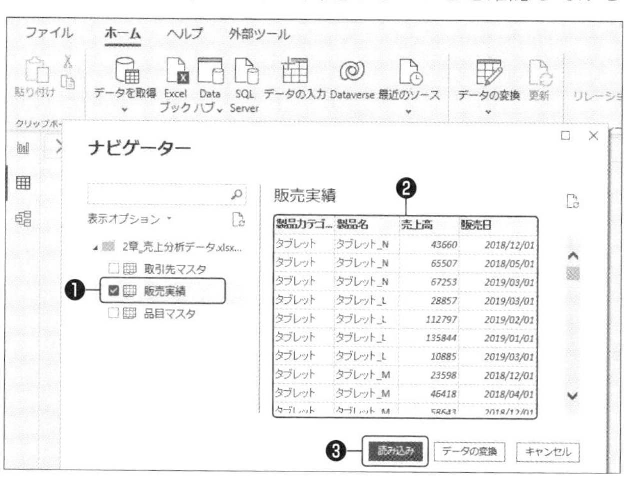

❶ Excel シートを選択
❷データに問題ないことを確認
❸「読み込み」ボタンをクリック

2.2.4 取り込んだデータの内容を確認しよう

Power BIに取り込んだデータの確認と設定を行う**データビュー**について学んでいきます。

データビューの役割

データビューでは、主にデータの中身の確認および列のデータ型と表示形式の設定をします。また、列の名前を変更することもできます。

Excelデータを Power BIに取り込んだら、「データが想定したものと違った」ということもあります。データ取り込みを実行したら、データビューで確認する習慣を身につけましょう。

●データビューの画面構成

❶ データウィンドウ

テーブルの一覧が表示されます。テーブル名を展開すると列名を確認できます。

❷ メインウィンドウ

選択したテーブルのデータが表示されます。表示データを切り替えたいときは、画面右のデータウィンドウにおいて、表示したいテーブルを選択します。

❸ リボン

テーブルや列に対して、定義を設定したり、データ変換をしたりするための機能が表示されます。データウィンドウやメインウィンドウで、選択中のテーブルや列に関する変更メニューが表示されます。

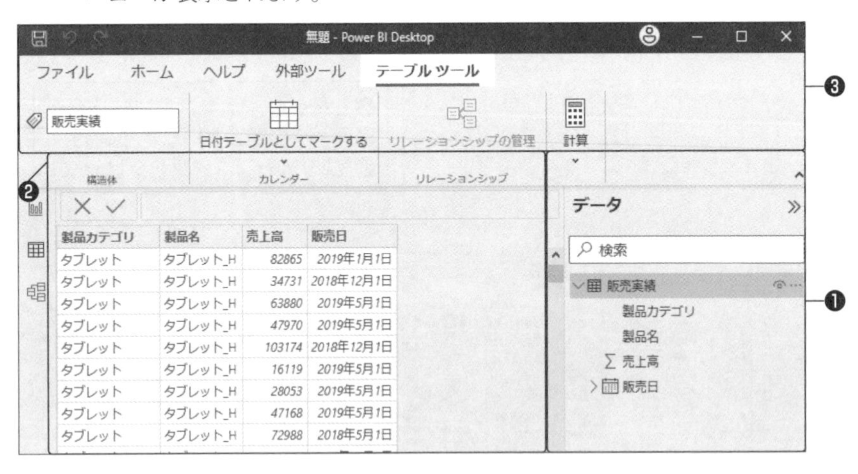

演習：取得したExcelデータの内容確認

取り込んだテーブルの列名およびデータの中身をビューで確認します。

1 取り込みデ タを確認する

取り込んだデータに問題がないかどうかを、列名、データの中身、件数で確認します。

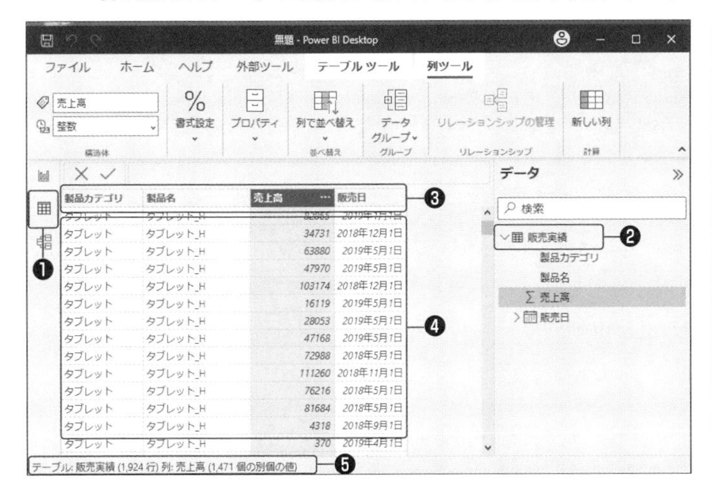

❶「データビュー」をクリック
❷テーブルを選択
❸列名が正しく取り込まれていることを確認
❹データが想定どおり取り込まれているか確認
❺取り込みデータ件数が、Excel 上の件数と一致していることを確認

2 フィルターやソートを使ったデータを確認する

レポートの作成中に、レポート上の数字が正しいかどうか確認したいことがよくあります。その場合はデータビューで確認すると確実です。

今回は「2018年1月の売上高が少なすぎる」と仮定して、Power BI上でデータを絞り込んで確認してみます。

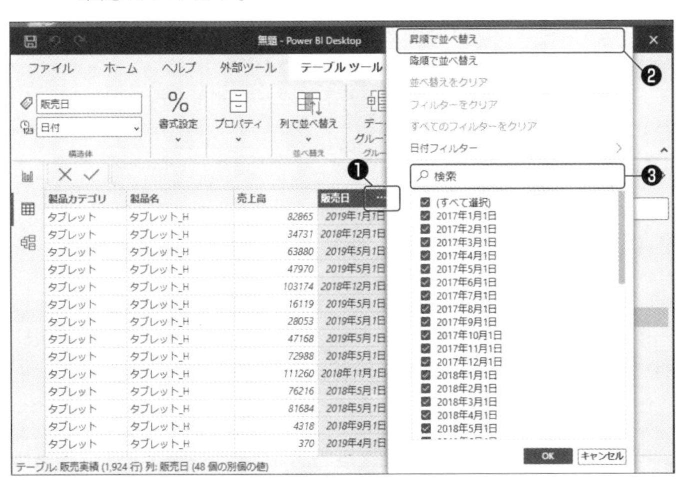

❶「販売日」の「…」をクリック
❷「昇順で並べ替え」をクリック。もう一度「販売日」の「…」をクリック
❸「検索」に「2018 年 1 月」と入力して絞り込み、「OK」ボタンをクリック

2.2.5 データ型と表示形式を確認する（データビュー、「列ツール」タブ）

データ型と表示書式形式の設定機能

数字や日付のデータ型と表示形式（書式の一種で、数値型などの表示方法を指定するもの）の設定は、レポート画面の表示に影響します。

●データ型について

データ型は、列の値がどのような種類のデータかを示すものです。「文字列」「整数」「日付」などがあります。

では、データ型はいったい何のために設定するのでしょうか？

例えば、月次売上の棒グラフを作成するときには、年月ごとの集計が必要です。しかし、「2023年03月02日」といったデータから年と月を抽出するのは手間がかかります。このとき、データ型を「日付」と定義しておくと、Power BIは自動的に年と月を抽出してくれます。データの型を定義することで、自動で便利な変換をしてくれるのです。

●表示形式について

表示形式は、レポートでのデータの表示方法を定義します。例えば、数値型に対して通貨記号やカンマ区切りを設定することができます。そうすることで、例えば「2000」という値を「¥2,000」のように表示できます。これによって、レポートの見栄えが向上し、情報が読みやすくなります。

データ型と表示形式の設定方法

メインウィンドウ内の列名をクリックして列を選択すると、「列ツール」タブが表示されて、対象の列のデータ型や表示形式の設定ができるようになります。

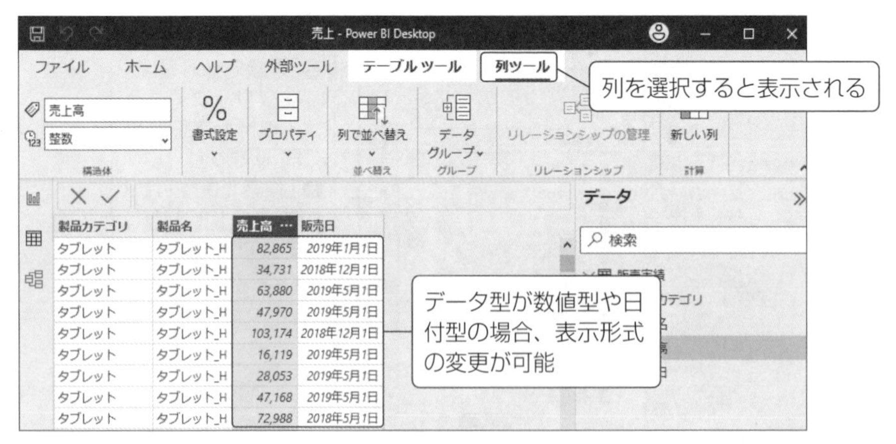

演習：データ型の確認、表示形式の変更

テーブルを選択すると、データビューのメインウィンドウにテーブルの内容が表示されます。列を選択して、「列ツール」リボンに表示されるデータ型と表示形式を確認しましょう。

1　データ型の確認

「売上高」列のデータ型が正しく設定されているかどうか確認します。列名をクリックしたあと、「列ツール」リボンの中のデータ型で確認・変更ができます。また、データウィンドウ内のアイコンでも、データ型を確認できます。

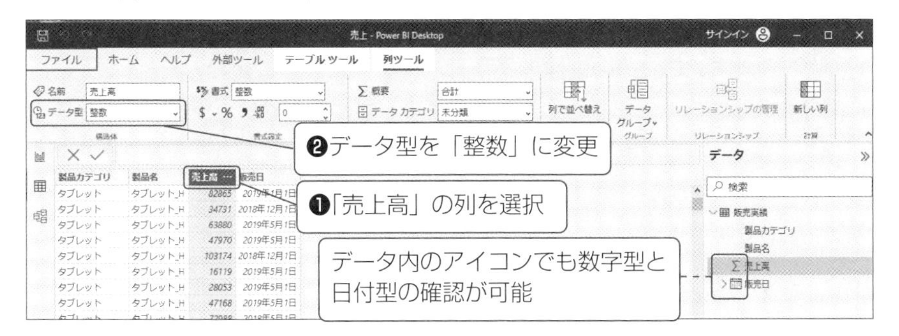

2　表示形式の変更

「売上高」の表示形式をカンマ区切りに変更します。表示形式は書式設定の機能で変更します。

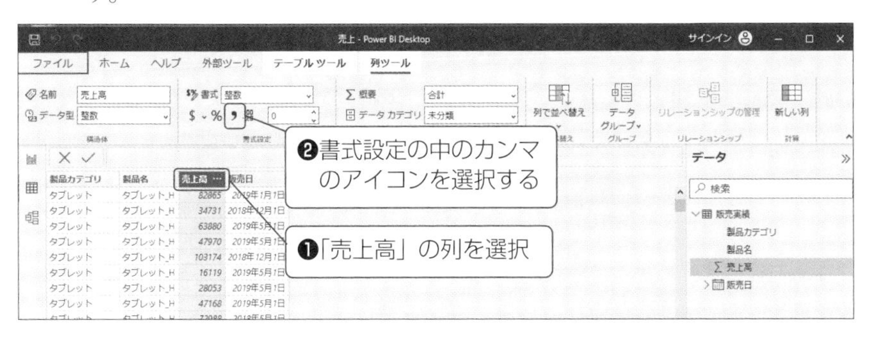

日付型の「販売日」列も同じように、書式設定で日付の表示形式を変更できます。このような、データビューで設定した書式は、レポートの見た目に影響します。「レポートを作成していて表示形式を変更したくなったときは、データビューの書式設定の機能で変更する」ことを覚えておきましょう。

2.2.6 テーブルや項目をきれいに整理しよう
（データウィンドウからの名前の変更／削除）

テーブル名や**列名**は、取り込み元の名前が自動でセットされます。わかりにくい名前の場合は、取り込んだあとで修正しましょう。列名は、ビジュアルの作成時に何度も選択します。わかりやすい名前をつけておくことで、操作性は劇的に向上します。

テーブルや列の削除

データウィンドウでテーブルや列を右クリックしたときに表示される「モデルから削除」を選択すると、これらを削除できます。ここでの削除の操作は、Power BI内の設定のみを削除します。元のExcelデータは削除されないので、安心してください。テーブルの削除は、データ取り込みを再定義したいときによく使います。

テーブル名や列名の変更

テーブル名や列名はモデルビューで変更します。変更したいテーブルや列を選択したときに表示されるプロパティウィンドウから変更できます。表示の整理に役に立つプロパティは次の3つです。

- **名前**：表示名を変更する
- **フォルダーの表示**：フォルダー名を追加して、そのフォルダー内に列を表示する
- **非表示**：「はい」を選択すると、レポートビューで列が非表示になる

列の並び順は自動で常に名前順となるため、自分の好きな順番を指定することはできません。そのため、列名を変更したりフォルダーを使用したりすることで、列を整理します。

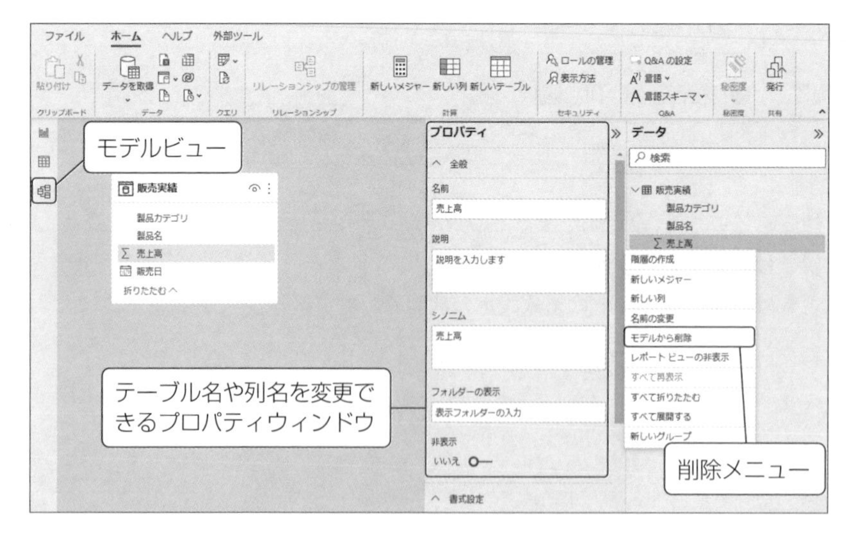

演習：フォルダーの設定と他の列の追加

今回の演習では、「製品カテゴリ」と「製品名」を「製品」フォルダー配下に移動する、という変更をします。

1 フォルダーの設定

「製品カテゴリ」に対してフォルダー設定をします。

❶モデルビューを選択
❷「製品カテゴリ」を選択
❸「フォルダーの表示」に「製品」と入力

2 フォルダーに他の列を追加

「製品」フォルダーの配下に「製品名」も保存します。先ほどと同じ手順でもできますが、ドラッグ&ドロップでフォルダーに追加することもできます。

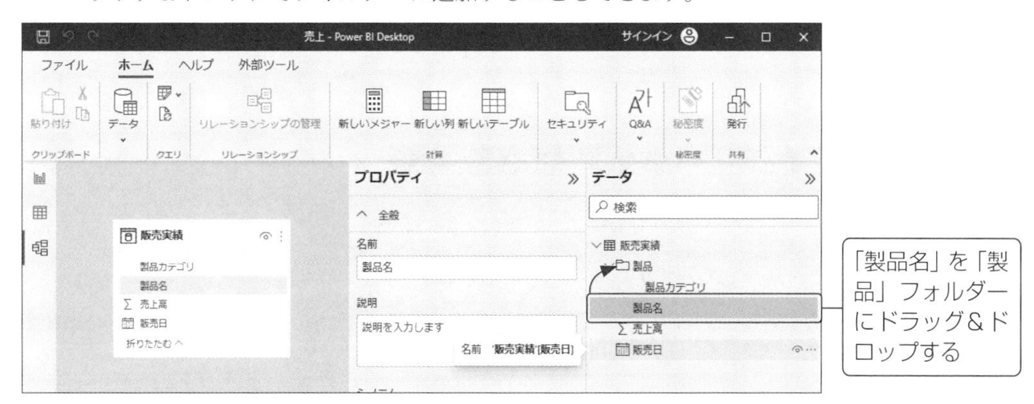

2.2.7 テーブル同士の関係性を定義する

データの取り込みと整形が終わったので、続いてモデルビューの作業に移ります。**モデルビュー**では、テーブル同士の関係性を定義します。

例えば、次の図の「販売実績」テーブルから国別に集計した売上高を出そうとしても、「販売実績」テーブルには国名がないので取り出せません。しかし、取引先名で検索して「取引先マスタ」テーブルにある国名を使えば取り出すことができます。その設定をするのがモデルビューです。

▼リレーションシップにより、テーブルにないデータを参照できる

販売実績

取引先名	売上高
シドニー産業	67,253
台北ストア	74,414

取引先マスタ

取引先名	国
シドニー産業	オーストラリア
台北ストア	台湾

販売実績+取引先マスタ

取引先名	売上高	国
シドニー産業	67,253	オーストラリア
台北ストア	74,414	台湾

モデルビューの画面構成

モデルビューでは、画面中央にテーブルのボックスが表示されています。テーブル同士の関係性が定義されている場合は、テーブルのボックス同士が線でつながっています。この線のことをリレーションシップといいます。リレーションシップの線の位置にマウスポインタを合わせると、「どの列の情報を使用してテーブルが結び付いているか」がわかります。

▼モデルビューの画面構成

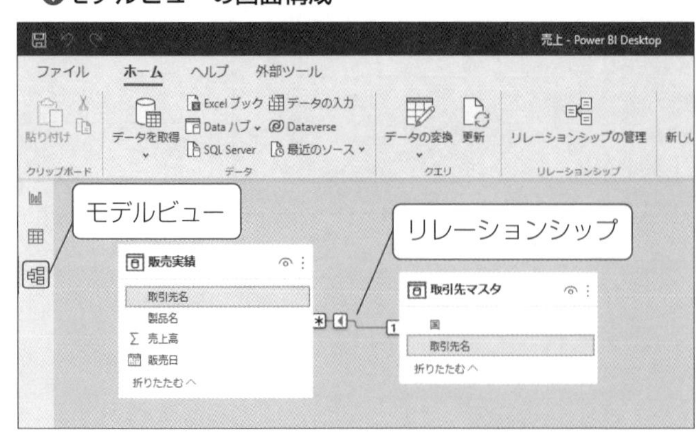

演習：リレーションシップの新規作成をする

「販売実績」テーブルと「取引先マスタ」テーブルの間にリレーションシップを作成します。

1 モデルビューでリレーションシップを作成する

リレーションシップを設定するには、リンクの元となる列をドラッグ＆ドロップします。今回は「販売実績」テーブルの「取引先名」をドラッグして、「取引先マスタ」の「取引先名」の上にドロップします。

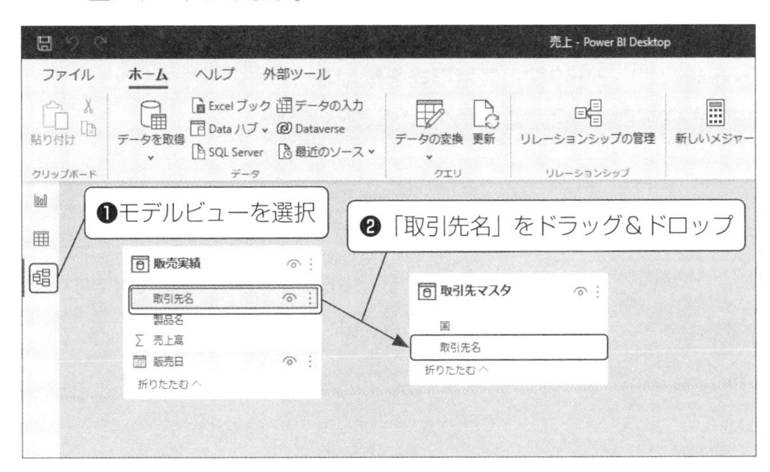

2 リレーションシップの設定を確認する

「販売実績」テーブルと「取引先マスタ」テーブルの間に線が表示されたら、リレーションシップの完成です。リレーションシップの線の位置にマウスポインタを合わせて、「取引先名」同士で結び付いていることを確認しましょう。

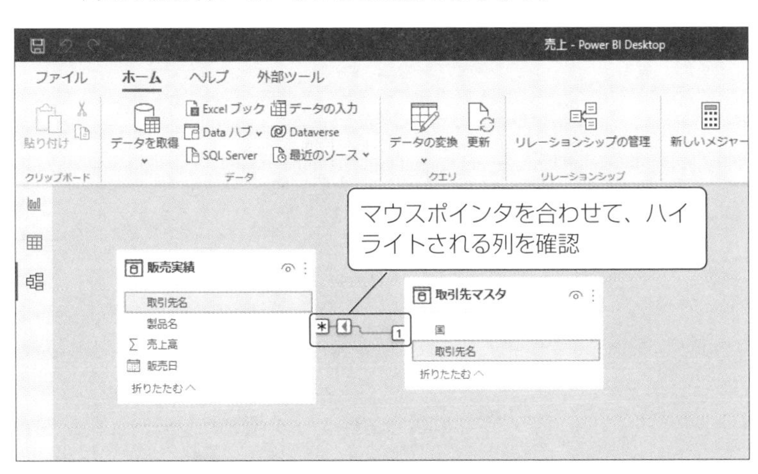

2.2.8 データの準備のまとめ

データの準備は以上で終了です。まとめると、次の3ステップで準備が完了します。

1 「データを取得」ボタンや「Excel ブック」ボタンなどでデータを取り込む

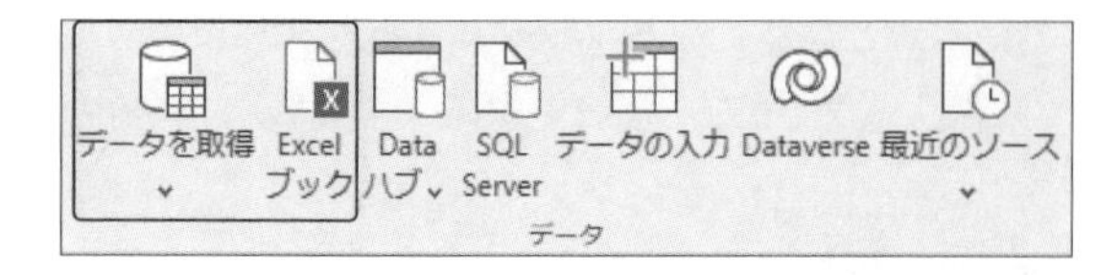

2 データビューでデータを確認し、データ型と表示形式を整える

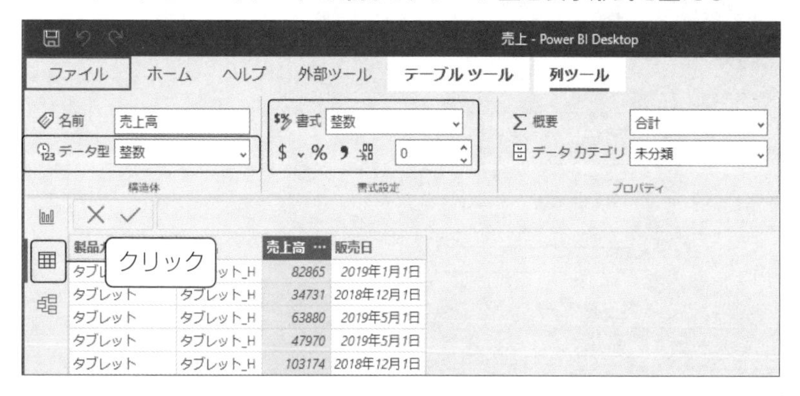

3 モデルビューでリレーションシップを確認し、整える

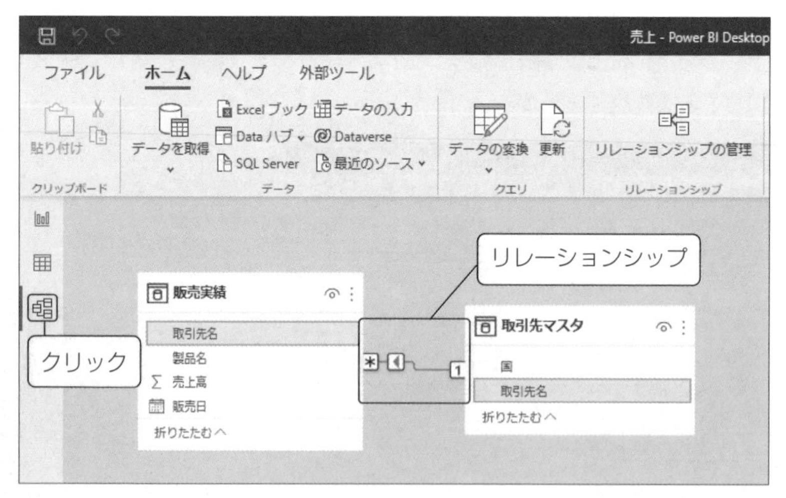

Power BIは、データを取り込むときにExcelデータを解析して、データ型とリレーションシップなどの自動設定を行います。そのため、Excelデータを正しく整えておくことが、スムーズにデータ取り込みを行うための鍵となります。

2.3 レポート作成のための必須技術

2.3.1 レポートビューの内容

これから、Power BIのメイン機能であるレポート作成に取り組んでいきます。レポートを作成するためには、各ビジュアルの特徴や機能を理解することが必要です。そのため、一つひとつのビジュアルや機能について順に学び、習得していくことを目指します。

レポートビューの画面構成

レポートビューの画面と機能は次のような構成となっています。

❶ **リボン**

様々な操作や機能の一覧が表示されています。

❷ **レポート本体**

メイン画面です。ビジュアルを配置して、レポートを作成します。

❸ **フィルターウィンドウ**

ページ内あるいは全ページでの、データの抽出条件を設定します。

❹ **視覚化ウィンドウ**

ビジュアルで表示するグラフを指定し、表示するデータを設定します。設定の大部分は、この視覚化ウィンドウを使用します。

❺ **データウィンドウ**

データビューで設定したテーブルと列の一覧が表示されています。このウィンドウ内で、グラフに出力するテーブルや列データを選択します。

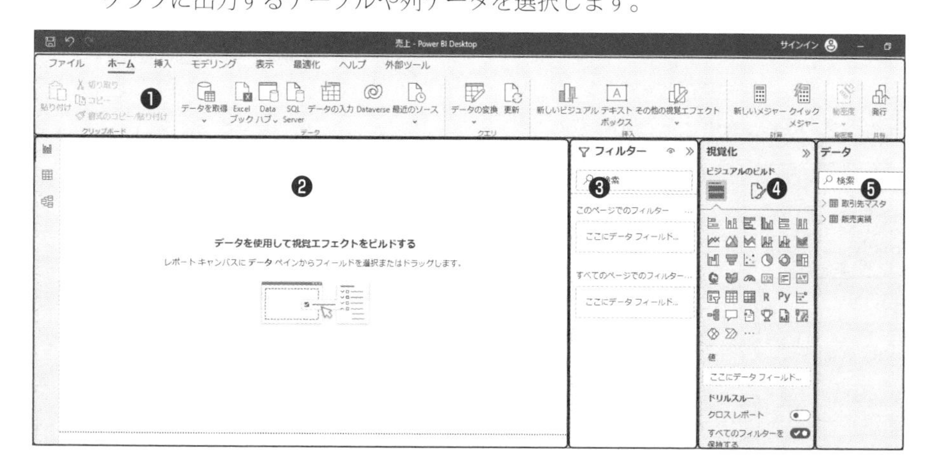

2.3.2 視覚化ウィンドウの構成と機能

レポートビューで特によく使う視覚化ウィンドウは、次のような構成になっています。

●「データ」タブ

［ビジュアル選択］

「データ」タブ内の上半分に表示されているアイコンは、作成できるビジュアルです。棒グラフ、線グラフ、円グラフ……といった様々なビジュアルが用意されているので、その中から目的に合ったものを選択します。

［フィールド設定］

「データ」タブ内の下半分では、使用するフィールド(列)を設定します。ビジュアルを選択すると、そのビジュアルに必要な項目(X軸、Y軸、値など)が表示されるので、それぞれのデータを設定します。

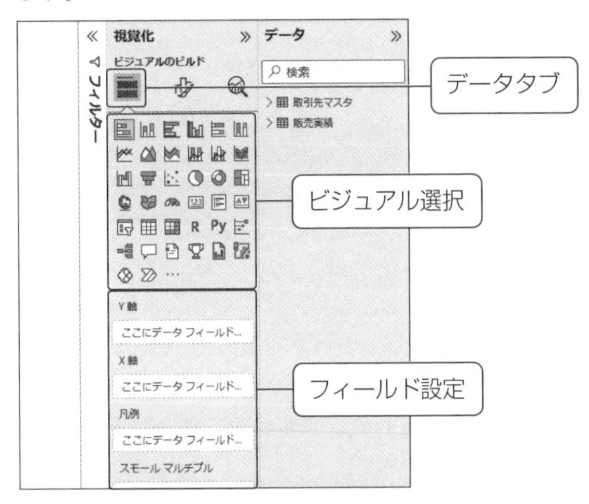

●「書式」タブ

ビジュアルの見た目を変更するタブです。ビジュアルに表示されるタイトルの文字列、ビジュアル内各部の文字の色や大きさなどを変更できます。

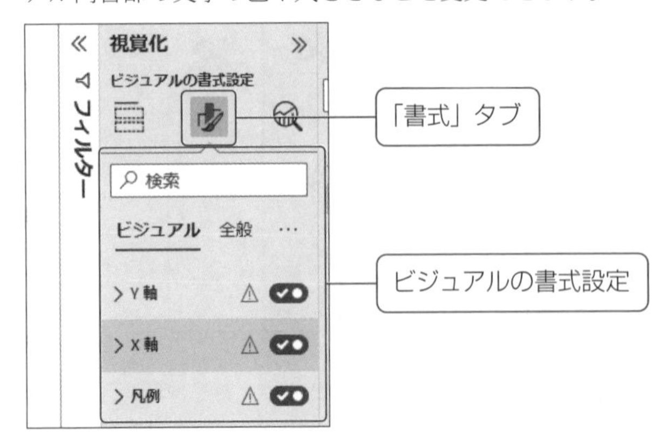

2.3.3 ビジュアル選択とフィールド設定

ここでは、視覚化ウィンドウでのビジュアル選択とフィールド設定の操作の流れについて学んでいきます。

ビジュアル選択

ビジュアルのアイコン一覧から、作成したいビジュアルを選択します。
代表的なビジュアルとして次のようなものがあります。

- **棒グラフ：**縦表示、横表示など5種類ある
- **線グラフ：**折れ線グラフや、面を色分けした面グラフがある
- **円グラフ：**真ん中に穴が開いているドーナツグラフもある
- **カードやKPI：**数字を大きく表示するビジュアル
- **テーブルやマトリックス：**データそのものの表示に使用する

フィールド設定

フィールド設定では、グラフに表示する列を設定します。右端のデータウィンドウから使用したい列を選択して設定していきます。各項目に列を設定する方法としては次の2つがあります。

1 ドラッグ&ドロップ

データの列をドラッグして、視覚化ウィンドウの目的の項目の上にドロップします。

2 チェックボックス

データウィンドウでチェックボックスをクリックすると、視覚化ウィンドウの特定の項目に列がセットされます。その後、ドラッグ&ドロップで項目を調整します。

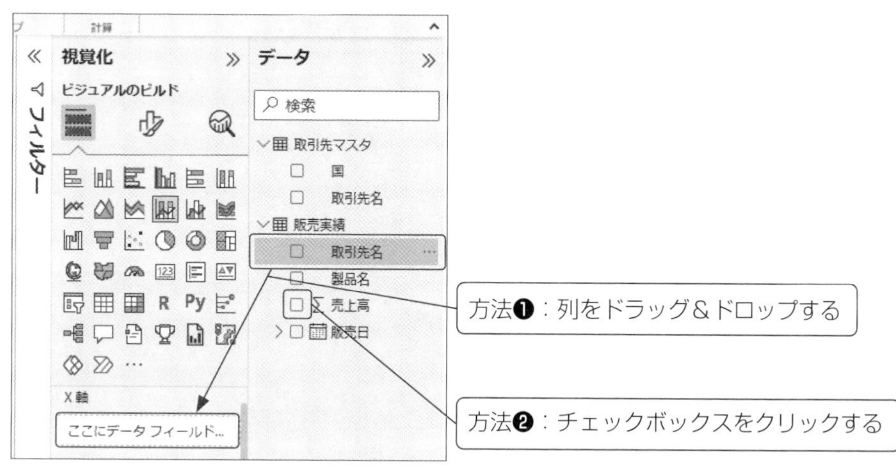

演習：ビジュアルの選択

それでは、国ごとの売上高を表示した棒グラフを作成する演習をします。

1　ビジュアルの選択

視覚化ウィンドウからビジュアル（グラフ）の種類を選びます。「積み上げ縦棒グラフ」のアイコンを選択すると、データの入っていない空の棒グラフが作成されます。

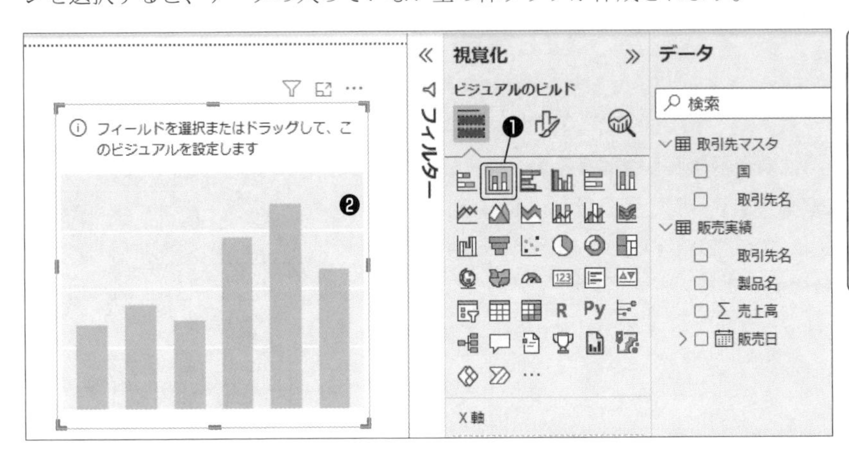

❶ビジュアルを選択
❷ビジュアルの枠が表示される（ここに作成したビジュアルが表示される）

2　フィールドの設定

Y軸を「国」、X軸を「売上高」とする棒グラフを作成します。

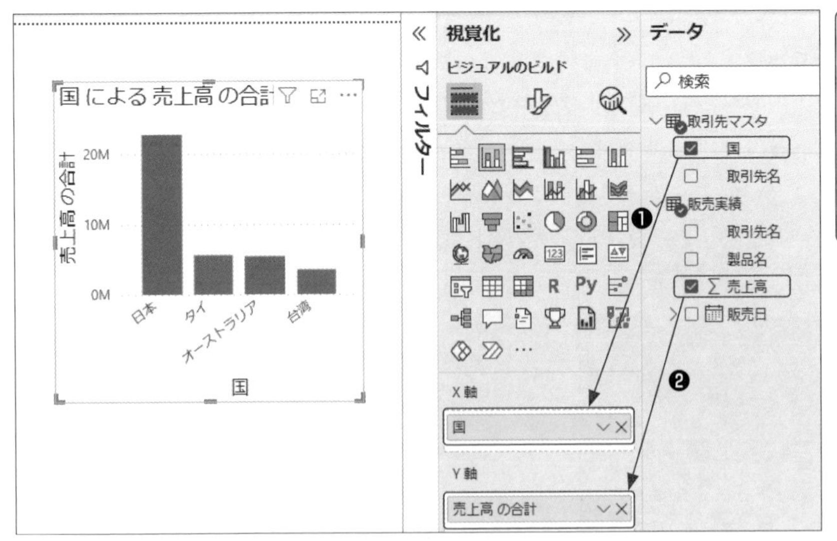

❶「国」を「X 軸」にドラッグ&ドロップする
❷「売上高」を「Y 軸」にドラッグ&ドロップする

これで、データ入りの棒グラフになりました。

2.3.4 フィールド設定の詳細説明

フィールド設定項目

選択するビジュアルによって、フィールド設定の欄に表示される項目は異なります。とはいえ、項目の呼び名は共通化されています。主な項目の意味は次のとおりです。

X軸　：グラフの横軸の設定
Y軸　：グラフの縦軸の設定
凡例　：グラフの内訳表示の設定
詳細　：凡例をさらに内訳表示する場合に設定
ヒント：マウスオーバー（マウスポインタを画面上の要素に重ねる操作）で表示されるデータを追加

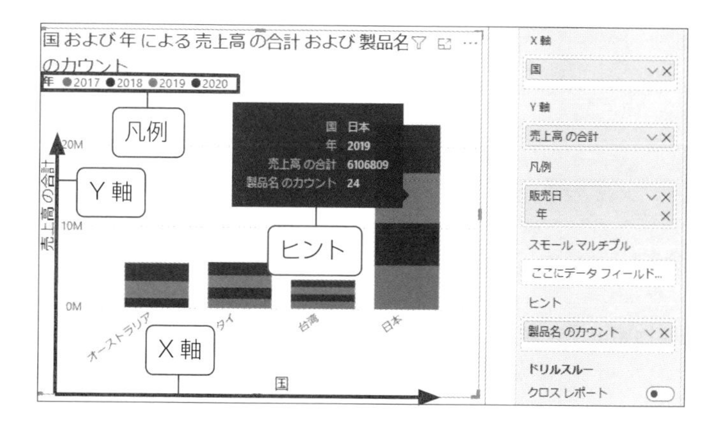

集計項目

上記の棒グラフの例は、売上高を国別に合計したグラフです。ビジュアルを作成するときに、集計方法を「合計」から「平均」「レコードの件数」などにプルダウンから変更できます。

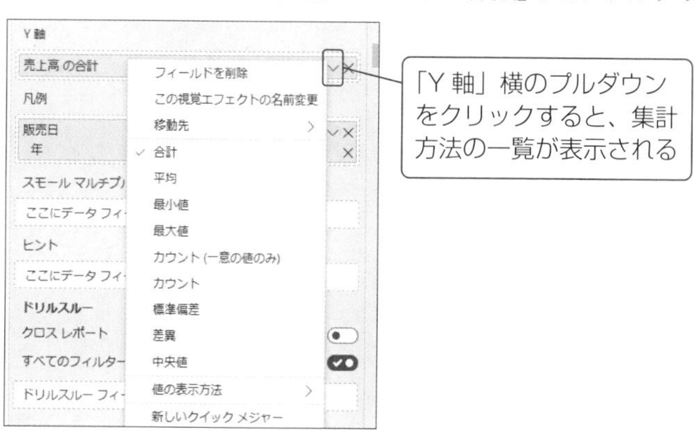

演習：ドーナツグラフの作成

国別の売上高を表示した**ドーナツグラフ**を作成します。

1　ドーナツグラフの作成

レポートビューのレポート本体の中でビジュアルのない場所をクリックしたあと、ドーナツグラフのビジュアルを選択します。

※先ほど作成した棒グラフを選択した状態のままで円グラフを選択すると、棒グラフが円グラフに変更されてしまうのでご注意ください。

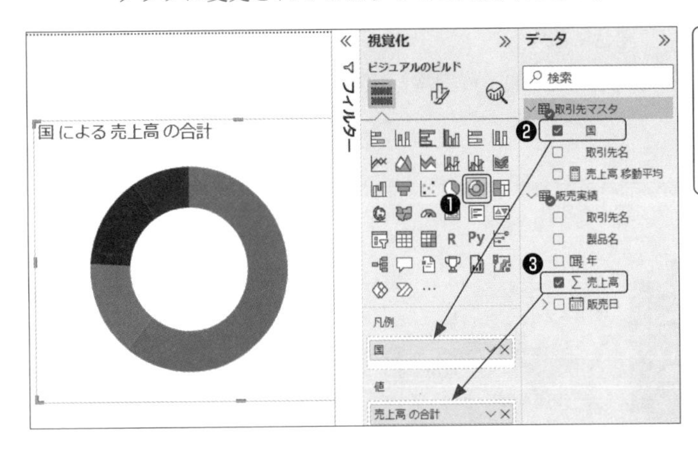

❶ドーナツグラフを選択
❷「国」を「凡例」にドラッグ＆ドロップ
❸「売上高」を「値」にドラッグ＆ドロップ

2　表示を売上高の合計あたりの平均売上に変更

集計の変更方法を試してみます。「値」にセットした「売上高の合計」のプルダウンを開いて、「平均」に変更します。そうすると、各国の1取引あたりの平均売上が表示されるようになります。

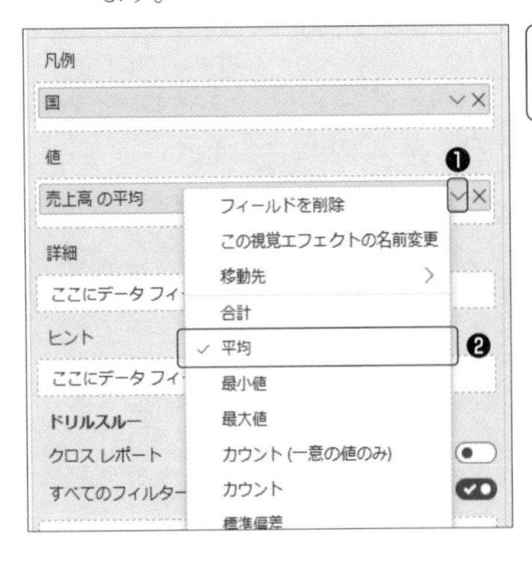

❶「値」の横のプルダウンをクリック
❷「平均」を選択

このように、ビジュアル上で使用している数値の集計方法は、簡単に変更することができます。

2.3.5 書式設定を変更してみよう

フィールド設定をしたことで、ビジュアルの表示ができました。このままでも十分使えますが、書式設定を変更すれば、データをよりわかりやすく表現できます。ここでは書式設定について見ていきます。

視覚化ウィンドウの「書式」タブには、**ビジュアル**タブと**全般**タブがあります。ビジュアルタブにはグラフの内側部分の書式設定項目が入っています。「全般」タブにはグラフの外側部分の書式設定項目があります。

▼「ビジュアル」タブ

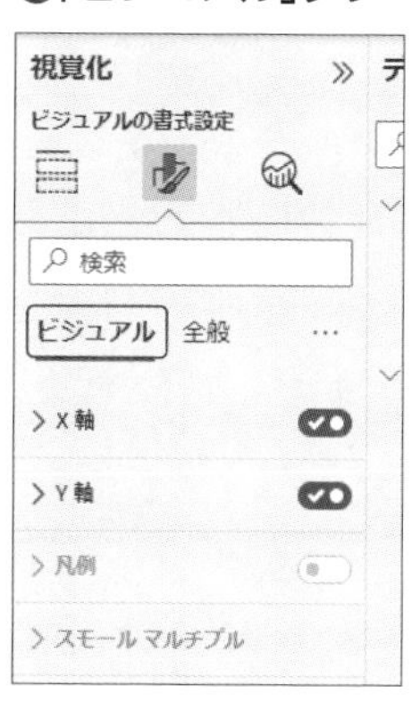

▼「全般」タブ

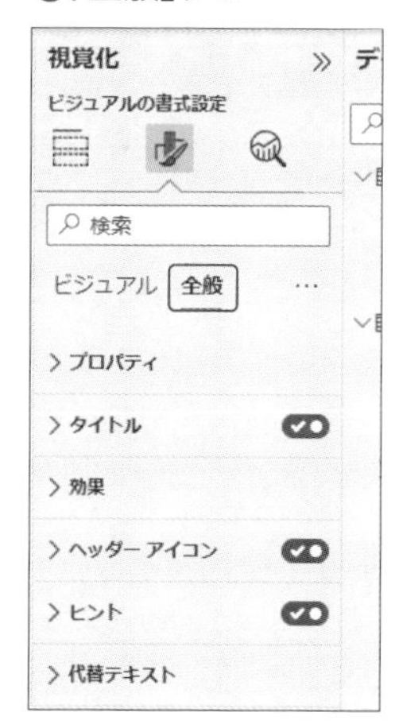

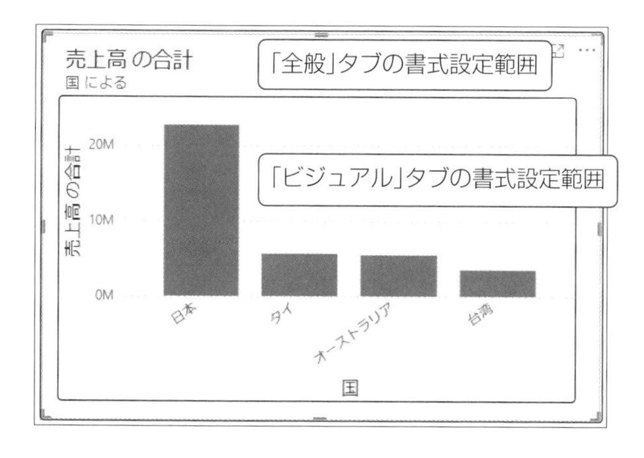

演習：書式変更

ここでは演習として、Y軸のタイトルを削除し、データラベル、合計ラベルなどの表示を追加します。変更したいビジュアルを選択したあと、視覚化ウィンドウの「書式」タブで設定します。

設定の変更により、ビジュアルの表示が以下のように変化しました。

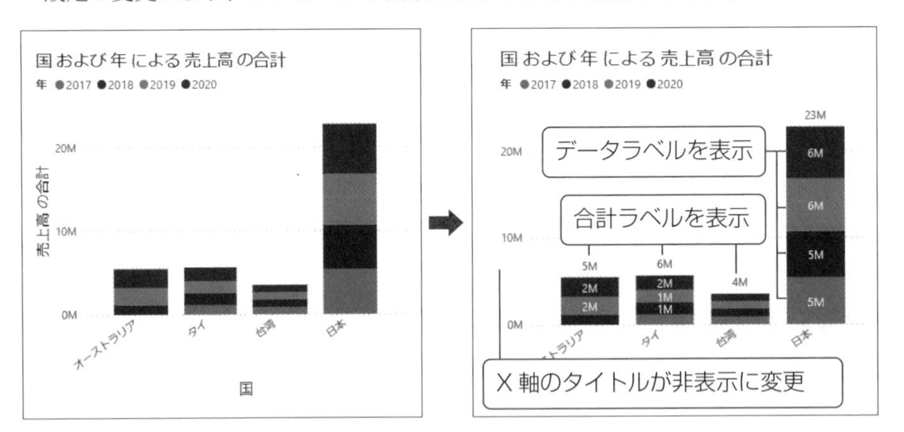

2.3.6　ビジュアルを組み合わせてみよう

ビジュアルを組み合わせると、効果的な表現が可能になります。

先の演習でドーナツグラフを作成しましたが、ここではドーナツグラフの真ん中の空白に売上高を表示します。

残念ながらドーナツグラフの書式設定には、真ん中に売上高を表示する設定がありません。そのため今回は、売上高を表示するために「カード」という種類のビジュアルを使用し、ドーナツグラフと「重ね合わせる」ことで対応します。次の手順で作成します。

1　売上高カードの作成

ドーナツグラフの真ん中に表示するカードを作成します。今回は、売上高のカードを作成します。

2　ドーナツグラフの作成

今回は先に作成した国別の売上高のドーナツグラフを使用します。

3　書式設定で背景をオフにする

売上カードとドーナツグラフの背景オフにして、重ね合わせたときに、背面のグラフが見えるようにします。

4　カードとドーナツグラフを合わせる

ここでドーナツグラフを前面に、カードを背面にして重ね合わせます。こうする理由は、ドーナツグラフの値をクリックできるようにするためです。

重ね合わせたグラフは次のようになります。表示スペースを有効活用できるだけでなく、数字の表示が読みやすくなりました。

▼重ね合わせ前

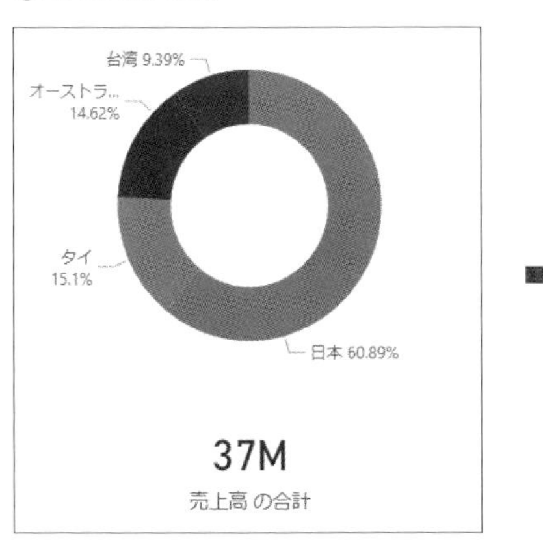

▼重ね合わせ後

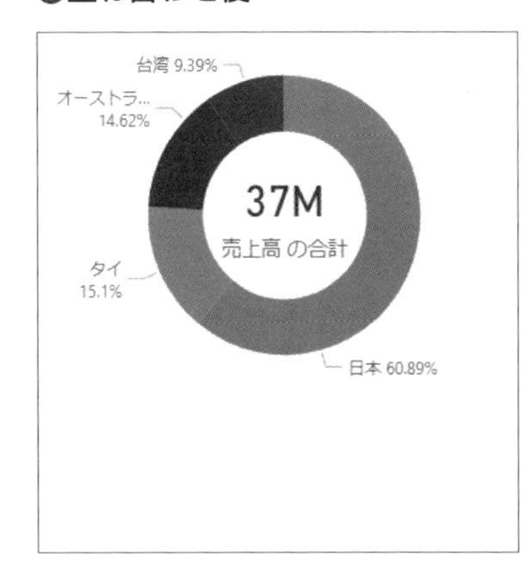

演習：売上高カード付きのドーナツグラフを作成しよう

ここでは、ビジュアルを重ね合わせて、売上カード付きドーナツグラフを作成します。

1　売上高カードの作成

❶カードを選択
❷「売上高」を「フィールド」にセット

2　ドーナツグラフを作成し、背景をオフにする

重ね合わせたときに背後のビジュアルが見えるよう、背景をオフにして透明にします。

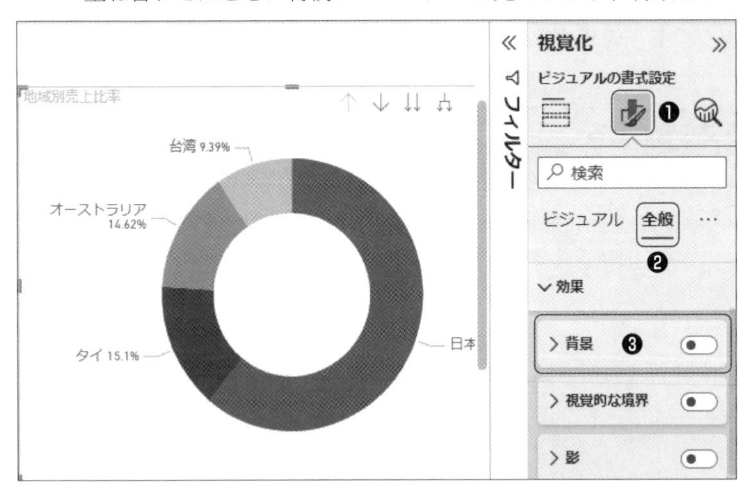

❶「書式」タブを選択
❷「全般」タブを選択
❸「効果」の中の「背景」をオフ

3　カードとドーナツグラフのビジュアルを重ね合わせる

カードがドーナツグラフの背面になるように設定してください。前面と背面は、「書式」リボンの中の「前面へ移動」「背面へ移動」から設定できます。

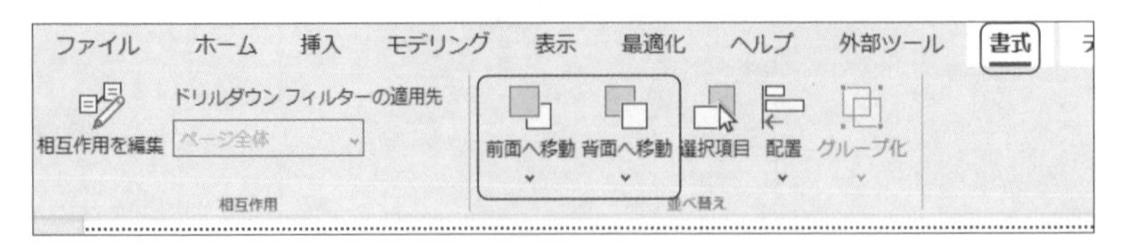

2.3.7　スライサーで絞り込み条件をすぐに切り替え

続いてスライサーの機能を説明します。**スライサー**というのは、レポート上に設置するフィルター条件です。例えば、棒グラフで使用した売上高のデータは「全期間」が表示されています。しかし、完成したレポートを見ている人が、例えば「直近1年だけのグラフを見たい」と思う場合もあるでしょう。それに応えるのがスライサーです。

スライサーのスタイルの種類

スライサーには次のような種類があるので、目的に応じて使い分けていきましょう。いずれも、書式設定のスタイルを変更することで、表示を簡単に変更できます。

バーティカルリスト：値の一覧が表示され、チェックボックスで選択する形式です。
タイル：ビジュアルいっぱいに、クリックボタンが表示された形式です。
ドロップダウン：折りたたんだリストから選択します。表示スペースが狭いときに利用します。
指定の値の間：スライサーを左右に動かすことで、表示範囲を設定できます。
相対日付：過去1カ月や過去1年など、今日を起点とした検索条件を設定できます。

▼スライサーのスタイルサンプル

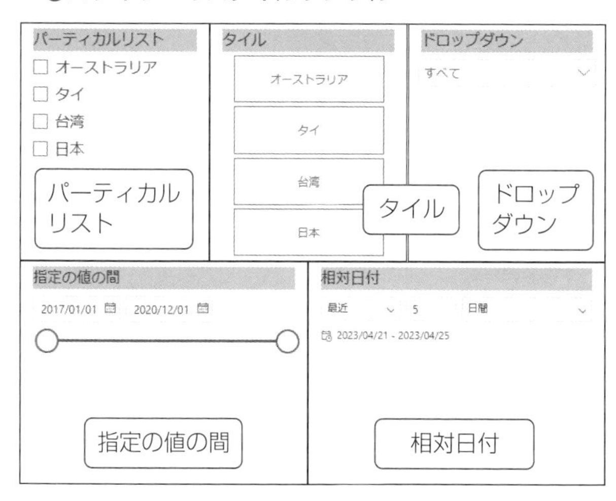

演習：スライサーの作成

「年」のスライサーを設置して、年単位でデータの抽出ができるようにします。

1　「年」のスライサー作成

「販売日」の「年」の列をスライサーの列に設定します。「販売日」の列を設定すると日付リスト表示になるので、「販売日」の列を展開して「年」を選びます。

❶スライサーのビジュアルを選択
❷「販売日」の配下の「年」のチェックボックスをクリック

2　スライサーの表示スタイルを「タイル」に変更

クリックしやすいようにスライサーの表示を「タイル」に変更します。ビジュアルの幅を変更すると、タイルの並べ方を縦や横にできます。

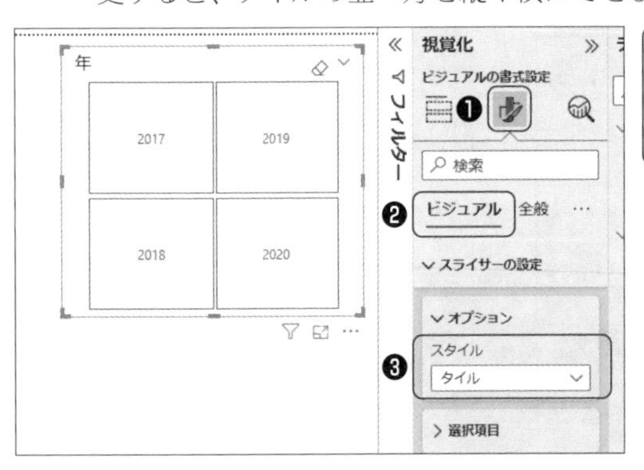

❶「書式」タブを選択
❷「ビジュアル」タブを表示
❸「スタイル」を「タイル」に変更

2.3.8 スライサーをカスタマイズする

スライサーには、使う人に合わせた様々なオプションとスタイルが用意されています。使用シーンに合ったスライサーにアレンジする方法を学びましょう。

スライサーの設定項目オプション

書式設定にある「選択項目」オプションで、値の選択時の操作方法や動きを変更できます。

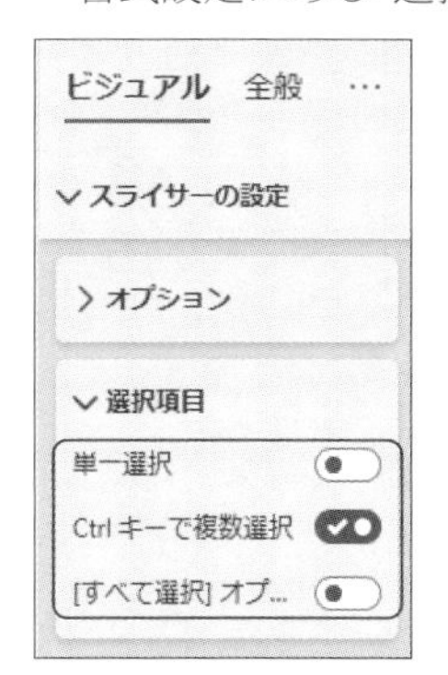

1　単一選択オプション

「単一選択」をオンにすると、複数の値を選択できなくなります。

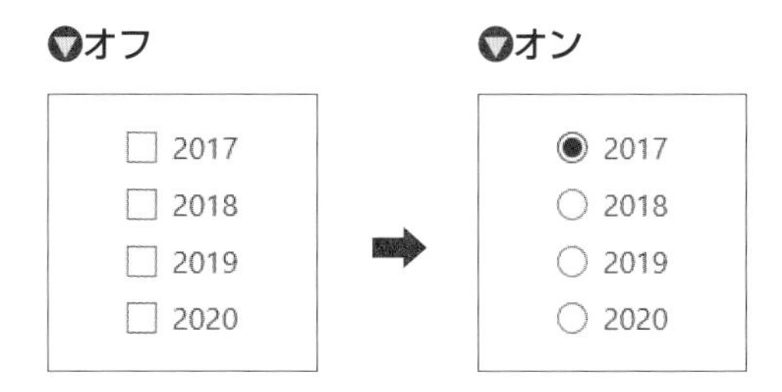

2　Ctrlキーで複数選択オプション

デフォルトでは、Ctrlキーを押しながら値を選択すると複数選択できます。「Ctrlキーで複数選択」をオフにすると、Ctrlキーを押さなくても複数選択できるようになります。

3　すべて選択オプション

「[すべて選択] ～」をオンにすると、表示に「すべて選択」の選択肢が追加されます。

演習：スライサーのオプション設定項目の変更

今回の演習では、「国」と「取引先名」で検索するドロップダウンのスライサーを作成します。

1 「国」と「取引先名」のスライサー作成

フィールドに「国」と「取引先名」の2つの列を設定します。複数の列を設定すると、フォルダー形式のスライサーを作成できます。

❶スライサーのビジュアルを選択
❷「国」のチェックボックスをクリック
❸「取引先名」のチェックボックスをクリック

2 オプションの変更

スライサーの表示サイズを小さくするため、ドロップダウンの表示に変更します。
また、ワンクリックで全選択できるように「すべて選択」オプションを追加します。

❶「書式」タブを選択
❷「ビジュアル」タブを選択
❸「オプション」の中の「スタイル」を「ドロップダウン」に変更
❹「[すべて選択] ～」をオンに変更

2.3.9 レポート同士の関係性を定義する「相互作用」

1つのビジュアル上での操作が他のビジュアルに及ぼす影響を、**相互作用**と呼びます。この相互作用は、「強調表示」「フィルター」「なし」の中から選択できます。

強調表示……他のビジュアルでクリックされた条件で強調表示します。
フィルター…他のビジュアルでクリックされた条件で、表示を絞り込みます。
なし…………他のビジュアルがクリックされても、表示の変更はしません。

▼強調表示

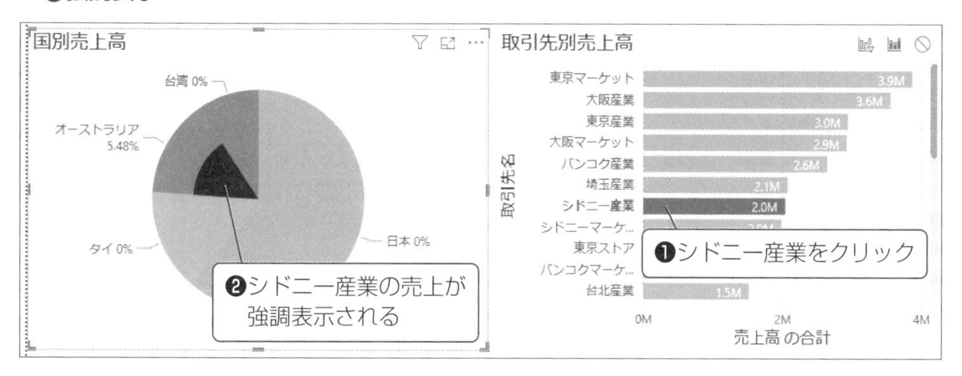

▼フィルター

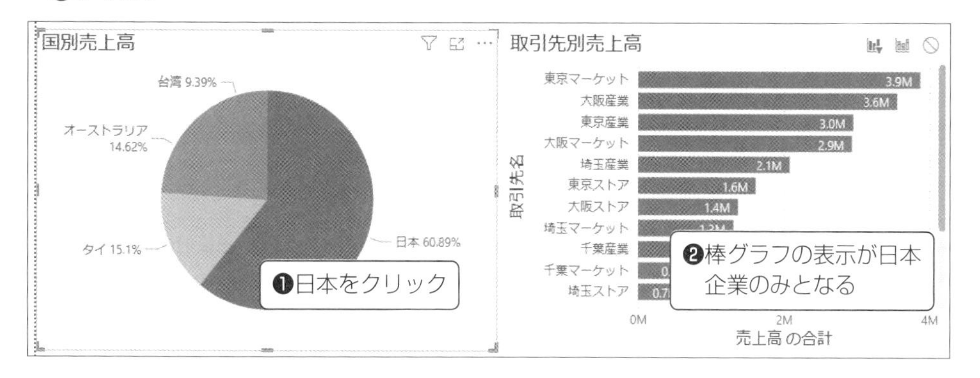

相互作用は次の手順で設定します。

1 **「書式」リボンの「相互作用を編集」をオンにして、編集モードにします。**
2 **ビジュアルを選択します(このビジュアルがクリックされたときの、他のビジュアルの動きを3で設定します)。**
3 **選択したビジュアル以外の右上に、相互作用の設定アイコンが3つ表示されるので、設定したい動きのアイコンを選択します。**

演習：強調表示とフィルターの相互作用設定

この演習では、強調表示およびフィルターという2つの相互作用を設定します。「棒グラフがクリックされたときの円グラフの動作」および「円グラフがクリックされたときの棒グラフの動作」を設定します。

1　円グラフに対する相互作用設定

「円グラフがクリックされたら、棒グラフにフィルターをかける」ように設定します。

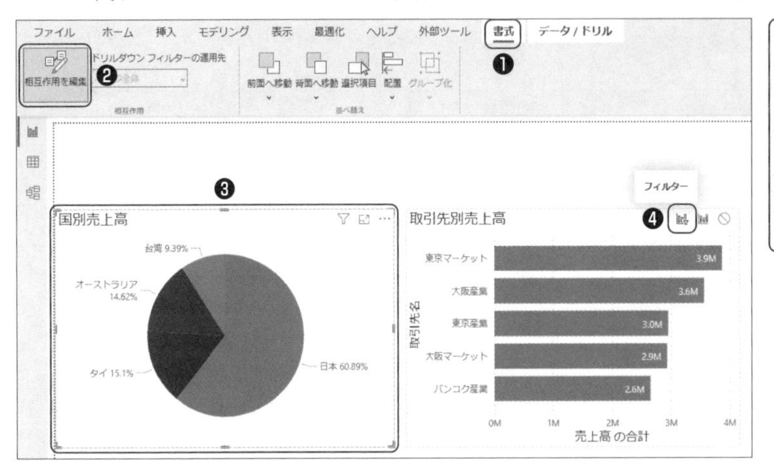

❶「書式」タブを選択
❷「相互作用を編集」を選択状態にする
❸円グラフを選択
❹棒グラフの「フィルター」アイコンをクリックする

2　棒グラフに対する相互作用設定

棒グラフがクリックされたら、円グラフが強調されるように設定します。

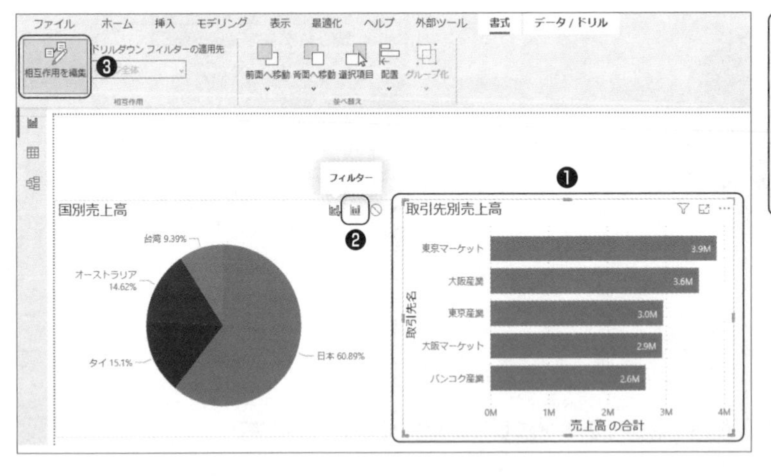

❶棒グラフを選択
❷円グラフの「強調表示」アイコンをクリック
❸「相互作用を確認」を非選択状態にする

2.3.10 テーマ設定の変更により、見た目を華やかにする

レポートにおいて、色彩やフォントの種類、大きさが一定のルールに基づいて設定されていると、スタイリッシュな印象を与えます。レポートの仕上げとして、テーマの設定方法を紹介します。

1 テーマの設定

Power BIには、デフォルトで20以上のテーマが用意されています。それらのテーマの1つを選択すると、一瞬でビジュアルがそのテーマの色彩に変更されます。いろいろ試してみて、自分の好みのテーマを選ぶのがいいでしょう。テーマの選択は、「表示」タブの「テーマ」にて行います。

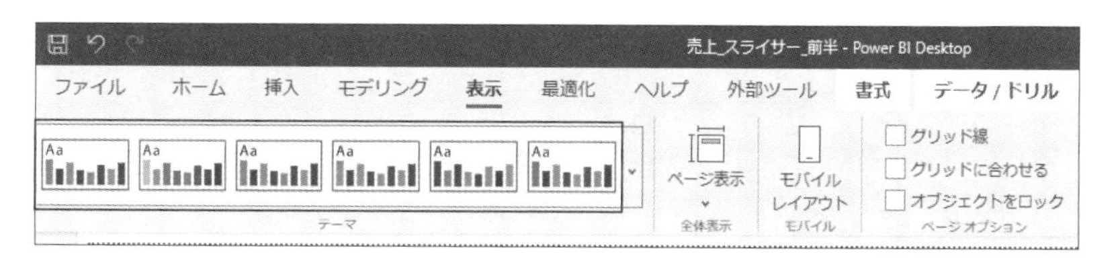

2 テーマのカスタマイズ

選択したテーマにおおむね満足していても、例えば、「青色を黄色に一括で変更したい」「文字のフォントを変えたい」といった小さな変更をしたい場合があります。そんなときは、テーマのカスタマイズをします。テーマの一覧の横のプルダウンから「現在のテーマのカスタマイズ」を選択することで、カスタマイズが可能です。

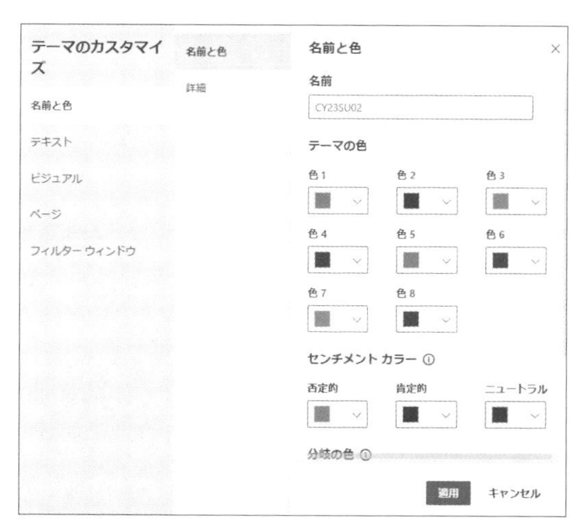

色やフォントは個々のビジュアルごとに変更することもできますが、テーマを活用すれば、統一感のあるレポートを簡単に作成できます。テーマを積極的に利用するようにしましょう。

演習：テーマの設定とカスタマイズ

この演習では、レポートのテーマを変更していきます。

1　テーマの変更

標準テーマの中から好きなテーマを選択します。

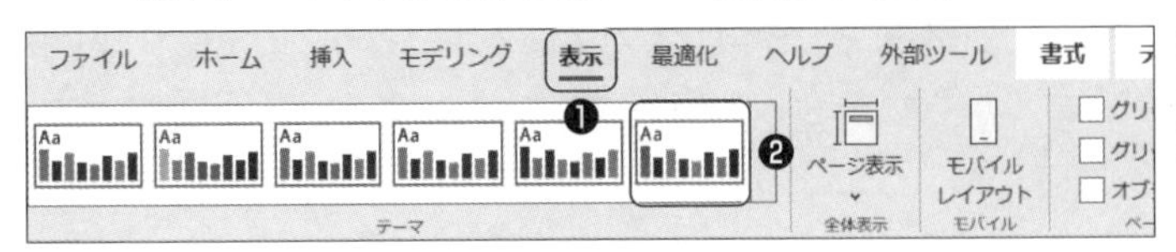

❶「表示」タブを選択
❷テーマを選択

2　テーマのカスタマイズ

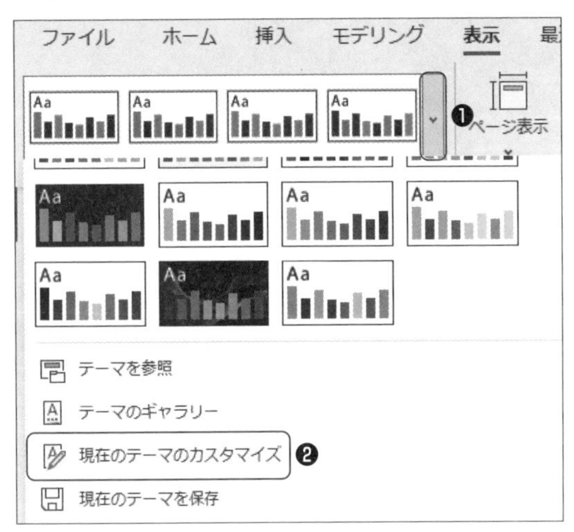

❶横のプルダウンをクリック
❷「現在のテーマのカスタマイズ」を選択

3　色4を変更

今回は、色4を変更したあと、設定が好みでなかったということで元の設定に戻してみます。

設定は、「名前と色」「詳細」といった画面中央にあるタブ単位でリセットできます。

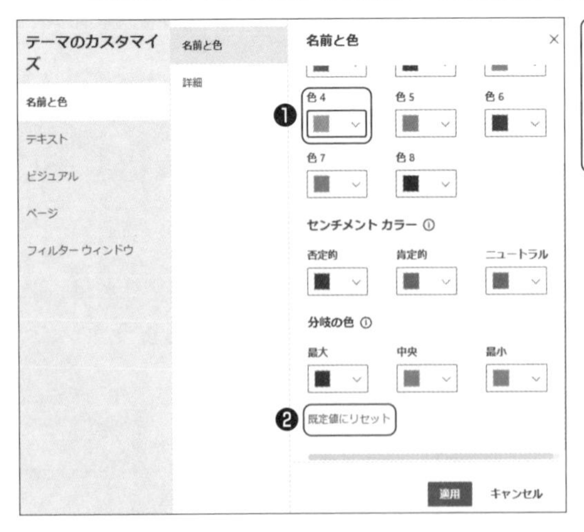

❶「色 4」をクリックして色を変更する
❷「既定値にリセット」で設定を元に戻す

2.3.11 まとめ〜レポート作成のための必須技術

この節では、レポートを作る上で使用頻度が高い機能について学びました。繰り返し使う機能なので、この章の機能は漏れなく使えるようにしておきましょう。レポート作成の手順を簡単におさらいすると、次のとおりです。

1 ビジュアルの作成

ビジュアルの一覧から好きな形式のグラフを選びます。そのあと、出力データとしてフィールド(列)を設定することで、ビジュアルを作成します。

2 書式設定の変更

ビジュアルの見た目を変更します。データラベルを追加したり、タイトルの文章を変更したりして、利用者にわかりやすくなるようにします。

3 スライサーの設定

抽出条件を設定できるビジュアルです。タイルの形式やプルダウンなど、使いやすい表示形式に変更できます。

4 相互作用の設定

「ビジュアルをクリックしたとき、他のビジュアルをどのように変化させるか」を設定します。相互作用は、BIツールの第一の特徴といってもいい機能です。

5 レポートの見た目を変更する(テーマの設定)

テーマを変更することで、レポートを自分の好みの色合いに一括で変更できます。個々のビジュアルで書式を変更している場合は、そちらの設定が優先されます。

Power BI Desktopにはまだまだたくさんの機能がありますが、この節までに紹介した操作ができれば、Power BI Desktopを立派に使えるといっても過言ではないでしょう。

次の節からは、Power BIのレポートをより便利にする機能について学んでいきます。

2.4 レポートをより便利にする機能

前節までは、Power BI Desktopを操作する上での基礎知識について、データの用意からレポート作成までの流れを追いつつ学びました。この節では、まだ紹介していない機能のうち使用頻度の高い次の機能を紹介します。

●データビューに関する機能

データ変換の機能を紹介します。

- **新しい列の作成**

  計算式を使って、新しい列を生成する機能です。

- **クイックメジャー**

  集計式を簡単に作成できる機能です。

- **グループ機能**

  特定の列の値でグループ化した列を、Power BI上で作成できる機能です。

●レポートビューに関する機能

レポートを使いやすくする機能を紹介します。

- **ドリルダウン**

  大きなグループから、より小さいグループの詳細な情報を表示する機能です。例えば、年次推移のグラフから月次推移のグラフに切り替えたりします。

- **フィルター**

  個々のビジュアルあるいはページ全体に抽出条件を設定できる機能です。

●ビジュアル紹介

- **地図**
- **マトリックス**

▼地図

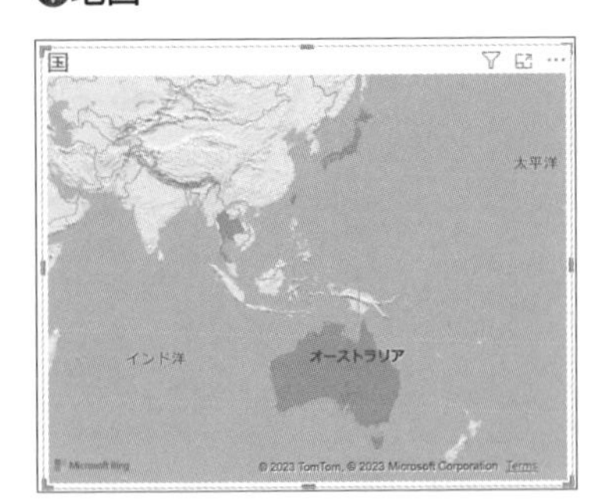

▼マトリックス

取引先名	データバー	背景色	アイコン
シドニーストア	1342791	1342791	1342791
シドニーテクノロジー	75058	75058	75058
シドニーマーケット	1988255	1988255	1988255
シドニー産業	2044740	2044740	2044740
バンコクストア	1281048	1281048	1281048
バンコクテクノロジー	99278	99278	99278
バンコクマーケット	1601975	1601975	1601975
バンコク産業	2647202	2647202	2647202
埼玉ストア	665463	665463	665463
埼玉テクノロジー	20382	20382	20382
埼玉マーケット	1297212	1297212	1297212
埼玉産業	2079324	2079324	2079324
千葉ストア	252385	252385	252385
合計	**37288317**	**37288317**	**37288317**

2.4.1 新しい列の作成

Power BIはデータ分析に特化したツールです。利用するデータは外部に用意することが原則になっています。とはいえ、Power BI内でデータを加工したい場合も出てきます。例えば、「名字」と「名前」の列を「氏名」という列にまとめたい、といったことがあります。また、集計値の計算の場合は、レポートの出力条件によって計算結果も変わってくるので、外部のデータで用意するのは難しい、ということもあります。

Power BIでは、こういった場合に対応できるよう、**DAX**という関数(数式表現言語)を用意しています。DAXでは平均や日付の計算など様々なことができますが、Excelの数式や関数とは使い方が異なります。

DAXの使い道と作成するときの機能

DAXは、次の3つのことができます。

1 新しい列

テーブルに対して新しい列を追加します。

2 新しいメジャー

メジャー(データの集計計算の定義)を作成します。合計や平均、個数のカウントなどを行う新しいメジャーを作成できます。

3 新しいテーブル

新規のテーブルをDAXの式で作成します。よく使うのがカレンダーテーブルの作成です。

データビューの「ホーム」リボンの中に、DAXを利用するための機能が登録されています。「計算」欄にある「クイックメジャー」は、画面上での選択形式によるマウス操作だけで、DAX式による新しいメジャーを作成できるようにした機能です。

次ページでは、「新しい列」を作成する手順について演習してみます。

▼DAXを使用した機能のメニュー

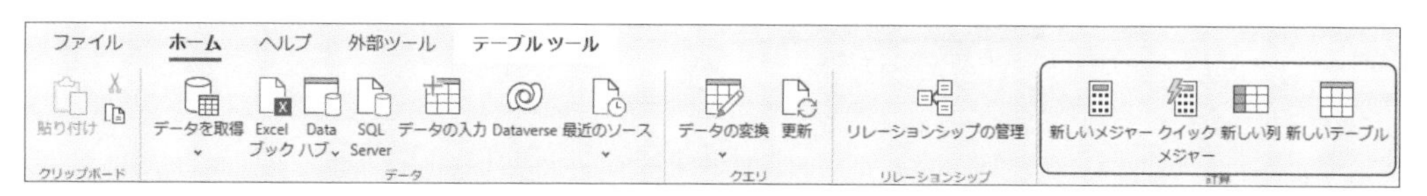

演習：「新しい列」で２つの列を結合してみよう

この演習では、「新しい列」の機能を使用し、2つの列を結合して1つの列にします。

1 「新しい列」をクリック

列の追加先のテーブルをデータウィンドウから選択したあと、「新しい列」をクリックします。

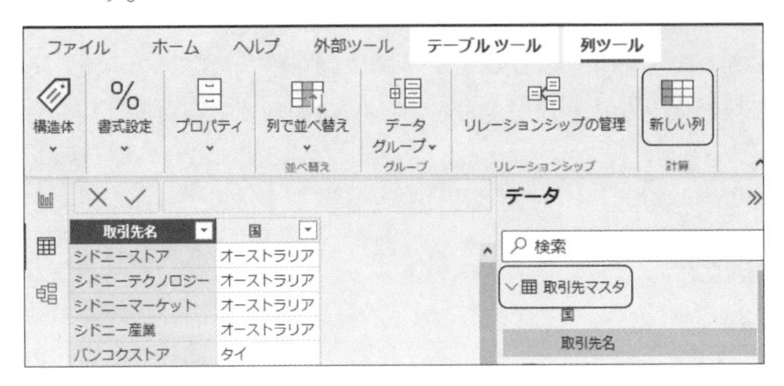

2 DAX式を入力

DAX式の入力欄が表示されたら、そこに式を入力します。列を指定するときは、「[」と入力すると候補が表示されるので、そこから選択すると簡単です。DAX式を次のように入力してみましょう。

```
国付き取引先名 = [国] & ":" & [取引先名]
```

3 結果確認

次のように表示されます。「＝」の左側が列名で、列を結合するには「&」を使用します。

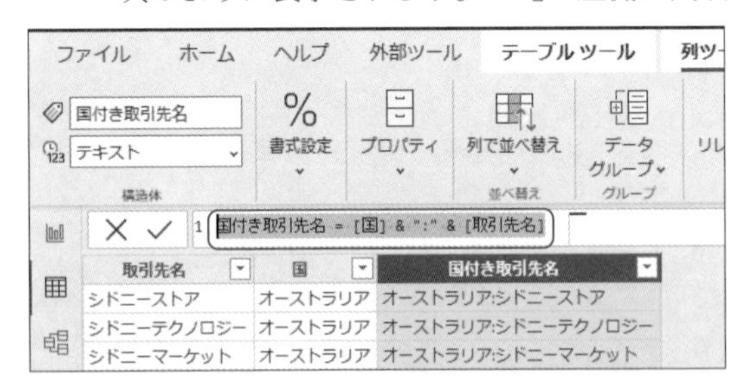

「新しい列」の演習は以上です。DAXは学ぶのに時間がかかるため、慣れないうちは「新しい列に関しては元データを修正する」という対応でもいいでしょう。

2.4.2 クイックメジャーで集計値を作ってみよう

クイックメジャーは、選択肢を選んでいくだけで、自動的にメジャーを作成できる機能です。

よく使うパターンがクイックメジャーに登録されているので、一般的な用途であれば、新しく関数を覚えたりする必要はありません。

クイックメジャーで作成できる計算式の種類

クイックメジャーでは、次のような計算式が用意されています。

- **カテゴリごとの集計**

  カテゴリごとの平均や最大値、最小値といった集計関数を作成できます。例えば「各教科の最高得点を表示する」といったことができます。

- **タイムインテリジェンス**

  月次累計や移動平均といった、日付に関する集計関数を作成できます。例えば「月次の売上を1月から積み上げていき、翌年になったらリセットする」といった月次累計を作成できます。

- **数学演算**

  加算、減算などの四則演算ができます。

メジャーの式を作成したいと思ったときは、まず、クイックメジャーに登録されているかどうかを確認するといいでしょう。

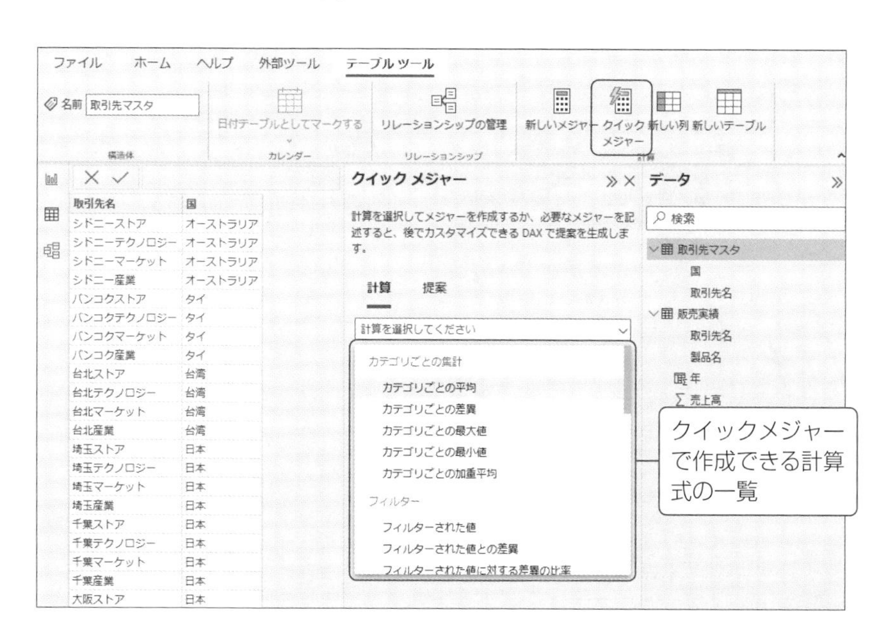

演習：クイックメジャーで年累計を作成

クイックメジャーで年度累計の計算式を作成して、線グラフで確認します。

1　クイックメジャーの作成

売上高の年度累計を作成します。クイックメジャーは選択済みのテーブルの中に作成されるので、最初に保存先のテーブルを選択しておきます。

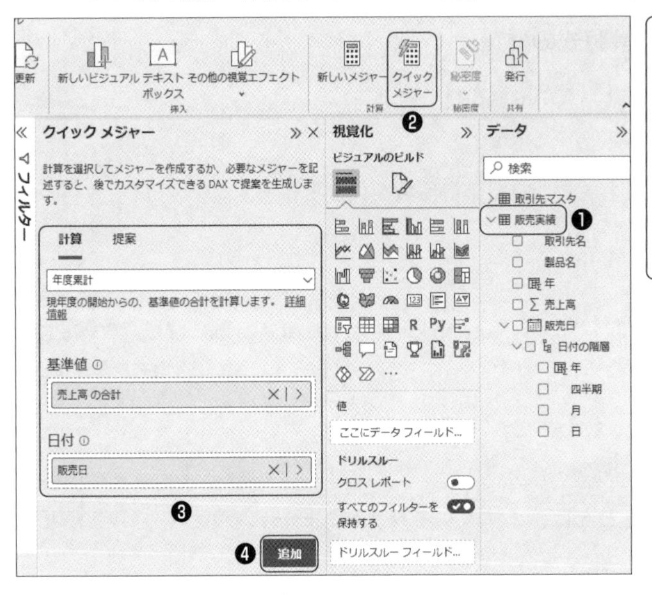

❶「販売実績」テーブルを選択
❷「クイックメジャー」をクリック
❸クイックメジャーのパラメータを次のように設定：
　計算式：年度累計
　基準値：売上高
　日付　：販売日
❹「追加」ボタンを押す

2　年度累計の折れ線グラフを作成

作成した売上高の年度累計の列「売上高YTD」を元に、線グラフを作成します。

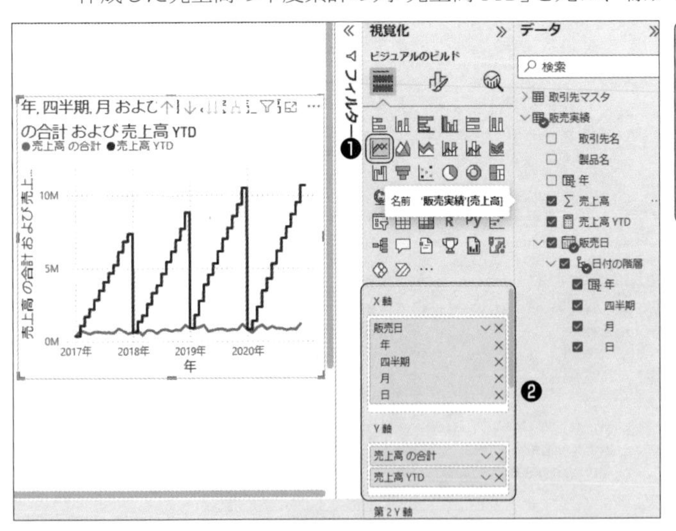

❶折れ線グラフのビジュアルを選択
❷各項目に次のパラメータをセット
　X 軸：販売日
　Y 軸：売上高、売上高 YTD

売上高のグラフがほぼ水平（上昇傾向が見られない）なのに対し、売上高YTDは月次でデータが積み上がっていることが確認できました。

2.4.3　データグループ機能で新しい分類を作ろう

データグループ機能は、データからグループを作成する機能です。分析時には様々なグループを作成することが多いので、グループを簡単に作成できるこの機能は重宝します。

●データグループを作成する操作の流れ

1　データビューでグループ化したい列を選択し、データグループ機能を選択する

データグループは列に対して設定するので、はじめに対象の列を選択します。データビュー以外でも、列を右クリックしたときに表示されるメニューから設定できます。

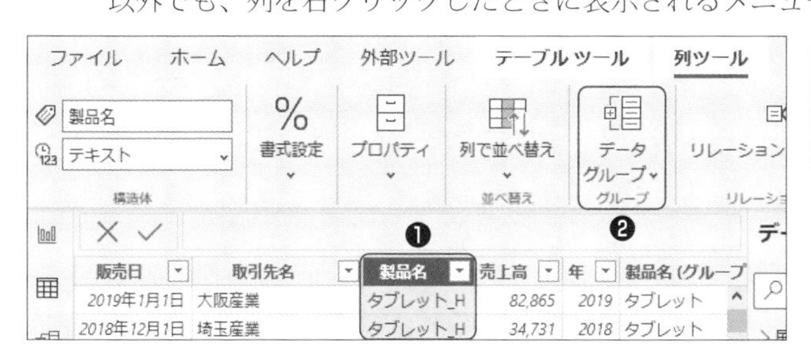

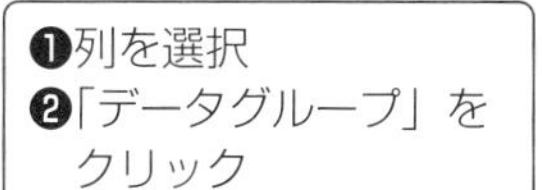

❶列を選択
❷「データグループ」をクリック

2　画面に出力されたデータをもとにグループ化する

画面左部に、現在の列の値一覧が表示されます。グループ化済みのデータは画面右部に表示されます。

演習：製品名のグループを作成する

「製品名」で分析するための「製品名グループ」を作成します。

1　データグループ機能を選択して列名を変更する

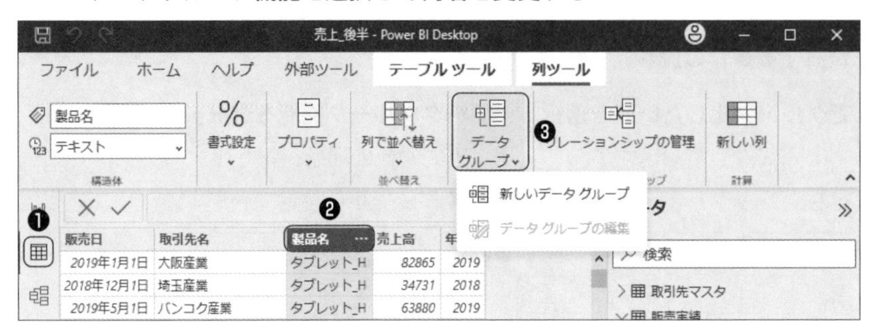

❶データビューを選択
❷「製品名」の列をクリック
❸「データグループ」から「新しいデータグループを」選択

2　グループ分けをする

値を選択するときに、まず1つの値を選択しておき、Shiftキーを押しながら選択すると、範囲選択ができます。また、Ctrlキーを押しながら選択すると、現在の選択を維持した状態で値を追加できます。

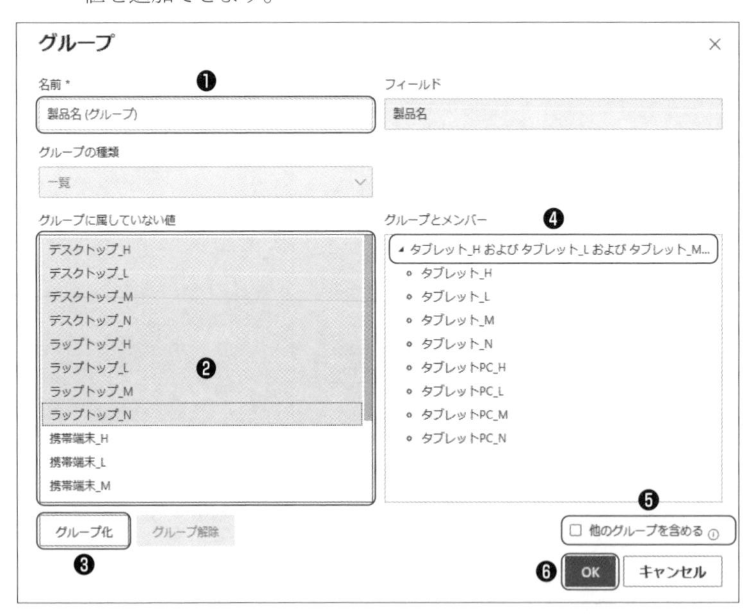

❶列名を入力
❷グループ化する値を選択
❸「グループ化」ボタンをクリック
❹ダブルクリックし、グループ化した名前を変更
❺「他のグループを含める」を選択し、未選択値のグループを作成
❻「OK」ボタンをクリック

2.4.4　ドリルダウンで階層レベルを掘り下げる

ドリルダウンとは、「同じグラフで階層レベルを切り替えて表示する」機能です。「はじめはグラフが大きなカテゴリで表示され、その中の気になるグループをクリックすると、詳細分類が表示される」というのがドリルダウンです。

例えば、「製品グループ別の売上」を表示していたとします。このグラフをワンクリックで「特定の製品グループ内の製品別の売上」に切り替えることができます。

逆に、「下位のカテゴリから上位のカテゴリに移動する」ことをドリルアップといいます。ドリルダウンを設定すると、ドリルアップも同時に利用できるようになります。

ドリルダウンの設定方法

ドリルダウンは、ビジュアルを作成するときに、複数の列を追加すれば設定できます。

ドリルダウンは、例えば次のように、「互いに重複せず、漏れがないデータ」を設定するのが一般的です。

```
国　⇒　都道府県　⇒　市区町村
年　⇒　四半期　⇒　月　⇒　日
```

Power BI上では設定の制限はなく、次のよう列間に関係性のない構成でも設定できます。とはいえ、利用者が混乱しやすいので、おすすめしません。

```
国　⇒　製品　⇒　年
```

▼ドリルダウンの設定サンプル

演習：ドリルダウンを設定する

今回はツリーマップのビジュアルにドリルダウンを設定します。ツリーマップとは、「表示された面積の占める割合で、金額などの数字を可視化する」ビジュアルです。ビジュアルの表示範囲をフルに使って表示できるので、ドリルダウンと親和性が高く、Power BIではよく使われるグラフです。

1　ツリーマップの作成

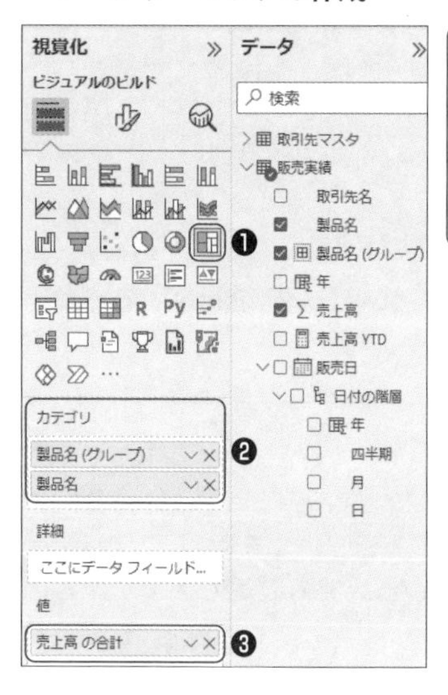

❶ツリーマップのビジュアルを選択
❷「カテゴリ」に以下の列を設定：
　製品名（グループ）
　製品名
❸「値」に「売上高」を設定

2　ドリルダウンを設定したツリーマップの完成

完成したツリーマップは次のとおりです。製品名を設定しましたが、いまの状態では下位に設定した「製品名」の情報がビジュアルのどこにも表示されていません。次回の演習では、どのようにドリルダウンを使用するかを見ていきます。

▼完成したツリーマップ

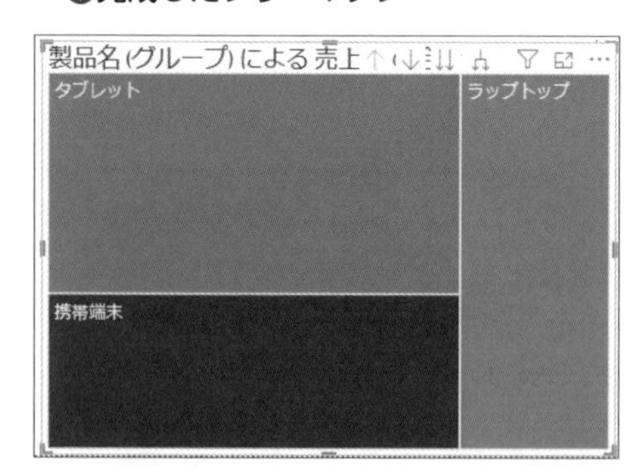

2.4.5 ドリルダウン／ドリルアップの動きとアイコンの意味（ドリルダウンの使い方）

ここではドリルダウンの使い方について説明していきます。階層を設定すると、グラフの右上に新しく4つのアイコンができます。これらのアイコンをクリックすることで、階層移動ができます。また、右クリックメニューにも階層移動のための項目が表示されます。

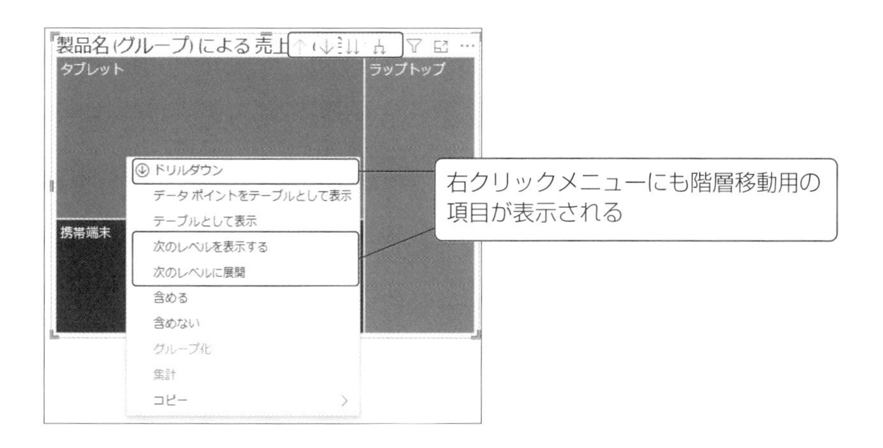

アイコン	機能	説明
↑	ドリルアップ	上の階層に戻る 例：月から年の表示に戻す
⬇	ドリルダウン	クリックするとドリルダウンモードがオンになる。選択した値の下の階層を表示する 例：2023年をクリックして2023年の1月から12月を表示する
↓↓	階層内の次のレベルに移動	下の階層を表示する。「ドリルダウン」との違いは、選択値で絞り込まないこと 例：年から月の表示に変更する。集計値だった場合、1月は各年の1月の数値を足した数値が表示される
⛙	階層内で1レベル下をすべて展開	現在表示している値に対して、下の階層をすべて追加表示する 例：年から年月の表示に変更する

アイコンが多くてわかりにくい場合は、ドリルアップとドリルダウンの使用方法のみを確認しましょう。この2つが使えるだけで十分です。

演習：ドリルアップとドリルダウンを使いこなそう

前回の演習で作成したツリーマップで、ドリルダウンとドリルアップの機能を使ってみます。

1　画面の上位ボタンを使用した場合

ドリルダウンを利用するには、「ドリルダウン」アイコンをクリックして、この機能をオンにします。オン状態では、グラフをクリックするだけでドリルダウンができます。

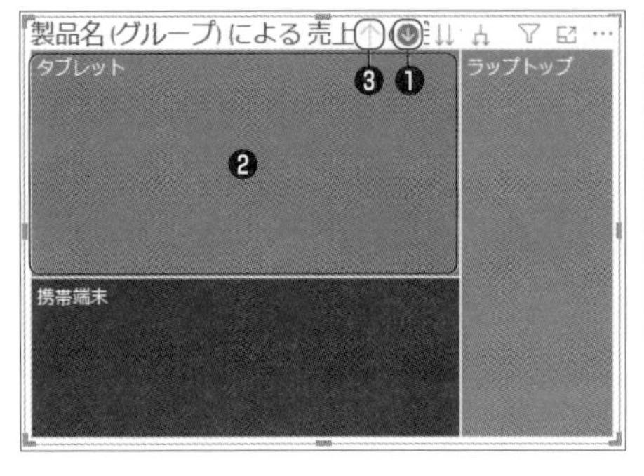

❶「ドリルダウン」アイコンをクリックして、機能をオンにする
❷タブレットの領域をクリックすると、ドリルダウンしてタブレットの製品グループ内の製品が表示される

2　ドリルアップして元の表示に戻る

下位の階層のデータが表示されている状態になりました。次にドリルアップで元の表示に戻してみます。

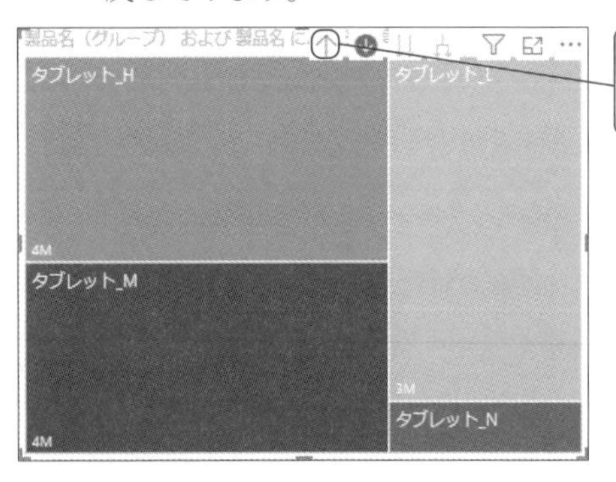

❶「ドリルアップ」のアイコンを押して元の状態に戻る

グラフをクリックする操作でドリルダウンするには、「ドリルダウン」アイコンをクリックしてこの機能をオンにしておく必要がある、というのがポイントです。

2.4.6 フィルターを使って、あらゆる条件の絞り込みをしよう

フィルターは、レポートのデータの絞り込み設定をする機能です。スライサーでもデータの絞り込みはできますが、フィルターのほうがより細かい設定を行えます。「絞り込み条件をビジュアルごとに変える」、「文字列検索で絞り込みをかける」といった高度な条件も設定できます。

フィルターとスライサーの使い分け

高機能なフィルターがあるのに、なぜスライサーが必要なのでしょうか？　それは、「レポート上に、利用者が理解しやすい形で設定できる」というスライサーならではの利点があるからです。

フィルターはレポートの開発用に使い、スライサーは参照者用に設定する、というのがPower BIでは一般的です。

フィルターの機能

フィルターはデフォルトで表示されていますが、「表示」リボンから非表示にすることもできます。フィルターでは、抽出の適用範囲を次の中から設定できます。

- **ビジュアル単体**
  個々のビジュアルで抽出条件を変えたいときに使用します。
- **ページ全体**
  ページ全体に対して一括で抽出条件を設定します。例えば今年度の売上分析のページがあった場合、ページ全体で今年度の抽出条件を設定します。
- **ブック全体**
  Power BIのファイル全体に対しての抽出設定です。どのページにも抽出条件を適用します。

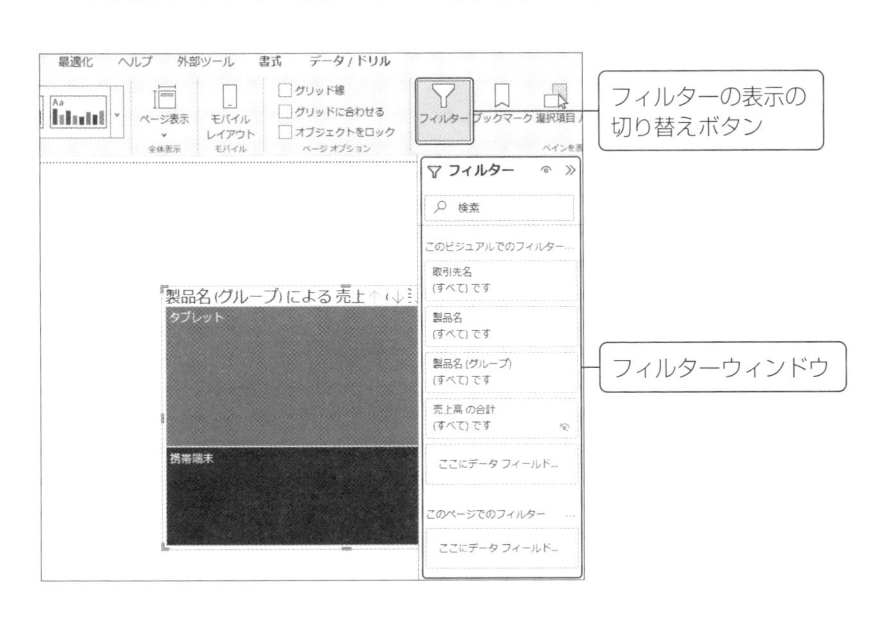

演習：フィルターを設定する

ビジュアル単体へのフィルターとページ全体へのフィルターを追加します。

1　取引先別売上高の棒グラフに「上位N」フィルターを追加

取引先別の売上高の上位5件のみを表示するように変更します。

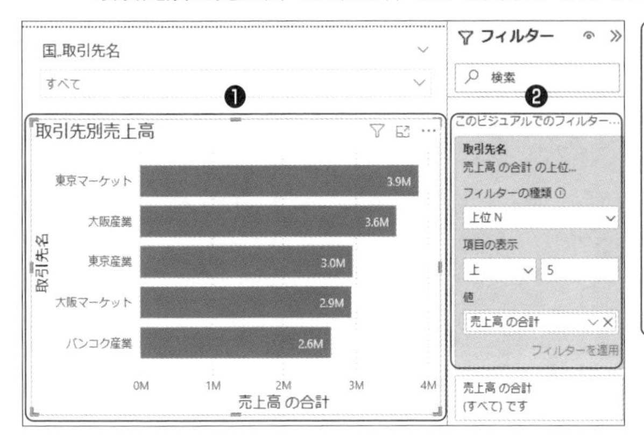

❶ビジュアルを選択
❷取引先名の列に対して以下の設定を追加する。売上高はデータウィンドウからドラッグ＆ドロップする

フィルターの種類：上位N
項目の表示：上5
値：売上高

2　ページ内のすべてのビジュアルに影響するフィルターを設定

フィルターは「このビジュアルでのフィルター」「このページでのフィルター」「すべてのページでのフィルター」の3つに分かれています。ページ全体に対するフィルターは、「このページでのフィルター」の領域のフィルターを設定することで実現できます。次の演習手順では、このページの表示が2018/01/01の販売日データのみとなるように変更します。

❶販売日の列をフィルターの「このページでのフィルター」配下にドラッグ＆ドロップする
❷以下の値をセットする

フィルターの種類：高度なフィルター処理
次の値のときに項目を表示：次である、2018/01/01

2.4.7 地図のビジュアルを作成

レポート上で見栄えがよいビジュアルとして**マップ**があります。例えば、「どの地域で、どれくらいの売上があるか」ということがマップで確認できると、データへの理解が深まります。「でも、マップの機能を設定するのは難しいのでは？」と思われるかもしれませんが、Power BIでは国や地名の情報があれば簡単に設定できます。それでは、マップの機能について見てみましょう。

地図表示に必要なデータ

地図を表示するには、場所を示す「列」が必要です。場所のデータとしては、国名(日本語、英語、国コード)や県名、そして市町村名も利用できます。ピンポイントで特定の場所を指定したい場合は、緯度と経度で指定できます。

国名は正式名称でなくても対応しているケースが少なくありません。例えば、「大韓民国」ではなく「韓国」と入力しても大丈夫です。とはいえ、地図を使うときには、データが正しく表示されているかどうかを特に念入りに確認するようにしましょう。

地図の種類

地図には「マップ」と「塗り分け地図」の2種類があります。

マップ　　　：データの数値に比例する大きさの円を、地図上に表示します。「凡例」の列を設定すると、内訳表示ができます。

塗り分け地図：データが存在する国や地域を塗りつぶします。

▼マップ

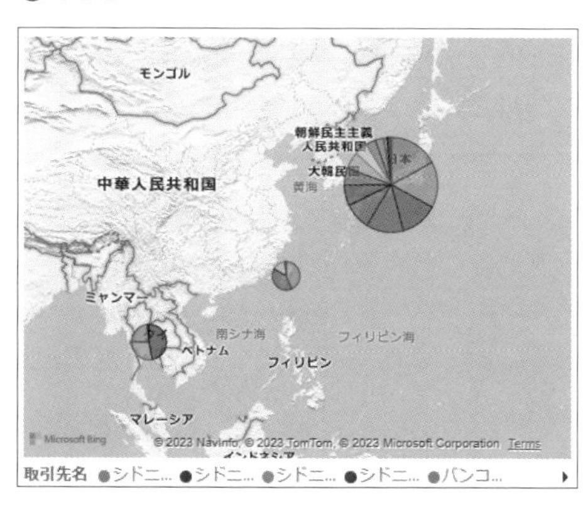

▼塗り分け地図

演習：売上高がわかる塗り分け地図を作成する

表示色の違いで売上高の高い地域がわかる塗り分け地図を作成します。塗り分け地図は、デフォルトではデータの存在するところを同一の色で塗りつぶしますが、書式設定を利用すれば、値の大きさに応じた色味で塗りつぶされるようになります。

1　塗り分け地図の作成

塗り分け地図に「国」の列を設定します。正しく設定できれば、データのある国が塗りつぶされて表示されます。

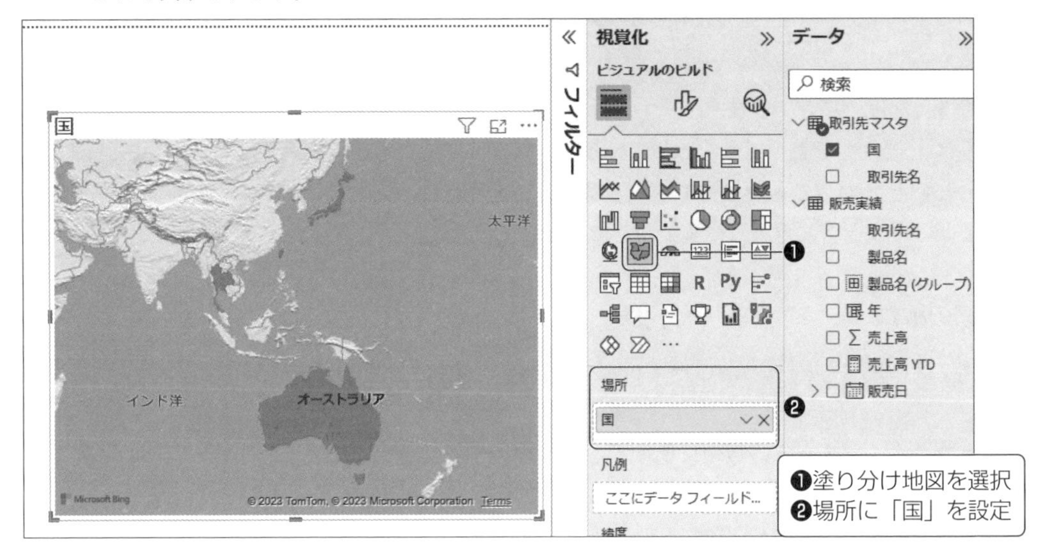

2　売上高に応じて色味が変わるように変更

条件付き書式を使います。条件付き書式は、指定した条件に従って表示を変える機能です。今回利用する「グラデーション」では、「基準にするフィールド」に「売上高」列を指定します。最小値と最大値の色を設定すれば、売上高に応じて色味が変わるようになります。

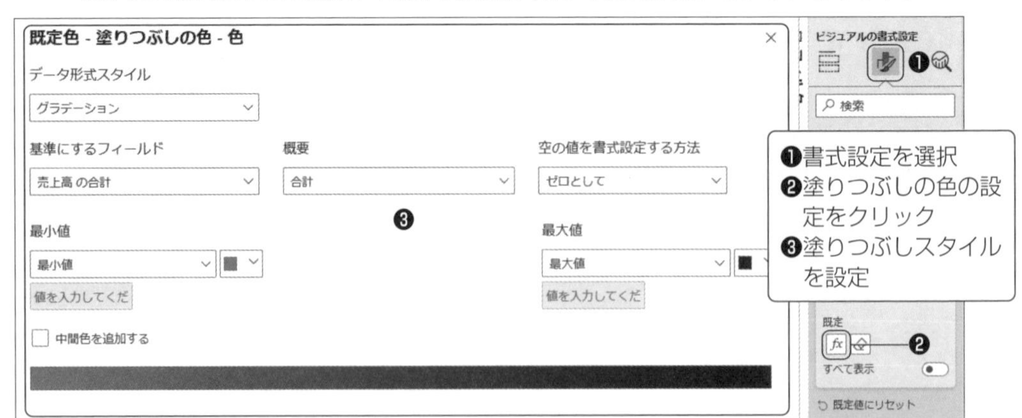

2.4.8 マトリックスのビジュアルを作成する

マトリックスは、表形式でデータ値を表示するビジュアルです。表の縦と横の列を指定すると、その2つの列に所属する値の集計値を表示します。Power BIは基本的にグラフでデータを表現するツールですが、数字で確認したいという場合も多く、そんなときにはマトリックスの出番となります。

とはいえ、せっかくのPower BIなので、数字の大きさを直感的にわかるようにしたいと思う方も多いでしょう。書式設定のセル要素を変更することで、いろいろな表現が実現できます。

- **データバー**
  数値の大きさに応じた長さのデータバーを表示します。データバーの色やサイズも変更可能です。
- **背景色**
  背景色を数値の大きさに応じて変化させることができます。デフォルトでは、数値が大きいほど濃く、小さいほど薄く表示されます。
- **アイコン**
  数値の範囲によって、対応するアイコンを表示します。アイコンは、上昇矢印など20種類以上ある中から選ぶことができます。

背景色やアイコンは、表示している数値以外を基準にすることもできます。例えば、売上目標から売上実績を引いた数字を判定に使えば、「目標未達の場合は赤色で表示し、目標達成の場合は青色で表示する」といったことも実現できます。

▼マトリックスにデータバー、背景色、アイコンの表示を設定した例

取引先名	データバー	背景色	アイコン
シドニーストア	1342791	1342791	1342791
シドニーテクノロジー	75058	75058	75058
シドニーマーケット	1988255	1988255	1988255
シドニー産業	2044740	2044740	2044740
バンコクストア	1281048	1281048	1281048
バンコクテクノロジー	99278	99278	99278
バンコクマーケット	1601975	1601975	1601975
バンコク産業	2647202	2647202	2647202
埼玉ストア	665463	665463	665463
埼玉テクノロジー	20382	20382	20382
埼玉マーケット	1297212	1297212	1297212
埼玉産業	2079324	2079324	2079324
千葉ストア	252385	252385	252385
合計	**37288317**	**37288317**	**37288317**

演習：マトリックスにデータバーを表示する

今回は、マトリックスの表示にデータバーを表示する方法を紹介します。

1　マトリックステーブルの作成

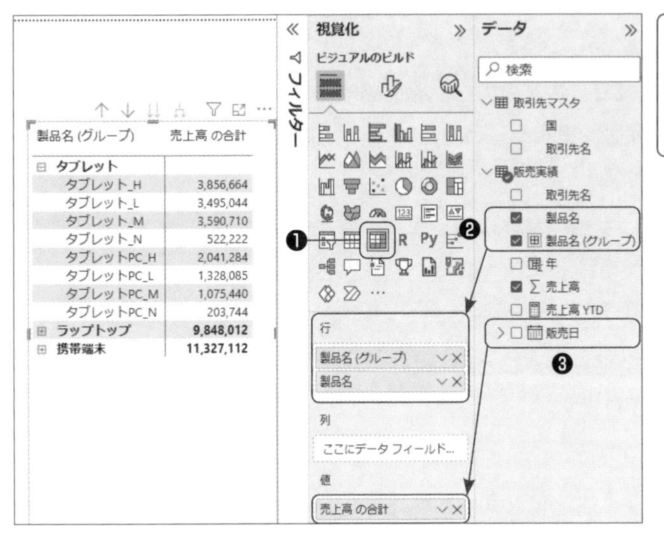

❶マトリックスを選択
❷行として製品名（グループ）と製品名を選択
❸値として売上高を選択

2　データバーの表示

書式設定のセル要素から「データにデータバー」をオンに設定します。

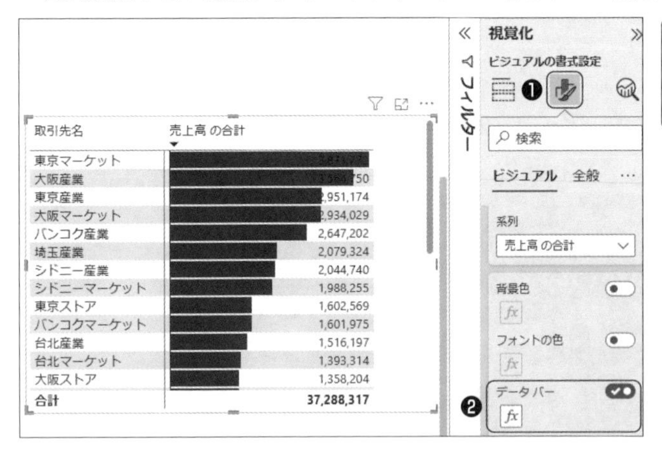

❶書式設定を選択
❷セル要素の中のデータバーをオンに設定

2.4.9 「作って覚えるPower BI初級編」のまとめ

これで、主なビジュアルの種類と機能についての説明を終了しました。いずれもシンプルな機能でしたが、組み合わせることで表現力のあるレポートが作成できます。ここまでの解説と演習で身につけた知識があれば、自分用のレポートは問題なく作ることができるでしょう。

自分が持っているデータからレポートを作成してみてください。ふだん見慣れたデータでも、Power BIを使うことで、いままでと違った発見があることでしょう。

2章では、Power BI Desktopの基礎知識を学びました。次の3章では、レポートを他の人に提供したり共有するために必要な機能とその使い方を学んでいきます。

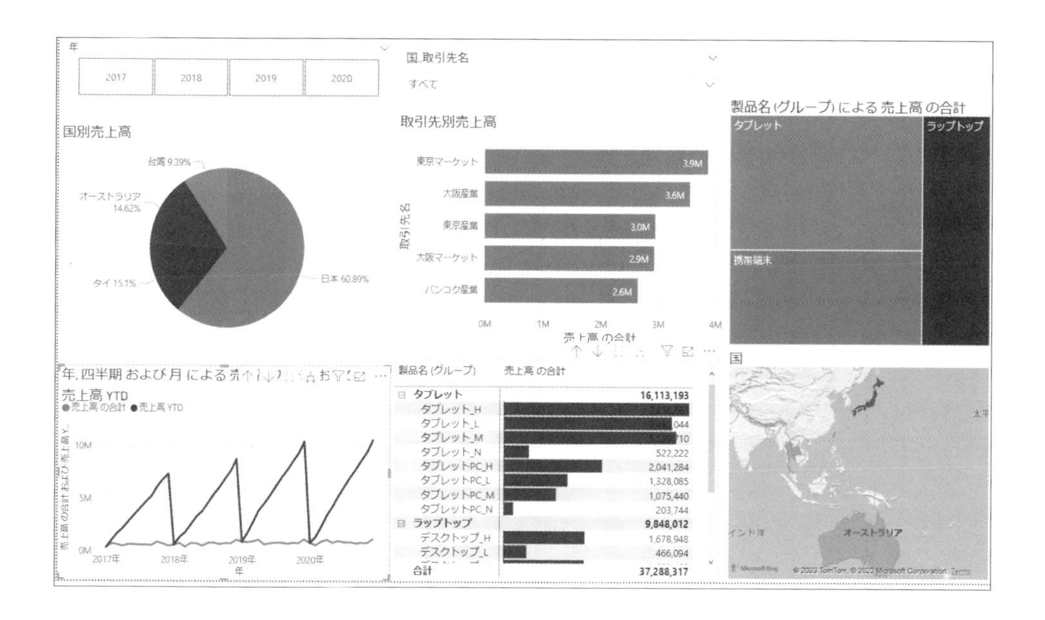

MEMO

組織で使えるレポートを作成する Power BI中級編

組織でレポートを運用する場合は、次のような知識が必要になります。

・データメンテナンスの効率化も考慮した設計方法

・Power BIを知らない人にも使いやすいレポートの作り方

中級編では、これらの内容を習得していきます。それでは、中級編をご一緒に始めましょう。

3.1 よく使うデータ接続

3.1.1　レポート作成に必要な４つの知識

この章では、Power BIレポートを他の人に提供するためのスキルを学びます。他の人にレポートを提供するには、より高度な技能が必要です。この章では、一人前のレポート作成スキルを身につけるために必要な4つの知識を中心に学んでいきます。

1　**様々な種類のデータソースに対応できる知識**

CSVやデータベース、そしてフォルダーに入っているファイルの一括取り込みなど、様々なデータソースから情報を取得する方法について学びます。

2　**運用管理が楽になるデータ構造の設計知識**

分析に適したデータの持ち方であるスタースキーマについて学びます。分析の基本の型を習得することで、様々な分析に対応できるようになるでしょう。

3　**グラフのデータを正しく出せる知識**

レポートを提供する場合、グラフの表示には注意が必要です。誤解を与えるグラフにしないための注意点や修正方法について学んでいきます。

4　**レポートが使いやすくなる便利機能の知識**

レポートを参照する上での便利機能を紹介します。ドリルスルーやヒントの表示、ボタン機能を利用することで、レポートをより使いやすくすることができます。

▼この章で作成するレポート（完成図）

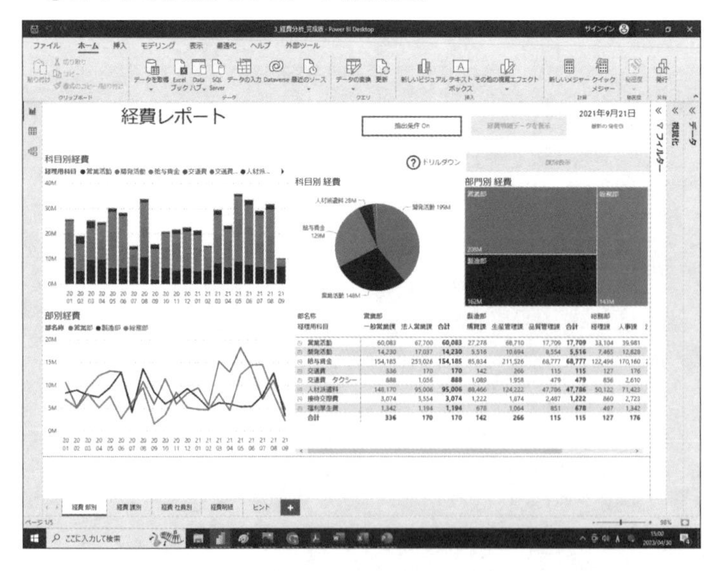

3.1.2 データ接続で学ぶ内容

ここから、様々な種類のデータソースからデータを取り込む方法(**データ接続**)について学んでいきます。

自分用のレポートを作成するときは、Excelの使い方さえ覚えておけばなんとかなります。データを手動でExcelのデータに変換してから取り込めばいいからです。しかし、他の人にレポートを提供する場合は、そうはいきません。指定されたデータソースから直接取り込まなければならないことが多いからです。

Power BIは、100種類以上のデータソースから直接取り込むことができます。データソースの種類が多くても心配する必要はありません。どのデータソースから取り込む場合も、取り込み方の基本は同じなのです。種類によって少しだけ異なる専用設定がある程度です。データの取り込み方を大きな特徴で分けると、次の4種類になります。

1 ファイル

ExcelやCSVといった形式のファイルを指定してデータを取り込みます。

2 データベース

SQL ServerやOracleといったデータベースからデータを取り込みます。データベースは複雑なデータを取り扱うための製品で、業務系のシステムでよく使われています。

3 オンラインサービス

様々なオンラインシステムが提供しているデータサービスです。例えば、Microsoft Exchangeのメールサービスからメールやカレンダー情報を取り込むことができます。

4 Power BIのデータモデルやSQL Server Analysis Services

作成済みのデータモデルを取り込みます。Power BIの中でできるのはレポートビューの操作だけで、データビューとデータモデルの修正はできません。ちょっと変わったデータ取得の形式です。

ここでの学習を通して、ほとんどのデータソースに対応するための基礎知識を身につけることができます。それでは、次のページから具体的に学んでいきましょう。

3.1.3 データ取り込みの流れ

データ取り込みを深く知るために、データ取り込みの流れについて学んでいきます。Power BIでは、**Power Queryエディター**というツールを通してデータを取り込みます。Power Queryエディターは、接続先のデータソースの指定やデータの変換を行うツールです。

「2章でExcelデータを取り込んだときには、Power Queryエディターは使わなかったよね？」と思った方もいるでしょう。特別な変換が不要な場合はPower Queryエディターを開くことなく、データの取得メニューが自動でPower Queryの定義を作成しているのです。Power Queryエディターは、次のような場合に利用します。

- **新規作成時に複雑なデータ変換をしたいとき**
  値の変換、複数テーブルの情報の結合など、様々なデータ変換ができます。
- **一度設定した接続設定の内容を変更したいとき**
  例えば、「元のデータに列を追加したけれども、自動ではPower BIに列が追加されない」といった場合に使用します。

▼データの取得メニューとPower Queryエディターの関係図

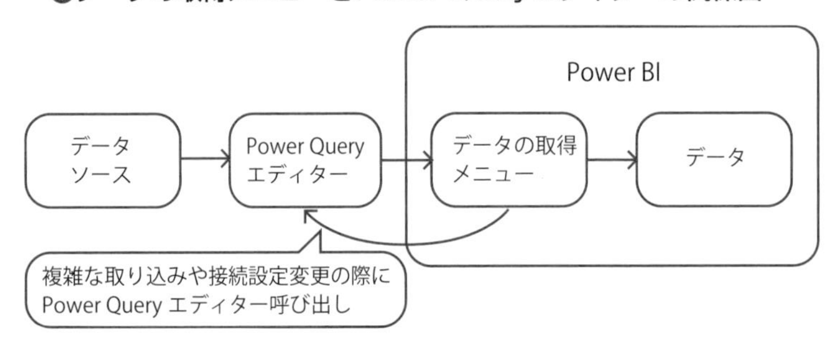

Power Queryエディターの勉強の優先順位

Power Queryエディターを覚えるのは、Power BI をひととおり学んでからにしましょう。元データをきれいな形で用意すれば、Power Queryエディターを使わなくてもPower BI だけで十分対応できるからです。とはいえ、覚えておくべきPower Queryエディターの機能は説明するので安心してください。Power Queryエディターの詳細の学習をあと回しにすることをおすすめする理由は、次の2点です。

●機能が重複している

Power BI とPower Queryエディターの両方にデータ変換の機能があります。例えば、項目を追加したり、削除したり、計算式を作成したりする機能は両方にあります。そのため、どちらの機能を使うべきかわからなくなりがちです。

●計算式・関数の言語が違う

内部で使っている計算式・関数の言語が違います。Power BIはDAX、Power QueryエディターはM言語を使います。計算式を作るときの書き方が異なるので、覚えることが多くなります。

演習：Power Queryエディターを開く

新規作成時と変更時のPower Queryエディターの開き方を確認しましょう。

1 新規作成時にPower Queryエディターを開く方法

Excelデータを取り込むときは、「読み込み」と「データの変換」のどちらかのボタンをクリックします。「データの変換」をクリックするとPower Queryエディターが開きます。

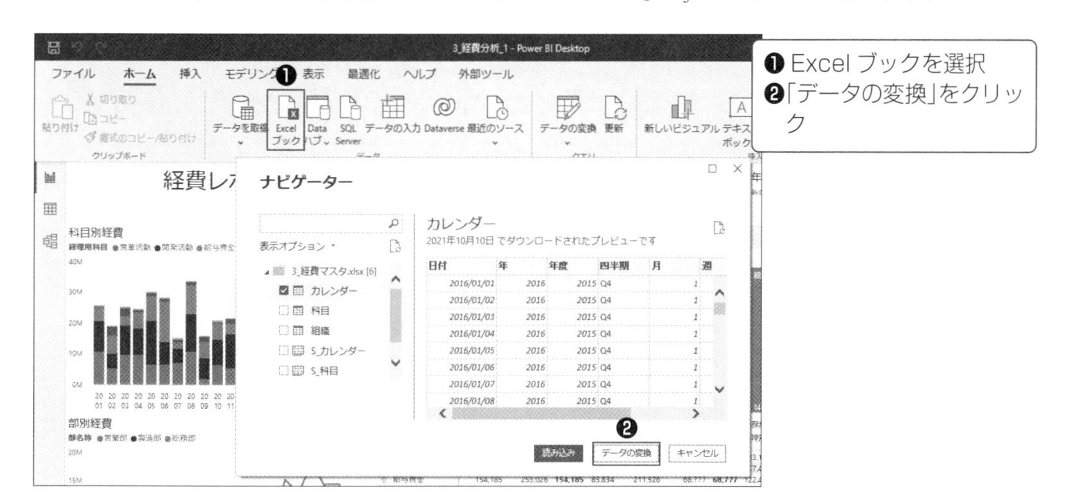

2 接続設定を変更するためにPower Queryエディターを開く方法

「データの変換」をクリックするとPower Queryエディターが開きます。開くと、すでにいろいろな設定がなされていることに気づくと思います。これらの設定は、新規作成時にPower BIのデータの取得メニューが自動生成したものです。設定の変更時には、これらの自動生成された設定を変更することになります。

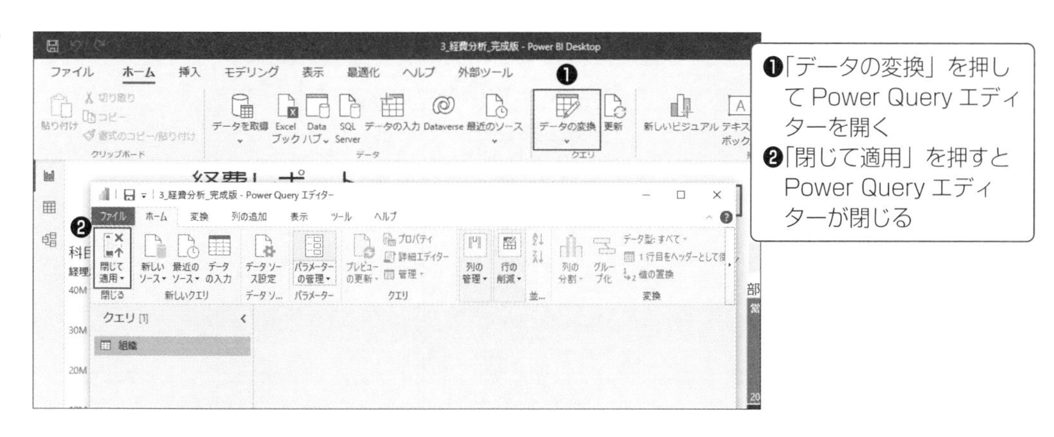

Power Queryエディターの画面構成

Power BIを使っていると、ときにはPower Queryを避けて通れない場面もあるでしょう。そんなときに困らないよう、Power Queryエディターの画面構成について紹介します。

❶クエリウィンドウ

この場所には、データ作成の処理一覧が表示されます。基本的には、1つのテーブルに対して1つのクエリを作成するため、テーブルの一覧と見なすこともできます。

❷クエリの設定ウィンドウ

ここには、変換処理のステップが記録されています。具体的には、元データの指定、列の型の変更、データの変換などの処理が1つずつ記録されます。

❸「ホーム」リボン

データを変換するための機能メニューです。この機能を使ってデータの変換を行います。変換処理を実行すると、その作業内容がクエリの設定ウィンドウ(②)に保存されます。

❹データ確認ウィンドウ

データを確認できます。クエリの設定ウィンドウ(②)で、特定のステップを選択すると、そのステップの状態のデータが表示されます。そのため、どのステップでどのようにデータが変換されたかを確認できます。

❺「閉じて適用」ボタン

Power Queryエディターを終了するには、このボタンをクリックします。クリックすると、生成したデータがPower BIに取り込まれます。

▼Power Queryエディターの画面構成

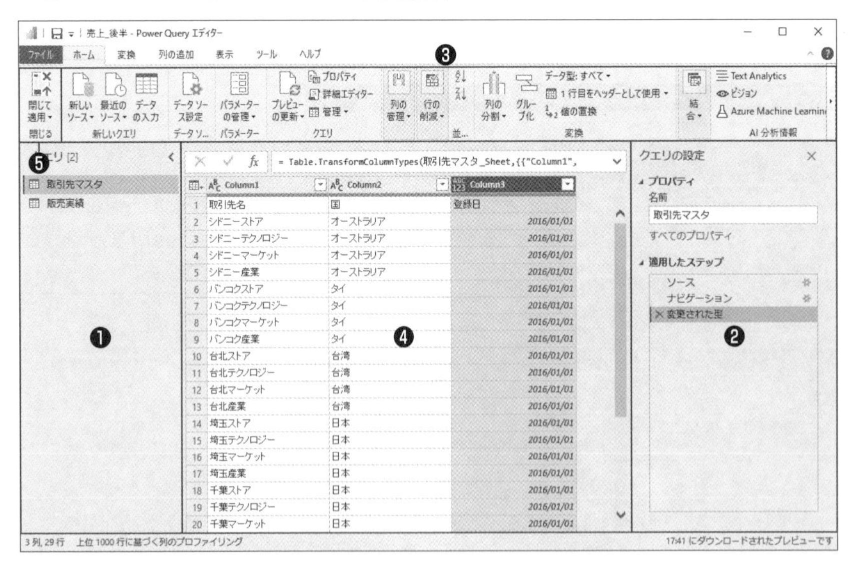

演習：Power Queryエディターでヘッダー行を認識するように設定する

Power BIでデータの取り込みをしたときによくあるのが、「ヘッダー行が認識されない」ケースです。その場合は、Power Queryエディターを開いて修正します。ここではPower Queryエディターの操作を演習しておきましょう。

1　Power Queryエディターの画面を開く

新規のデータ取り込み設定時に、ヘッダーが正しく取得できていないことがあります。その場合は、「データの変換」ボタンをクリックしてPower Queryエディターを開きます。

Column1	Column2	Column3
科目カテゴリ	科目	経理用科目
広告宣伝費	Web広告費	営業活動
研究開発費	試作品	開発活動
接待交際費	謝礼	接待交際費
給与賃金	賞与	給与賃金
旅費交通費	タクシー	交通費 タクシー
広告宣伝費	テレビ広告代	営業活動
旅費交通費	バス代	交通費
外注費	加工費	開発活動

2　ヘッダー行の設定

次の手順でヘッダー行を設定します。

❶クエリウィンドウから「取引先マスタ」を選択

❷クエリの設定ウィンドウから最終ステップを選択

最終ステップを選択状態にします。選択したステップの次に変換処理が追加されます。

❸「ホーム」タブ内にある「1行目をヘッダーとして使用」ボタンをクリック

❹1行目がヘッダー行として変換されるのをデータ確認ウィンドウで確認

❺「閉じて適用」をクリックして、Power QueryのデータをPower BIに反映

3.1.4 CSVやテキストデータを取り込む

ここでは**CSV**データの取り込み方を説明します。ひと口にCSVといっても、列の区切りがカンマだったりタブコードであったりと、実はいろいろな種類があります。ですが、Power BIは自動判定で、ほとんどの場合は正確に判断して取り込んでくれます。

うまく取り込みたいときのパラメータ設定

CSVファイルの取り込み時に指定できるパラメータは「元のファイル」「区切り記号」「データ型検出」の3つです。どうしてもうまく取り込めないときは、直接、これらのパラメータを指定してください。

取り込み時にうまく変換できないパターンの1つに、「列の型を正しく認識できない」というのがあります。はじめの200行を読み込んで列の型を推定するので、読み込んだ200行に列の型を識別できる情報が入っていないと、型を正しく判定できないことがあります。その場合は、データ型の検出を「データセット全体に基づく」に変更してデータを読み込みます。

▼CSVの取り込み時に指定できるパラメータの意味

パラメータ名	意味
元のファイル	文字コードを指定する。文字コードは、文字に割り振られた識別番号の規格。メモ帳でファイルを開くと、画面右下に文字コードが表示されるので、そこで確認できる
区切り記号	「項目と項目の間を何の文字で区切るか」を設定する。よく使われるのはカンマ。Excelシート上でコピーして貼り付けた場合はタブになる。規定の文字数で区切る固定幅も指定できる
データ型検出	デフォルトでは最初の200行で判定する。データ型を正しく認識しない場合は「データセット全体に基づく」を選択してみること（全部のデータをもとに判定するようになる）

演習：CSVファイルのデータ取り込み

CSVデータをPower BIに取り込む演習をします。

1 「データを取得」から「テキスト/CSV」を選択

「データを取得」ボタンをクリックすると、Power BIで定義されているデータ取り込み一覧を確認できます。その中から「テキスト/CSV」を選択します。

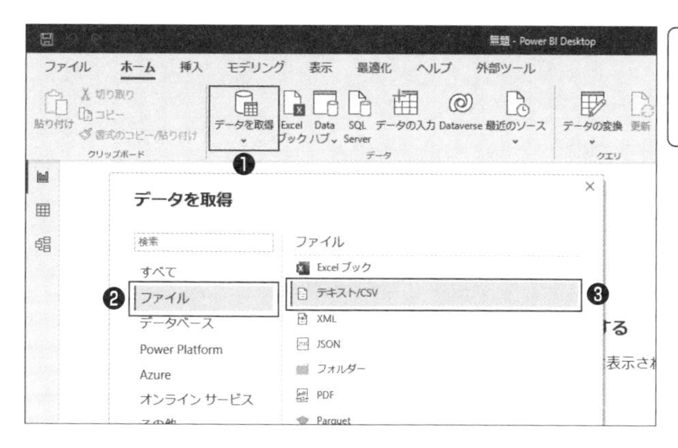

❶「データを取得」をクリック
❷ファイルを選択
❸「テキスト/CSV」を選択

2 CSVファイルを選択

ファイル選択の画面が表示されるので、CSVファイルを選択します。

3 「読み込み」ボタンをクリックする

表示されたデータを確認して問題なければ、「読み込み」ボタンをクリックします。

3.1.5 フォルダー内のファイルを一括で取り込む

如月さん 「どうしたんですか？　浮かない顔をして」
東雲課長 「毎月ファイルの取り込みを追加しなくちゃならないのが面倒なんだよね」

如月さんがフォルダーを見ると、フォルダーの中は、
経費データ_202101.xlsx
経費データ_202102.xlsx
⋮
というように、ファイルを毎月追加する構造になっていた。

如月さん 「それでしたら、フォルダーの中のファイルを一括で取り込む機能がありますよ」

フォルダーの指定取り込み、ファイルの統合

業務として「月次ファイルを指定のフォルダーに追加していく」人は多いと思います。そんなときに便利なのが「フォルダー取り込み」機能です。この機能を利用すると、フォルダー内のファイルを一括して取り込むことができます。あとからファイルを追加しても、「更新」ボタンを1クリックするだけで作業が完了します。

フォルダー指定で取り込むときの注意点

フォルダーの取り込み作業では、運用時にうっかりミスが起きやすいので、次の2点に注意しましょう。

- **フォルダーに、無関係のファイルを保存しない**
  無関係のファイルがあると、それも取り込もうとして、エラーとなってしまいます。指定のフォルダーには、データの配置を統一したファイルのみを保存するようにしましょう。
- **ファイルの列名を変えない**
  Power BIは、列名をもとに列を識別した上でデータを取り込んでいます。同じ列名を使えば、A列にあってもB列にあっても同じデータ列として取り込んでくれます。逆にいえば、列名を不用意に変えると正しく認識されなくなってしまうので、注意しましょう。

▼フォルダー内のファイルの一括取り込み

演習：フォルダー内のExcelファイルの取り込み

ここでは、「経費データ」フォルダーの中のExcelファイルを結合してPower BIに取り込む手順を説明します。

1　フォルダー取り込み指定

「データを取得」ボタンから「フォルダー」を選択します。

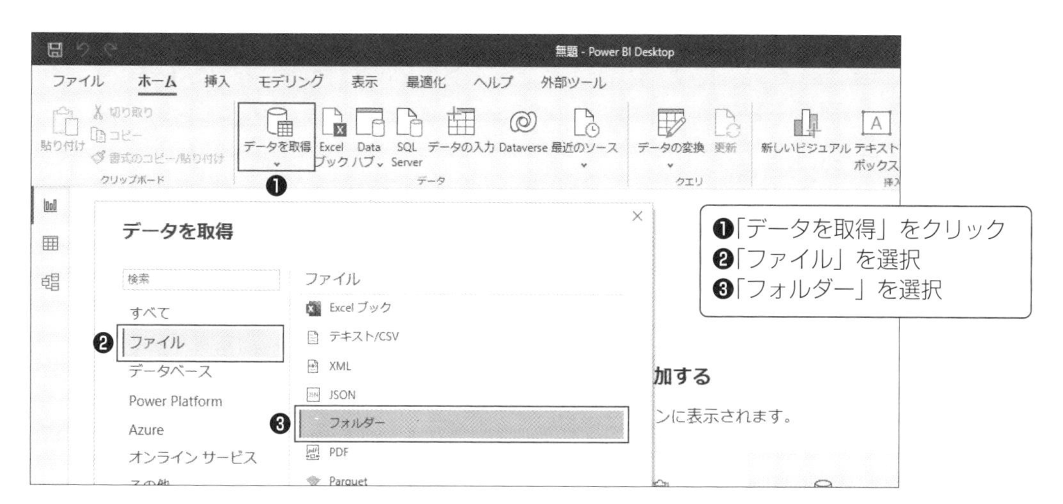

2　ファイル指定

Power BIの画面上で、ExcelもしくはCSVのファイルが保存されているフォルダーを指定します。

3　ファイルの取り込み

ファイルの一覧が表示されるので、問題なければ「結合」ボタンをクリックします。

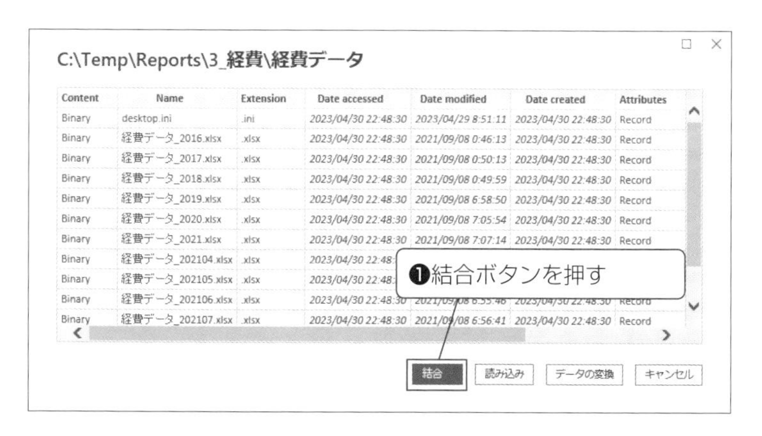

3.1.6 データベースのデータを取り込む

データベースからの取り込み

データベースは、本格的にデータを扱うときに利用する製品です。Power BIは、OracleやPostgreSQL、MySQLなどのデータベースに接続することができます。この演習ではSQL Serverを使用しますが、基本的な操作は他のデータベースでも同じです。

●データベースに接続するための準備

データベースに接続するには、場合によってはコネクタと呼ばれる接続用ソフトが必要です。例えば、OracleやMySQLに接続する場合は、データベースの配布元から事前にコネクタを取得して、インストールしておきましょう。

●データベース接続の特徴

データベース接続には、ファイル接続にはない次の2つの特徴があります。

- **SQLを利用できるモードがある**

  データを取得するための言語であるSQLを使えるので、柔軟なデータ変換ができます。

- **DirectQueryを利用できる**

  リアルタイムのデータを表示できるDirectQueryオプションが利用できます。この機能は有料サービスであり、Webでレポートを共有するときに使えます。通常は数時間おきにデータを更新する必要がありますが、この機能を使うと更新の必要がなく、最新のデータをリアルタイムで表示できます。

ただし、DirectQueryには「表示スピードが遅い」「複雑な処理では安定性に欠ける」といったデメリットがあります。

利用者からの「リアルタイムに情報を見たい」という要望は強いですが、DirectQueryを選ぶときは、事前にしっかり調査するようにしましょう。

▼データベースの接続一覧

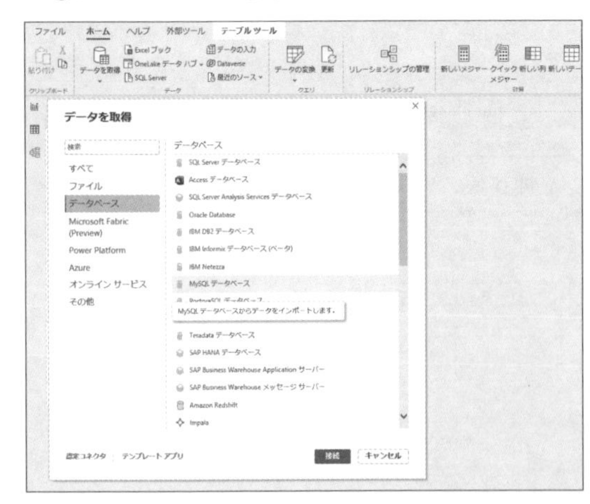

演習：SQL Serverのデータ取得

ここでは、SQL Serverに接続してデータベースのテーブル情報を取得します。

1 「ホーム」タブ内にある「SQL Server」を選択する

データベースへの接続情報を入力します。

ここで、データベースのテーブルやビューの一覧からデータを選択するか、SQL文を入力するかの選択肢があります。SQL文を入力する場合は、「詳細設定オプション」を開いてSQL文を入力します。

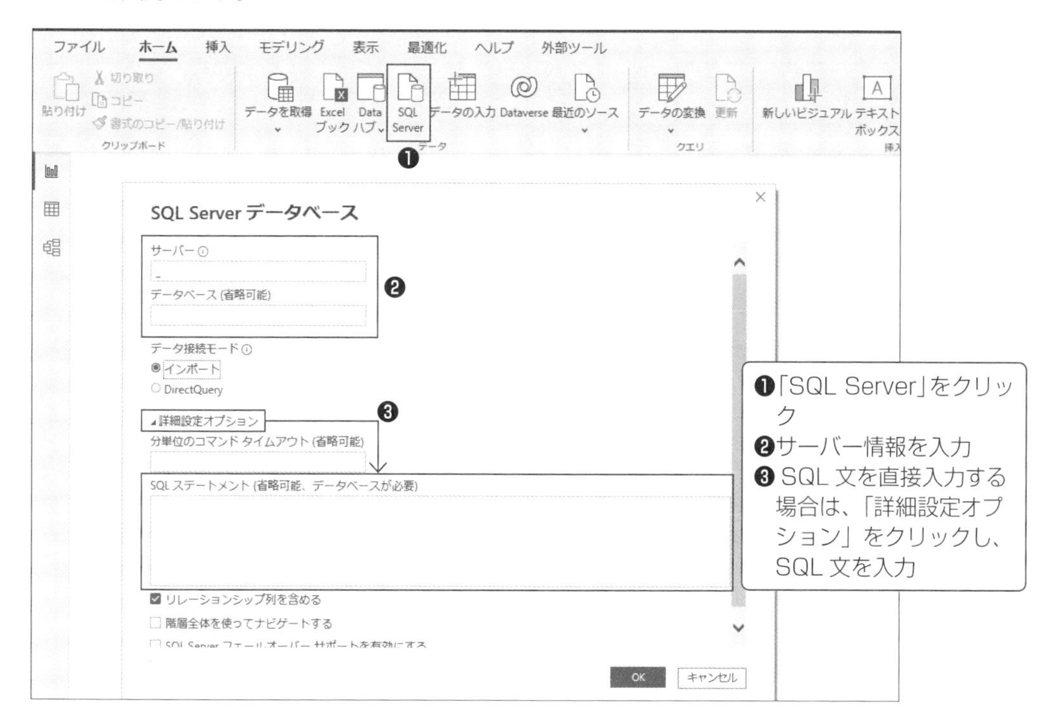

2 認証情報を入力する

ユーザー名とパスワードを入力します。画面左部にある接続種別を見逃す人が多いので、適切な認証の種別を選んでください。

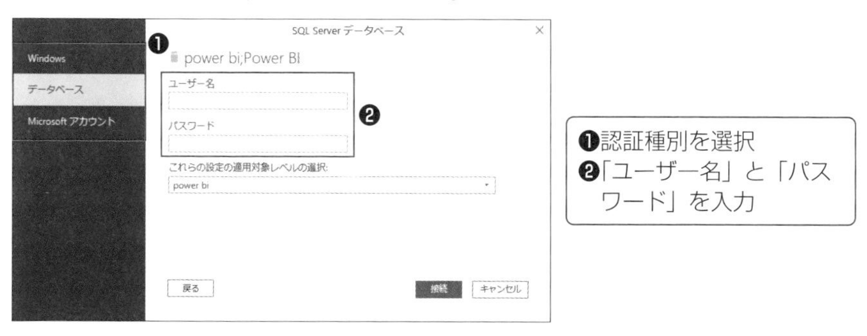

3.1.7 Excelの余計なデータを取り込まないようにする

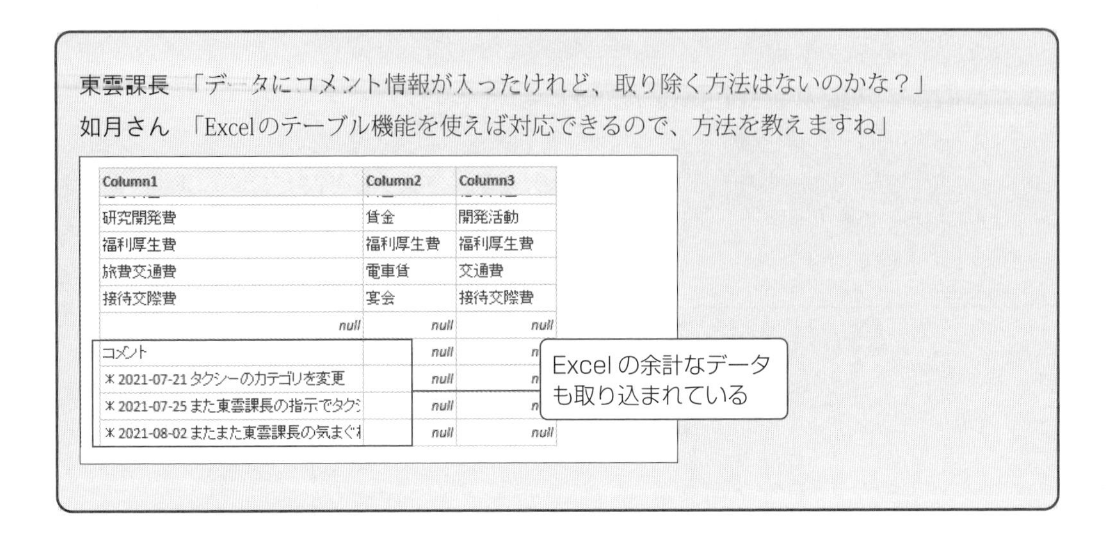

東雲課長 「データにコメント情報が入ったけれど、取り除く方法はないのかな？」
如月さん 「Excelのテーブル機能を使えば対応できるので、方法を教えますね」
Column1
Column2
Column3
研究開発費
賃金
開発活動
福利厚生費
福利厚生費
福利厚生費
旅費交通費
電車賃
交通費
接待交際費
宴会
接待交際費
null
コメント
＊2021-07-21 タクシーのカテゴリを変更
＊2021-07-25 また東雲課長の指示でタクシ
＊2021-08-02 またまた東雲課長の気まぐれ
Excelの余計なデータも取り込まれている

Excelの取り込み範囲の指定

Excelのデータに題名を入れたり、コメントを入れたりしたいときがあります。そのような場合に便利なのが、Excelのテーブル機能です。この機能を使用すると、指定された範囲のみを読み込むことができます。これにより、Excelに自由にコメントを書き込んでおけるだけでなく、1つのシートに複数のテーブルを保存することもできます。

●Excelのテーブル機能の役割

Excelのテーブル機能は、Excelの情報をデータとして定義する機能です。Excelは自由度が高くて便利ですが、データをPower BIのような他のソフトで活用しようとすると、問題が生じることがあります。これは、自由度が高いが故に、他のソフトがExcelデータのどの列や行を取り込むべきか自動判断できないことが起きるためです。テーブル機能は、Excelをデータベースとして使用するために、データ部分を正確に定義する機能です。

▼Excelのテーブル機能

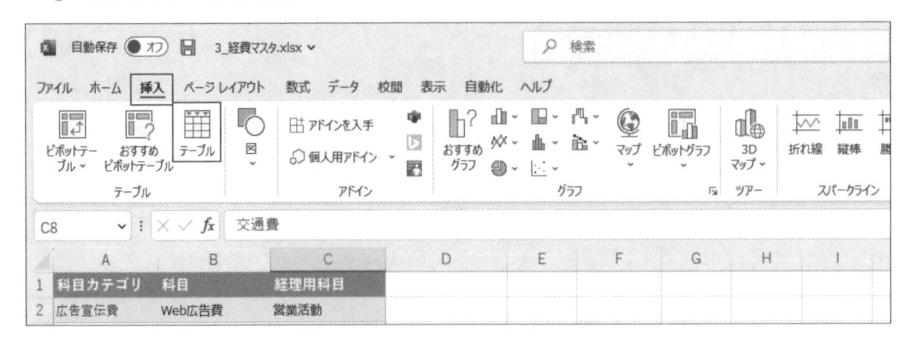

演習：Excelのテーブル設定をして取り込み結果を比較する

この演習では、Excelのテーブル機能を使用し、Excelデータに対してテーブル設定を行います。

1 テーブル設定

Excelを開いてデータ部分を選択します。その後、「挿入」タブの「テーブル」ボタンをクリックします。データを定義するセルの範囲を確認するポップアップが表示されたら、「OK」ボタンをクリックすれば完了です。

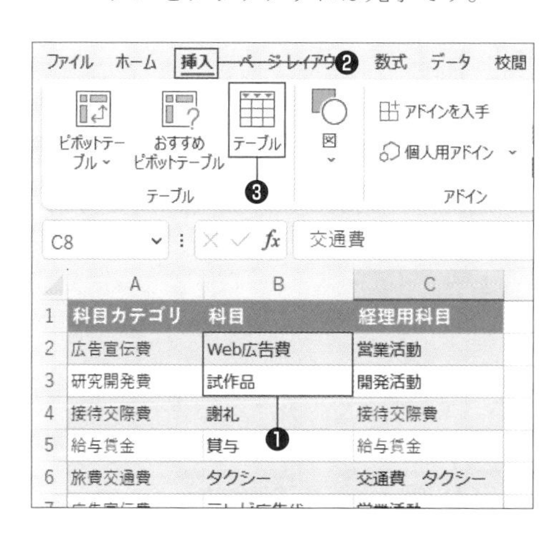

2 テーブル名の設定

テーブル設定をすると、「テーブルデザイン」のリボンが表示されます。その中の「テーブル名」を記入します。このテーブル名は、Power BIからデータを取り込むときに表示される名前となります。

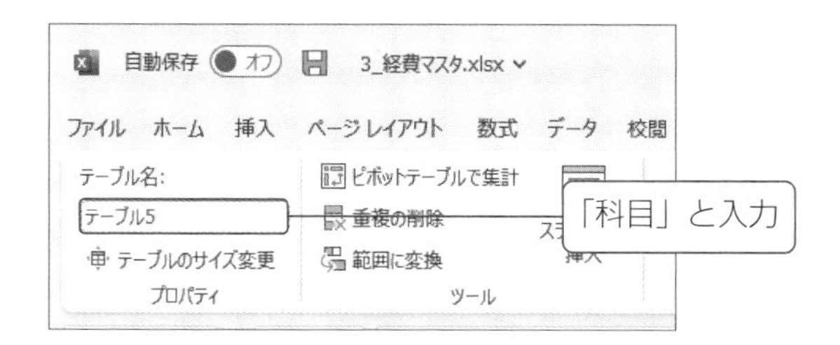

以上でテーブル設定は完了です。テーブル設定をしておくと、Power BIからデータを取り込むとき、シートの一覧に加えてテーブルの一覧も表示されるようになります。

3.1.8 データソースの保存場所や接続ユーザーの切り替え

如月さん 「東雲課長、頭を抱えてどうしたのですか？」
東雲課長 「Power BIのレポートを配ったんだけど、データが入っているExcelファイルを"C:\Users\東雲"に保存してって言ったら、『東雲さんのパソコンではないので、そういうフォルダーは存在しません』って言われたんだよ」
如月さん 「Power BIから簡単に変更できるメニューがありますよ」

データ接続の切り替え

データ接続の設定は、「データの変換」の「データソース設定」を使用することで変更できます。具体的には、ファイルの保存先や、データベースの接続ユーザーとパスワードなどを変更できます。

設定画面にアクセスするには、下向きの矢印(∨)をクリックする必要があるので、注意してください。

▼データソース設定のメニュー

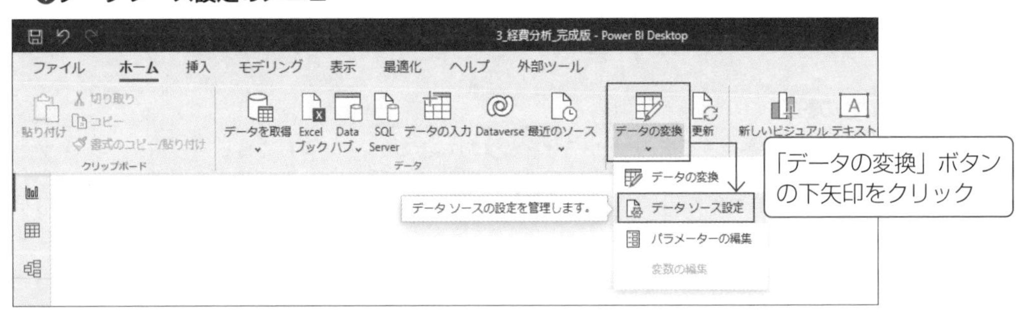

「データソース設定」には次の2つの設定があります。

●データソースのファイル接続先の変更

データソースのファイルの保存先を変更できます。自分が開発しているときだけでなく、他の人にPower BIのレポートを配布するときにもよく使うので、変更方法は覚えておきましょう。

●データソースへのパスワードの変更

保存された接続ユーザーとパスワードを変更できます。Power BIのレポートを他の人に配布するとき、「パスワードが漏れるのでは？」と心配になるかもしれません。しかしながら、自分が設定したパスワードはファイルでなく自分のパソコンに保存されるため、接続情報が漏れることはありません。その点はご安心ください。

演習：データソースの保存場所変更と接続ユーザーの切り替え

この演習では、「データソースの保存場所変更」と「接続ユーザーの切り替え」の2つの操作を確認します。前ページで説明した「データソース設定」をクリックして設定画面を開いてください。

1　データソースの保存場所を変更する

ファイルの接続先のパスを変更します。

2　データベースの接続ユーザーを切り替える

データベースの接続ユーザーとパスワードを再設定するには、「グローバルアクセス許可」を選択します。

3.1.9 データ接続を簡単に切り替える方法

東雲課長 「如月さん、めずらしく残業しているけど、どうしたの？」
如月さん 「Excelのテーブル機能で科目情報の管理を効率化したためです」
東雲課長 「効率化したのに残業になるってどういうこと？」
如月さん 「データソースを変えたら、Power BIのグラフが全部作り直しになってしまいました」

データ接続の切り替え

例えば、これまで「Excelファイルからデータを取り込む」方式だったのをやめて、「データベースからデータを取り込む」方式に変更するとします。その場合、これまで作成していたPower BIのレポートは、すべて作り直しになります。

「新しいテーブルに元のテーブルの名前をつけたら認識するのでは？」と思うかもしれませんが、レポートとテーブルは、実はテーブル名ではなく裏で持っているIDで紐(ひも)づけられているので、テーブル名を変えても認識してくれません。これは作業工数の大きなロスになります。

ここでは、このような場合に役立つテクニックを紹介します。

●データソースを切り替えて使う方法

切り替える方法を簡潔にいうと、Power BI上ではなくPower Queryエディター上で切り替えるのです。Power Queryエディターのクエリ名の中を開くと、プログラムコードが保存されています。そのプログラムコードを差し替えることで、データソースの切り替えができます。

▼データ接続の切り替えの手順

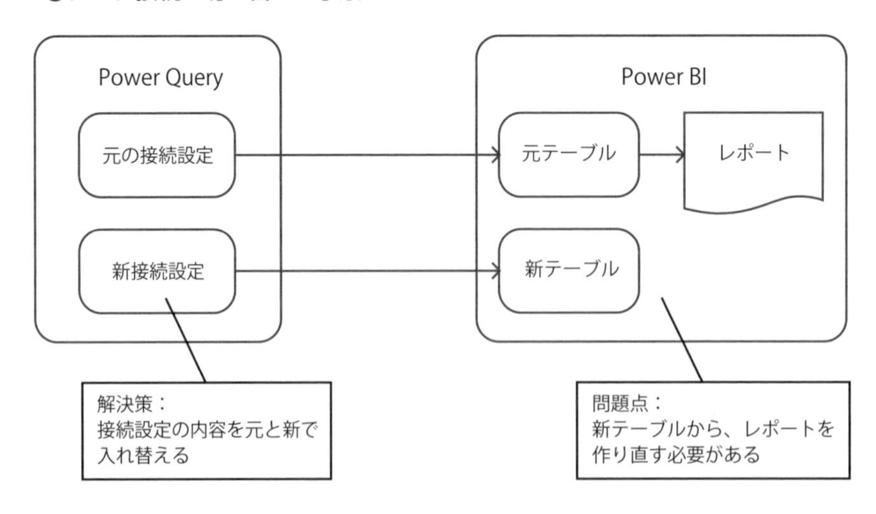

演習：データ接続を切り替える

データソースを切り替えるために、Power Queryのプログラムを差し替える演習を行います。作業前に、新旧2つのデータソースの取り込み設定を行ってください。

1 Power Queryエディターを開く

Power BI上で「データの変換」をクリックして、Power Queryエディターの編集画面を開きます。

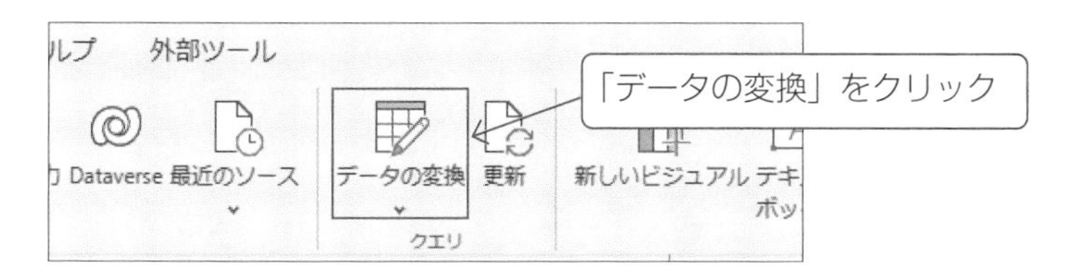

2 詳細エディターでプログラムをコピーする

今回は「旧科目」のプログラムを「新科目」のプログラムで置き換えます。置き換えるために「新科目」のプログラムをコピーします。

3 詳細エディターでプログラムを貼り付ける

次に、「旧科目」のクエリの「詳細エディター」を開きます。開いたら、先ほどコピーしたプログラムを貼り付けて、プログラムを差し替えます。

以上で設定はおしまいです。Power BI上で「旧科目」のテーブルを更新すると、「新科目」の情報が表示されます。

3.1.10 データ接続/変換のまとめ

ここまでExcelやデータベースの接続方法を学んできて、「いったいどちらの接続方法がおすすめなの？」と思った方もいるでしょう。最後に、業務系システムにおける一般的なデータの流れを紹介し、おすすめの接続方法を説明します。

業務系システムの一般的なデータの流れ

業務データは業務系システムの中のデータベースに保存されます。その後、レポートツールを使用してExcel形式に変換し、利用者に提供されます。

●データベース接続のメリットとデメリット

データベース接続のメリットは、大量のデータを処理することができ、データ変換の自由度が高いことです。一方で、データ取得に専門知識が必要なため敷居が高く、セキュリティやパフォーマンスの懸念からデータベースに接続できるユーザーは制限されます。

●Excel接続のメリットとデメリット

利用者にとって理解しやすい形で提供される、というのが一番のメリットです。しかし、「Excelデータに列を追加したい」といった場合は第三者に依頼する必要があるため、柔軟性に欠けるというデメリットがあります。また、データ更新を自動化するには、手間が1ステップだけ多くかかるという欠点もあります。

はじめのうちは、手元にあるExcelデータをもとにPower BIのレポートを作ることが多いでしょう。規模が拡大して自動化を検討するようになると、データベース接続が視野に入ります。そのとき、データマートを作成する事例が多く見られます。データマートとは、部門の分析用に用意したデータベースのことです。本格的なPower BIのレポートを展開していくときには、データマートを作成することも検討するといいでしょう。

▼Power BIとデータの連携方法の比較

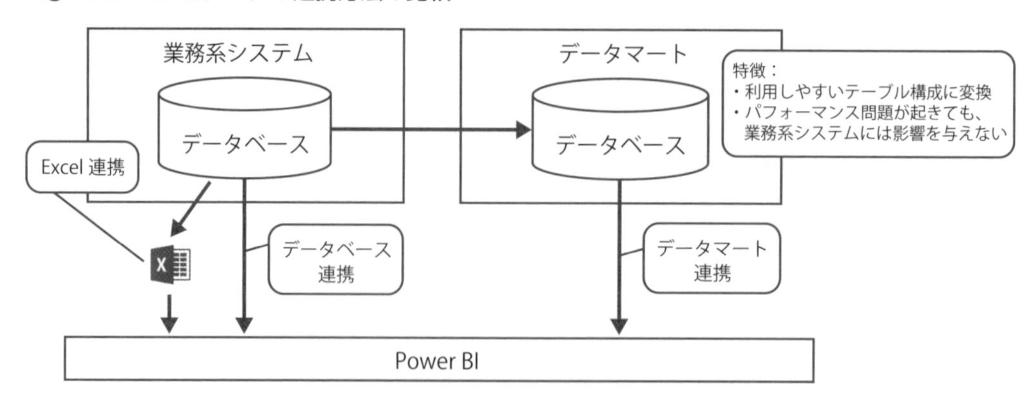

3.2 管理が楽になるデータの持ち方

3.2.1 データ整理の目的

物を棚から取り出すとき、整理されていない棚と整理された棚とでは、どちらのほうが使いやすいですか？　もちろん答えは整理された棚だと思います。

整理されていない棚

整理された棚

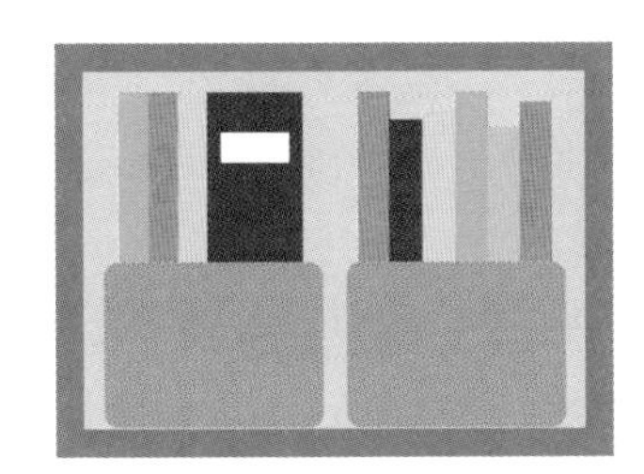

整理された棚であれば、棚から物をすぐに取り出すことができます。同様に、データが整理されていると、レポートが作成しやすくなります。これから、Power BIでのデータ整理について学んでいきます。具体的には次の2点です。

- **テーブルの持ち方について**
  分析に適したテーブルの持ち方である「スタースキーマ」について解説します。スタースキーマにすると、分析しやすくなるだけでなく、データのメンテナンス作業も軽減されます。
- **フィールドの整理機能**
  レポートを作成しやすくするフィールド表示の変更方法を学びます。また、ドリルダウンの構成をわかりやすくする階層フィールドについても学びます。

組織の分析力を一段階レベルアップするためのデータ整備

Power BIの活用方法として、レポートを提供するのではなく、「データモデルを提供する」という発展的な運用方法があります。「レポートは分析する人自身に作ってもらう」という考え方です。

データモデルの作成は、データに関する知識と技術的な知識が必要なため、より高難易度の作業となります。そのため、データモデルを準備できる人は限られています。その難しい部分のデータモデルをわかりやすい形で提供できれば、より幅広い人たちがレポートを作成して分析できるようになります。

この節では、わかりやすいデータモデルを用意するために、データの整理方法を学んでいきます。

3.2.2 分析データのテーブルはスタースキーマで持とう

スタースキーマ

分析用のデータの持ち方に、**スタースキーマ**と呼ばれるものがあります。

スタースキーマは、中心となる「ファクトテーブル」と、その周りを取り囲む「ディメンションテーブル」から成り立っています。スタースキーマという名前は、テーブル関係図の形が星のように見えることに由来します。

●ファクト（実績）テーブル

ファクトテーブルには、業務プロセスで発生する実績データを入力します。数量や金額といった、分析対象とする数値データを格納します。

●ディメンション（分析軸）テーブル

ファクトテーブルのデータを分析するための分析カテゴリを持ちます。例えば経費申請者であれば、社員名➡課名➡部名➡会社名といったように、階層構造でデータを持つことが多いです。

▼スタースキーマのテーブル関係図

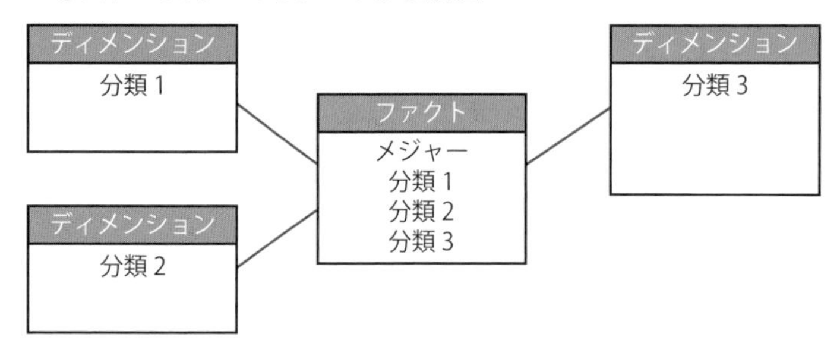

スタースキーマのメリットには次の2つがあります。

1　シンプルな構造

単純でわかりやすい構造です。そのため、分析者がデータにアクセスしやすく、分析作業がスムーズに進みます。

2　拡張性が高い

日々の実績データはファクトテーブルに追加し、分析のカテゴリはディメンションテーブルをメンテナンスします。テーブルごとの役割がはっきりしているため、拡張や保守が容易です。

スタースキーマについて、もう少し具体的に見ていきましょう。一般的に使うレポートは、次の明細のように1つのテーブルで提供されています。

明細にカテゴリを持つ場合

申請者名	科目	経費	経理用科目
竹内 伸行	電車賃	1,486	交通費
鍋島 修	タクシー	8,320	交通費タクシー
吉田 康正	タクシー	1,800	交通費タクシー

上の明細データの「経理用科目」の列に注目してください。「経理用科目」は「科目」をグループ化した列です。その関係を別のテーブルに持つと、次の図のようになります。

カテゴリを別テーブルに分けた場合

申請者名	科目	経費
竹内 伸行	電車賃	1,486
鍋島 修	タクシー	8,320
吉田 康正	タクシー	1,800

科目	経理用科目
電車賃	交通費
タクシー	交通費タクシー

リレーションシップ

上記の分割された2つのテーブルはどのように見るのでしょうか？　左テーブルの1行目にある竹内さんの経理用科目を知りたい場合は、科目が「電車賃」なので、「電車賃」で右テーブルを検索すれば、「交通費」だとわかります。

テーブル分割のメリット

テーブルを2つに分割するとデータが見にくくなります。なぜ、わざわざこのような面倒なことをするのでしょうか？

その理由は、分類のメンテナンスを容易にするためです。例えば、経理用科目の「交通費タクシー」を「交通費」に統合する必要が生じたとします。このとき、テーブルを分割していれば、1行変更するだけでメンテナンスが完了します。一方、テーブルを分割していない場合は、複数行の変更が必要となる上に、変更漏れがあった場合はデータの正しい出力ができなくなります。

データ分析において、分析の軸となるカテゴリを変更したくなることが頻繁に発生します。分析用のカテゴリテーブルを分割して保持しておくと、必要に応じて変更することができるため、とても便利になります。

演習：スタースキーマの作成

次のデータのサンプルからスタースキーマを作成する演習をします。

申請者名	部署名	購入日	科目	経費
竹内 伸行	人事	2023/4/1	電車賃	1,486
鍋島 修	経理	2023/4/12	タクシー	8,320
吉田 康正	経理	2023/4/23	タクシー	1,800

1 部署名のディメンションの作成

申請者は部署に所属しています。そのため、部署で分析軸のディメンションを作成します。

経費明細

申請者名	購入日	科目	経費
竹内 伸行	2023/4/1	電車賃	1,486
鍋島 修	2023/4/12	タクシー	8,320
吉田 康正	2023/4/23	タクシー	1,800

社員マスタ

申請者名	部署名
竹内 伸行	人事
鍋島 修	経理
吉田 康正	経理

2 日付ディメンションの作成

購入日の年や月をもとに分析することがあります。そのため、日付のディメンションを作成します。

経費明細

申請者名	購入日	科目	経費
竹内 伸行	2023/4/1	電車賃	1,486
鍋島 修	2023/4/12	タクシー	8,320
吉田 康正	2023/4/23	タクシー	1,800

社員マスタ

申請者名	部署名
竹内 伸行	人事
鍋島 修	経理
吉田 康正	経理

日付

購入日	年	月
2023/4/1	2023	4
2023/4/12	2023	4
2023/4/23	2023	4

以上で、経費明細をスタースキーマの形にできました。

スタースキーマのテーブル関係図を描くと、次図のようになります。これで、社員が部署異動した場合も、部署テーブルを変更するだけで対応できます。また、社員の役職などで分析したい場合も、より簡単に対応できるようになります。

社員マスタ
申請者名
部署名

経費明細
申請者名
購入日
科目
経費

日付
購入日
年
月

3.2.3 グラフ項目の並べ替えをコントロールする

東雲課長 「社員表示で部長を１番にできないかな？」
如月さん 「できます。名前の先頭に１、２、３とつければ、その順に並びます」
東雲課長 「数字をつけるのは序列みたいで嫌なんだけど」
如月さん 「……（ええっ？　部長を１番にと言ったのは東雲課長なのに）」

凡例／項目の並べ替え

レポートを作成しているとき、指定する順番で並べ替えたい場合があります。ここでは、データを指定の順番で並べ替える方法を学びます。

並べ替えの手順

①データビューを開く
②並び順が入ったデータを用意する
③並べ替えたい列を選択して、それに対して②の列を並び順として割り当てる

並べ替えの設定はレポートビューではなく、データビューで行います。勘違いしやすい部分なので注意が必要です。「列に対してデフォルトの並び方を設定し、それをグラフで使用する」という考え方です。

そのため、グラフごとに異なる並び順を指定することはできません。そうしたい場合は、「指定の並び順を変えた列を複数用意する」というテクニックを使います。

▼並べ替えの演習の内容

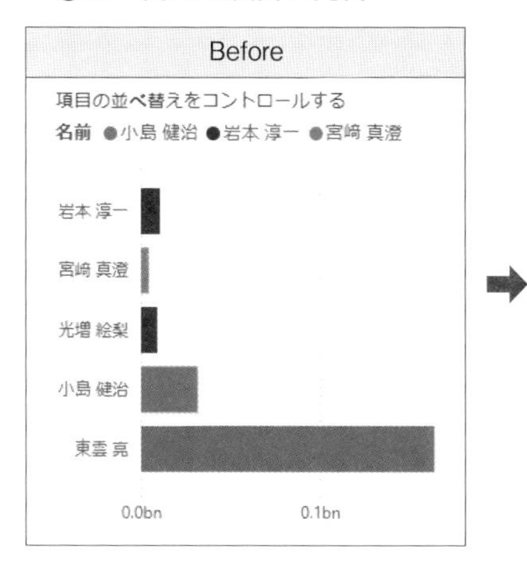

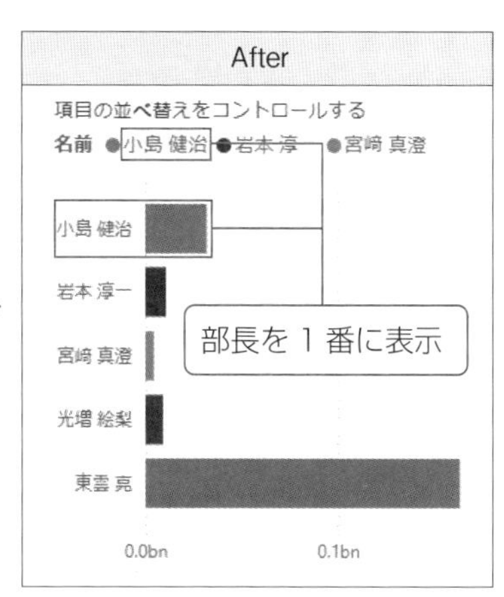

演習：社員名の並び順を指定する

ここでは、個人別の経費の利用金額のグラフを、指定した「個人の順番」に並べ替えます。順番の指定用として「名前_sort」という列を事前に準備し、その列を使うことにします。

1　並び順の変更

「名前」と「名前_sort」という列を用意します。「名前」の列を「名前_sort」の列順に並べ替えます。

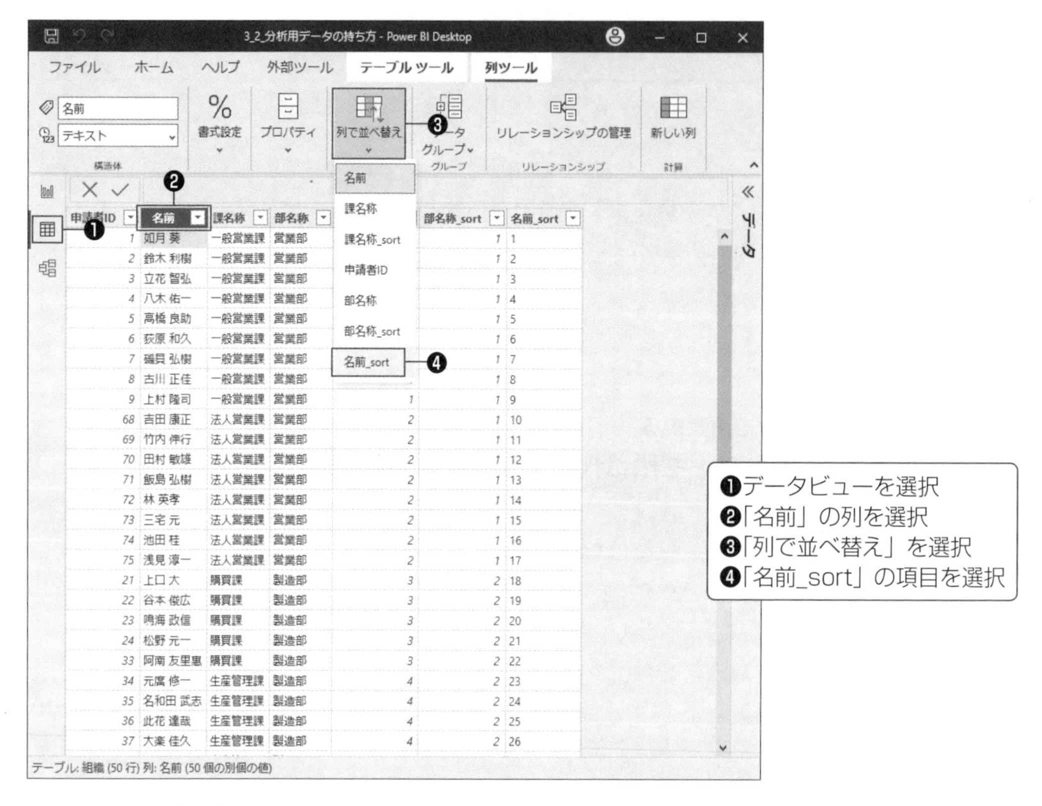

設定後、レポートビューで名前を使用したビジュアルを確認してみましょう。設定後の表示は次のように変わります。左がソート設定前で、右がソート設定後です。

「名前」でソートすると「名前_sort」順になっていることがわかります。

▼元の順番

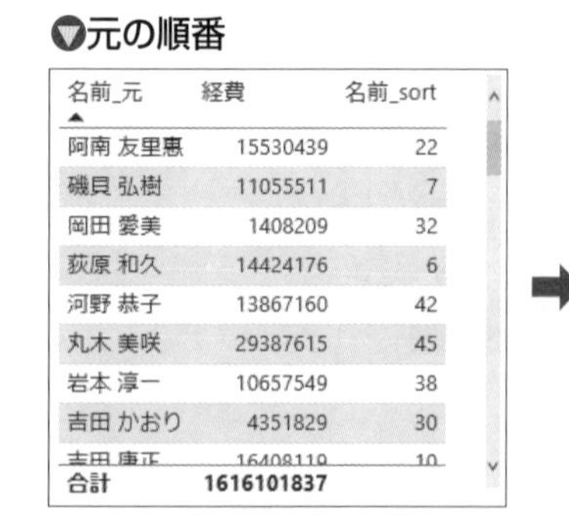

名前_元	経費	名前_sort
阿南 友里惠	15530439	22
磯貝 弘樹	11055511	7
岡田 愛美	1408209	32
荻原 和久	14424176	6
河野 恭子	13867160	42
丸木 美咲	29387615	45
岩本 淳一	10657549	38
吉田 かおり	4351829	30
吉田 康正	16408119	10
合計	1616101837	

▼ソート設定後の順番

名前	経費	名前_sort
如月 葵	10199187	1
鈴木 利樹	15573341	2
立花 智弘	38290907	3
八木 佑一	19554222	4
高橋 良助	17957898	5
荻原 和久	14424176	6
磯貝 弘樹	11055511	7
古川 正佳	8741545	8
上村 隆司	301196336	9
合計	1616101837	

3.2.4　カテゴリの階層構造を見やすく整理する

東雲課長　「科目と経費用科目はどっちが上位階層だったっけ？」
如月さん　「経費用科目が上位ですよ」
東雲課長　「データウィンドウで、わかりやすいように上位階層から並べ替えられない？」
如月さん　「そうするには列名を変更するしかないですね。Power BIのデータウィンドウではテーブルや列を好きな順番に変えられないんですよ」

フィールドの階層設定

階層設定を使うと、フィールド（列）の階層構造をわかりやすく表現できます。次のサンプルでは、部署の階層を設定しています。「部➡課➡社員」というデータ構造が明確にわかります。使いやすさが劇的に向上するので、積極的に階層設定をすることをおすすめします。

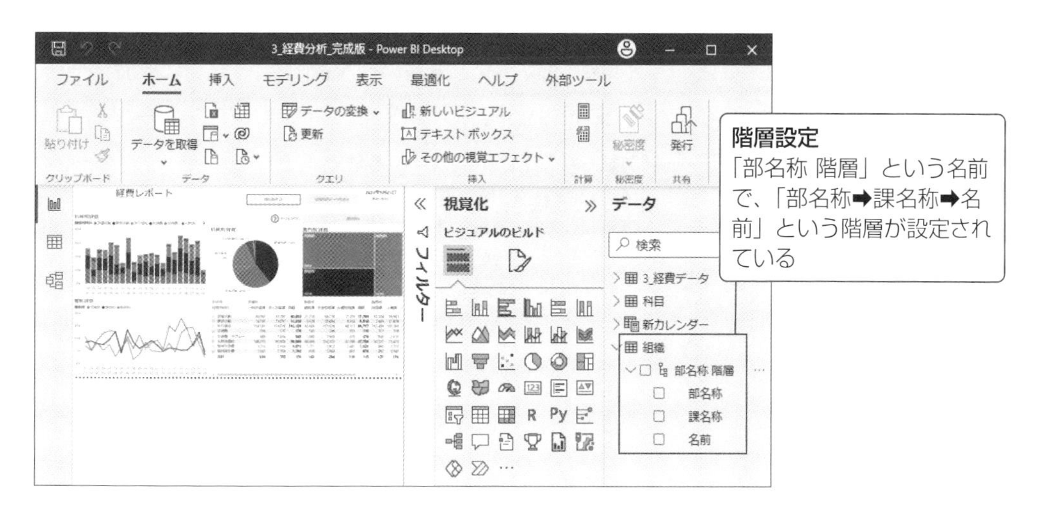

階層設定をすると、次のようなメリットがあります。

●ドリルダウンの設定が簡単

グラフを作成するときに、ドリルダウンの設定が簡単にできます。例えば、日付階層の項目を1つ選べば、日付のドリルダウンを設定できます。年、四半期、月、日と4つの項目を1つずつ選ぶ必要がないので、簡単にセットできます。

●項目の関係が理解しやすくなる

レポートを使い始めると、似たような分析用のカテゴリが増えていきます。そうなると、列同士の関係性がわかりにくくなってきます。階層構造を設定することで、各列の関係性を明示した形で保存することができます。

演習：階層設定を行う

部名称の階層を作成していきます。

1　階層の作成

最初に階層用の列を作成します。第1階層となる列を選択して、「階層の作成」を実行して作成します。

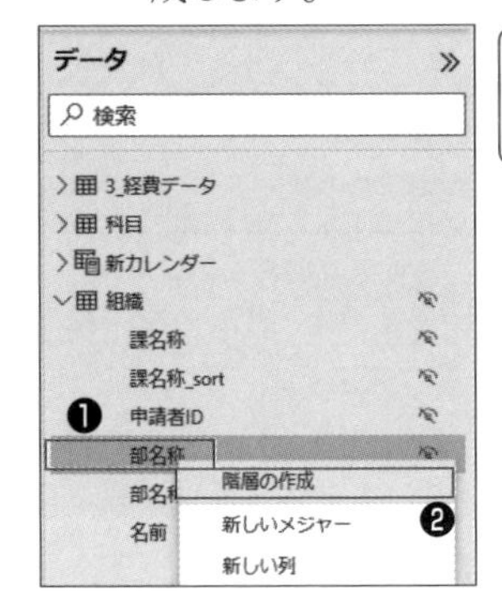

❶「部名称」の列を右クリック
❷「階層の作成」を選択

2　階層に列を追加

階層が作成されたら、第2階層を追加します。第2階層の列を選択し、「階層に追加」を選択します。

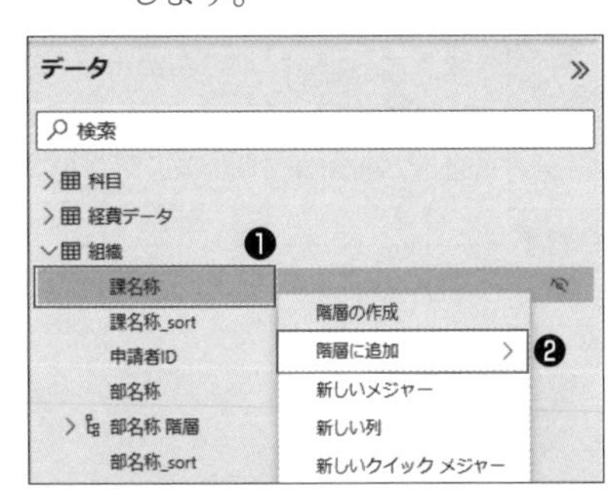

❶「課名称」を右クリック
❷「階層に追加」から
❸「部名称 階層」を選択する

「部名称 階層」の列を確認すると、「部名称」と「課名称」が階層構造になっていることが確認できます。

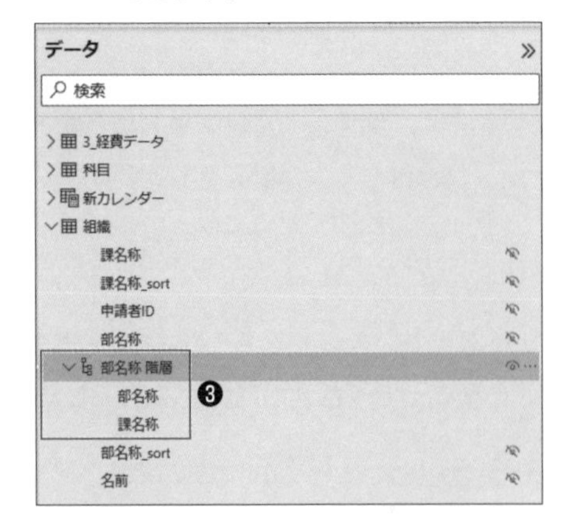

3.2.5 フィールドを見やすく整理する

東雲課長 「うーん、どの科目を使えばいいのかなぁ」
如月さん 「何を悩んでいるのですか？」
東雲課長 「科目のフィールドが3つあるけど、3つの項目の違いは何？」
如月さん 「ほかの人からもよく聞かれるのですが、同じなんですよね」

フィールド非表示／フォルダーの作成

レポート作成時に、複数のテーブルで同じ名前の列が存在すると、どの列を使用すればよいかの判断がしにくくなります。スタースキーマの形式でテーブルを設計すると、複数のテーブルでリンク用に同じ列を持つため、同じ名前の列が増えてしまいます。

Power BIでは、列の非表示やフォルダーの作成による整理方法があります。わかりやすくするために、使わない列は非表示にしましょう。非表示にすることによって、レポートビューで列が見えなくなり、グラフを作成しやすくなります。

下記の例では、次の列を非表示にして整理しています。

- **内部処理用に使用している並べ替え用の列とリレーション用の列**
- **階層設定による重複列**

非表示設定前

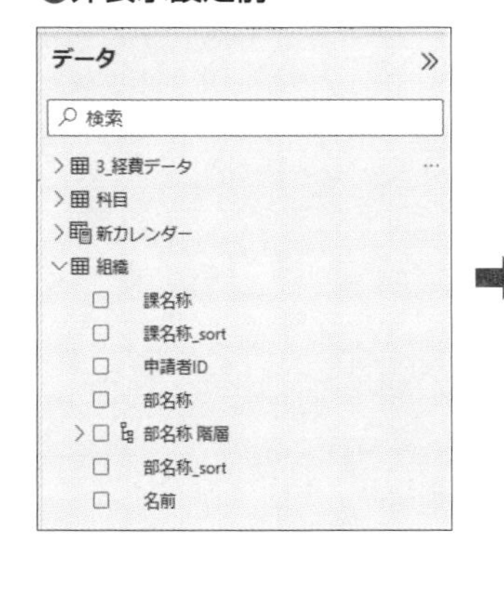

非表示設定後

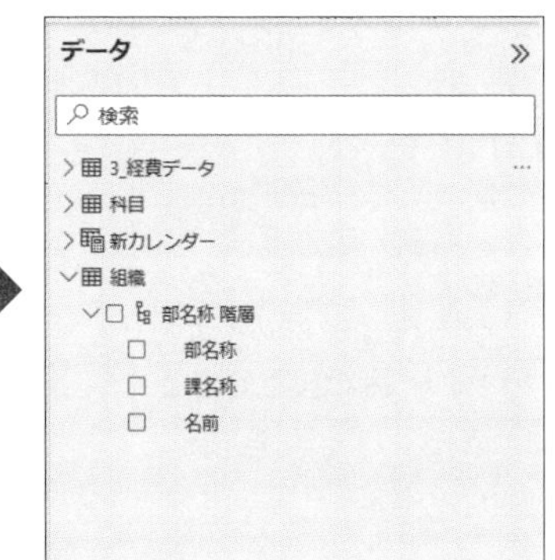

演習：列の非表示設定

「組織」テーブルの中で、重複している列やレポートで使用しない列を非表示にします。

1　非表示の設定

モデルビューに移動して、「課名称」の列にマウスポインタを合わせます。目のアイコンが表示されるのでクリックします。

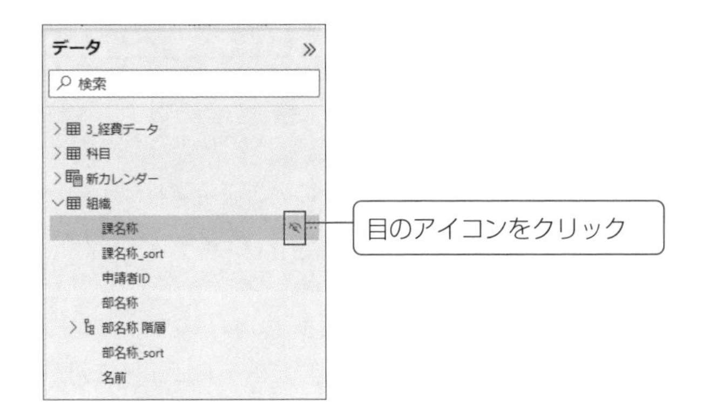

2　非表示の一括設定

非表示の設定を1つずつ行うと時間がかかるので、一括で設定します。

「課名称」を選択したあと、Shiftキーを押しながら「部名称」を選択します。次に、Ctrlキーを押しながら「部名称_sort」と「名前」をクリックします。

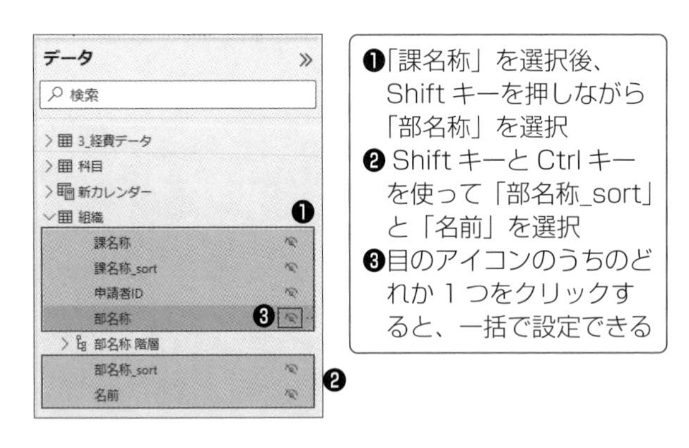

3.2.6 データの持ち方のまとめ

この節では、データの持ち方について次の2点を説明しました。

●スタースキーマについて

データ分析に適したテーブルの持ち方です。データのメンテナンスがしやすく、分析もしやすいテーブル構造となっています。

●Power BIで列を整理する方法

階層設定をしたり列を非表示にする方法を学びました。

テーブルの持ち方の検討やフィールドの整理は、地味ながらとても大切な作業です。スタースキーマの形でデータが整理された状態であれば、データ出力時に想定外のデータが出力されるといったトラブルが激減します。また、階層構造を使ってPower BIで見やすく整理されていれば、資料を見たり他の人に問い合わせたりしなくても、列の関係性がすぐにわかります。

この節で学んだテーブルや列の整理は、レポートの規模が大きくなればなるほど、保守工数に大きく影響します。スタースキーマと列で整理するという2つの方法を使って、情報の整理を早めに行うよう心がけましょう。

ワンポイント　列の整備はモデルビューがおすすめ

列の定義や設定はデータビューとモデルビューから行えますが、モデルビューのほうが機能が多いです。例えば、メジャーを作成した場合、最初に作成したテーブル配下から移動できないと思われがちですが、モデルビューであればドラッグ＆ドロップで保存先のフォルダーを変更できます。また、フォルダーの設定機能もモデルビューのみです。列の整理をするときは、モデルビューを使ってみましょう。

3.3 よくあるデータトラブルへの対応

3.3.1 よくある3つのデータ問題の対応方法

この節では、データを取り扱うときによく直面する課題と対応方法について説明します。

1 カレンダーテーブルの表示に関わる問題

まずは、カレンダーテーブルの用意について学びます。日付に関する要望や問題は、レポートを作成する中で必ず直面します。その対応方法の1つとして、カレンダーテーブルの用意があります。ここでは、カレンダーテーブルの作成方法、どのような場面で活用できるか、などについて紹介します。

▼カレンダーテーブル

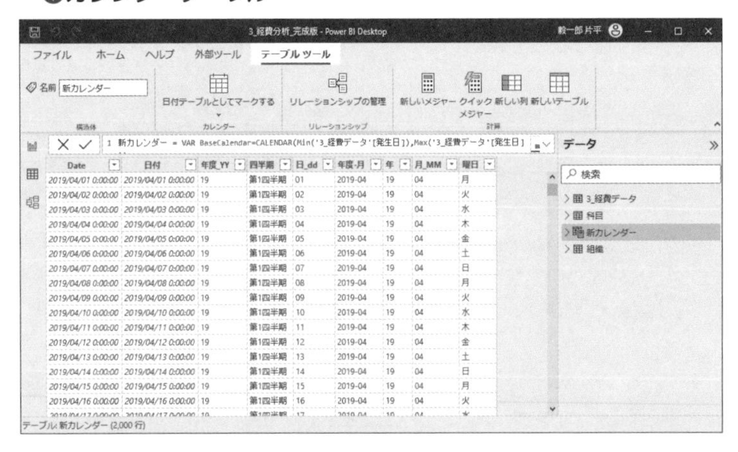

2 日付表示をしたビジュアルに関わる問題

日付列をX軸に設定した線グラフや棒グラフでは、想定と違う表示になっていることがよくあります。この問題について、どのような場合に発生し、どのように対応するか学んでいきます。

3 テーブルのリレーションに関する問題

テーブルのリレーションは、正しいデータを出力するために最重要となる部分ですが、同時に理解が難しい概念でもあります。ここでは、リレーションの基本的な考え方やリレーションの種類、リレーションの作り方などについて解説します。また、スタースキーマの構造を維持する設計についても紹介します。

3.3.2　日付の英語表示を修正するカレンダーを作成

東雲課長　「棒グラフの月の表示がJanとか英語表記になるのを直す方法はないの？」
如月さん　「Power BIのデフォルト機能なので、変更が難しいんですよ」
東雲課長　「英語だと月を判断しにくいんで、対応方法を探してもらえるかな？」

Excelカレンダーテーブルの作成と使用

日付に関わるデータが思いどおりに表示されない場合、一番わかりやすい対応方法はカレンダーテーブル作成です。例えば、棒グラフで月を表示すると英字で表示されてしまいます。この場合は、カレンダーテーブルを作成し、日本語の列を追加することで対応できます。

ここでは、Excelを使用してカレンダーテーブルを作成する方法を紹介します。カレンダーテーブルを作るには日付ごとのデータを生成する必要があるため、手間がかかります。しかし、一番わかりやすくて問題が起きにくい方法です。

カレンダーテーブルが役立つ場合

Power BIには、日付列から自動で階層を作成する機能があるのに、なぜ、カレンダーテーブルを別に作成する必要があるのでしょうか？　カレンダーテーブルが役立つ事例をいくつか紹介します。

1　休日や祝日を非表示にしたい場合

休日のデータを表示したくないときがあります。例えば、日別の生産数を表示するときに、休日があると比較しにくくなります。そのような場合は、カレンダーテーブルに休日の列を用意します。

2　月末、四半期末の在庫を表示する場合

在庫や受注残などの状態を表す数字の場合、特定時点の残高を出したいときがあります。この特定時点を指定する方法は難しいのですが、カレンダーテーブルに月末や四半期末の列を用意すれば、フィルター機能を使って簡単に抽出できます。

3　年度開始日

Power BIのデフォルトでは、年度開始日は1月1日と設定されています。そのため、第1四半期のデータは1月から3月になります。しかし、年度開始日がそれ以外(例えば4月1日)の場合、Power BIのデフォルトを使用することはできません。そのため、カレンダーテーブルを用意する必要があります。

このように、カレンダーテーブルを用意すると、データ分析の場面において便利なことが数多くあります。

演習：Excelでカレンダーテーブルを用意する

ここではExcelでカレンダーテーブルを用意します。代表的な情報を出すExcel関数を紹介します。

1　Excelファイルのヘッダーを用意する

1行目に日付、年、年度、四半期、月、週、日の列を用意します。

A2に、カレンダーの最初の日付を入力します。

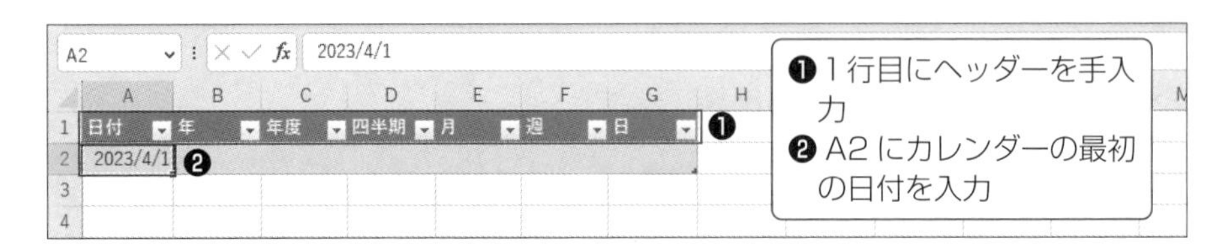

2　2行目に関数入りの数式を入力する

数式の中の年度開始月には、自社の年度開始の月を入れてください。

セル	列名	数式
B2	年	=YEAR(A2)
C2	年度	=YEAR(EDATE(A2, 1－年度開始月))
D2	四半期	="Q" & QUOTIENT(MONTH(EDATE(A2, 1－年度開始月))+2, 3)
E2	月	=MONTH(A2)
F2	週	=WEEKNUM(EDATE(A2, 1－年度開始月))
G2	日	=DAY(A2)

3　カレンダーを生成

2行目のA～G列を範囲選択したあと、右下角の■を下に必要なだけドラッグして、カレンダーテーブルを作成します。

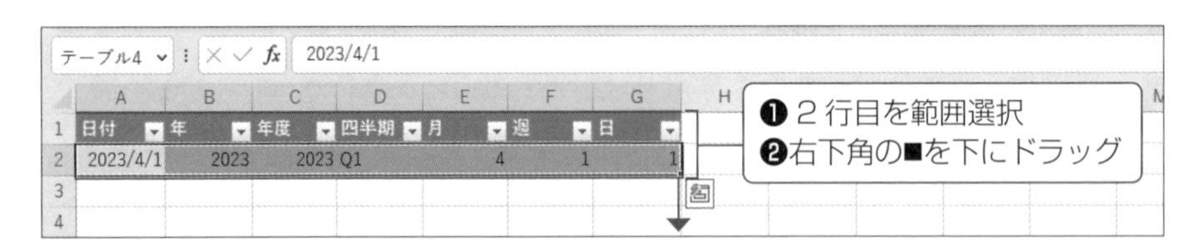

3.3.3 DAX関数を使ってカレンダーテーブルを生成する

東雲課長 「あれ？　今年の経費データが表示されていない。なんでだろう」
如月さん 「経費の明細には今年のデータありますよ。どうしてですかね？」
東雲課長 「あっ、今年分のExcelのカレンダーテーブルの設定を忘れていたよ」
如月さん 「1年に1回のメンテナンスなので、設定を忘れてしまいますね」

DAX関数でカレンダーを作成する

前回はExcelを使ってカレンダーテーブルを作成しました。ここでは、Power BIの「新しいテーブル」機能から、DAX関数を使ってカレンダーテーブルを作成します。DAX関数を使うことで、例えば「経費データの発生日の期間を自動で算出する」といったカレンダーテーブルを作成できます。

DAX関数を使ってカレンダーテーブルを作成するメリットは、Power BI内で簡単に作成できることと、適切なカレンダー期間を自動的に作成できることです。一方、計算式でデータを生成するので、国民の休日のような不規則なパラメータを設定することが難しい、というデメリットがあります。

カレンダーテーブルは次のDAX関数で作成します。

```
シンプルカレンダー = CALENDAR(開始日,終了日)

例：2021年1月1日から2021年12月31日までの日付を出力したい場合
    シンプルカレンダー = CALENDAR(DATE(2021,1,1), DATE(2021,12,31))
```

上の例では日付部分にDATE(2021,1,1)などと固定日を設定しましたが、MIN([経費の申請日の列])やMAX([経費の申請日の列])というように、日付列の名前を設定すれば、日付の最小日と最大日の間の期間のカレンダーを自動で作成できます。

次の演習では、カレンダーテーブルのテンプレートとして使用できる、四半期や月などの日付関連項目を追加したDAX関数を紹介します。そのままコピーして使えるので、レポートを作成するときに活用してください。

演習：新しいテーブルをDAX関数で作成する

ここでは、DAX関数でカレンダーテーブルを作り、リレーションシップを切り替えます。

DAX関数というと、「列の値を計算して出力する」イメージが強いのですが、それだけではなく、テーブルの生成やテーブル同士の結合といったこともできます。

1 新しいテーブルを作成する

データビューの「ホーム」リボンで「新しいテーブル」をクリックし、DAX関数の入力欄画面を開きます。

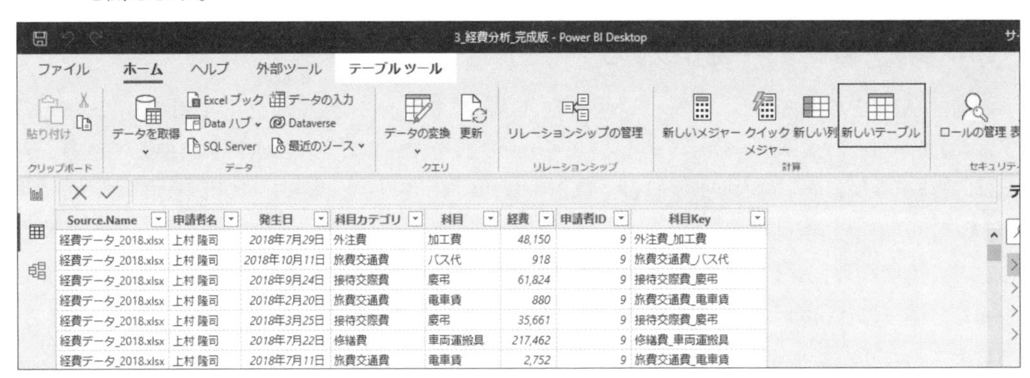

2 カレンダー生成のDAX関数を入力する

下記の計算式を入力します。「'3_経費データ'[発生日]」となっている箇所は、カレンダーを設定したい日付データの列の名前に置き換えてください。この処理では、CALENDAR関数で日付テーブルを生成したあと、RETURN ROWの箇所で、日付関数を使って年や月といった日付に関する列を生成しています。

```
新カレンダー = VAR BaseCalendar=CALENDAR(Min('3_経費データ'[発生日]),Max('3_経費データ'[発生日]))
RETURN
  GENERATE(
    BaseCalendar,
    VAR BaseDate = [Date]
    VAR FYDate   = EDATE(BaseDate,-3 )
    RETURN ROW (
      "日付",   BaseDate
     ,"年",      RIGHT(CONVERT(YEAR(BaseDate),STRING),2)
     ,"四半期",     "第" & QUARTER(FYDate) & "四半期"
     ,"月_MM",   FORMAT(BaseDate, "mm" )
     ,"日_dd",      FORMAT (BaseDate, "dd" )
     ,"曜日",    SWITCH(WEEKDAY(BaseDate,1),1,"日",2,"月",3,"火",4,"水",5,"木",6,"金",7,"土")
     ,"年度_YY",   RIGHT(CONVERT(YEAR ( FYDate ),STRING),2)
     ,"年度-月",  YEAR (FYDate ) & "-" & FORMAT(BaseDate,"mm")
   )
 )
```

3.3.4 日付が途中で抜ける問題の解決方法

東雲課長「如月さん、この折れ線グラフは日付が抜けているね」
如月さん「よく気がつきましたね」
東雲課長「先週の金曜日、みんな帰るのが早かったでしょ。もしかして、私に隠れて飲み会してたんじゃないかと思って経費をチェックしたんだよ」
如月さん「……」

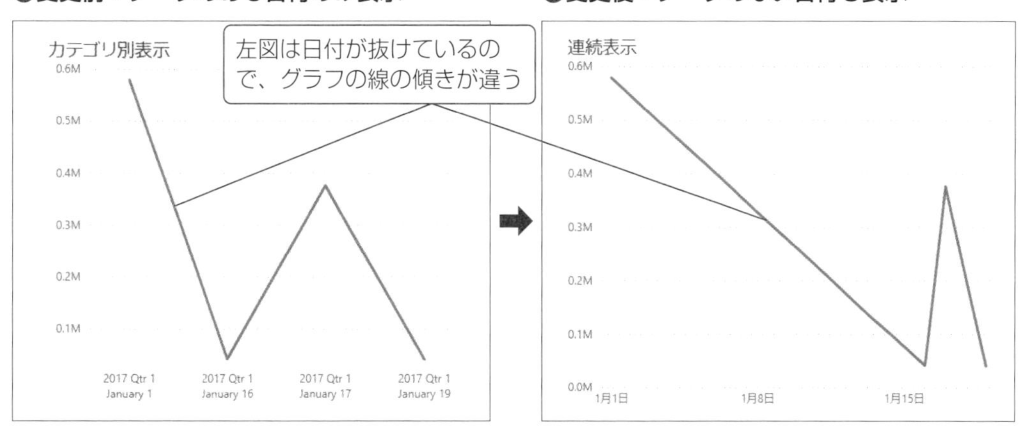

データがない項目の表示

Power BIで時系列のグラフを作成するときは注意が必要です。グラフを確認すると、日や月が抜けているということがよくあります。特に、日付の階層データをX軸に設定したときに発生する問題です。

上のグラフを見てください。同じ日付型のデータをX軸に設定していますが、表示が異なります。理由は、左図がデータのある日付だけ表示しているのに対し、右図はデータのない日付も表示しているためです。分析時にグラフから受ける印象が異なってしまうので、このような違いには注意する必要があります。

この問題の解決策として、書式設定の型を変更する方法があります。型設定には「連続」と「カテゴリ別」があり、次のような特徴があります。

連続	データのない日付も、グラフは連続的にデータが存在するものとして描画する
カテゴリ別	データの入っている日付のみグラフに描画する

演習：日付の「連続表示」

この演習では、カテゴリ別表示になっているグラフを、連続表示に変更します。
線グラフをクリックして、書式設定の「型」を「連続」に変更します。

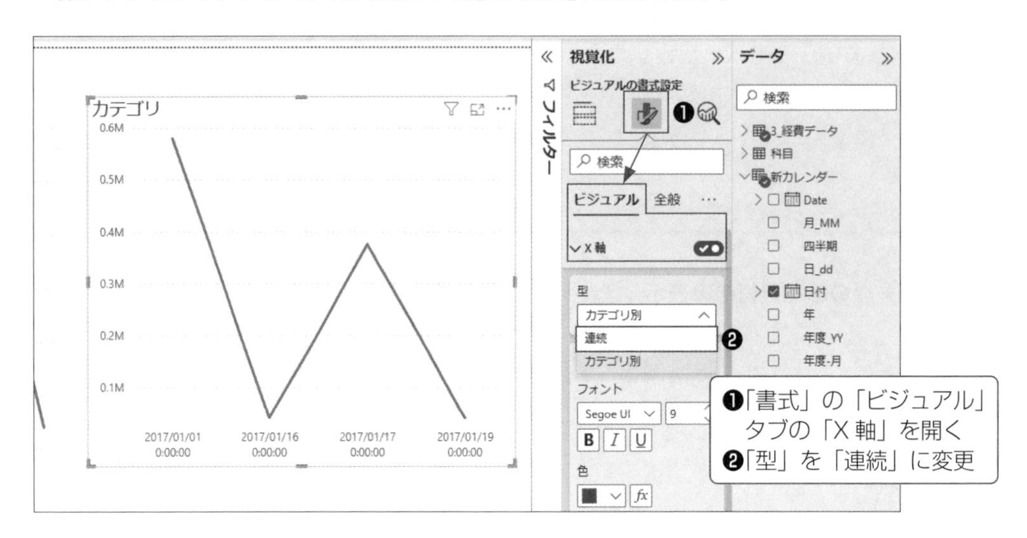

以上で設定は終了です。書式で「型」の設定が表示されないときは、次の2点を確認しましょう。

1　ビジュアルの種類

折れ線グラフのビジュアルでしか型は設定できません。棒グラフの場合は利用できません。

2　列の型

日付型と数値型の列に対してのみ設定できます。

日付が途中で抜ける問題の別の解決方法

グラフで日付が途中で抜ける問題について、「連続表示」とは別の解決方法を紹介します。

「連続表示」には1つ欠点が存在します。それは、「日付型や数値型の列にしか適用できない」ということです。文字型の列、あるいは「年と月の列の2つの列を使いたい場合」などには、うまく表示できません。

解決方法は、ビジュアルのX軸に対して「データのない項目を表示する」を設定することです。「データのない項目を表示する」を使うと「カレンダー」テーブル全件を表示します。

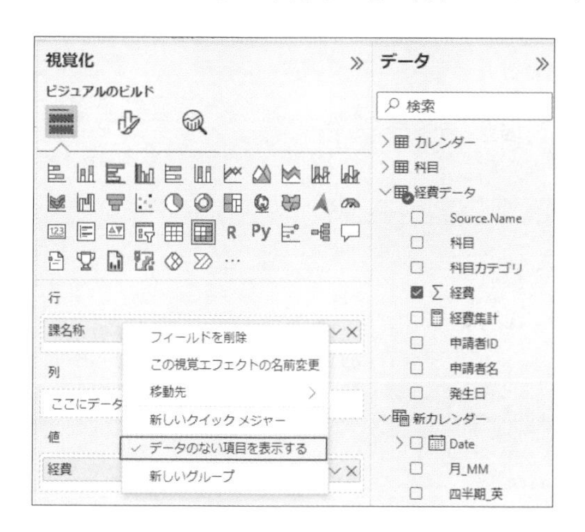

SQL言語を知っている方であれば、「Left Outer JoinをFull Outer Joinに変更する設定」だと捉えると、理解しやすいでしょう。

「データのない項目を表示する」方法の使い道

「データのない項目を表示する」方法は、「日付が途中で抜ける」問題以外にも使えます。

例えば、各部署の経費を表にまとめた場合、経費を使用していない部署は、部署名が表示されません。そのため、「経費を使用していないのか、それとも表示対象外になっているのか」がよくわかりません。そういった場合は、「データのない項目を表示する」オプションを利用することで、すべての部署名が表示されるようになります。

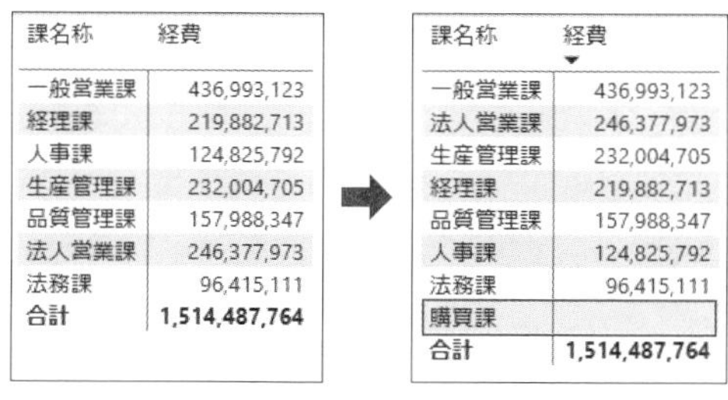

▼デフォルト表示

課名称	経費
一般営業課	436,993,123
経理課	219,882,713
人事課	124,825,792
生産管理課	232,004,705
品質管理課	157,988,347
法人営業課	246,377,973
法務課	96,415,111
合計	1,514,487,764

▼データのない項目を表示

課名称	経費
一般営業課	436,993,123
法人営業課	246,377,973
生産管理課	232,004,705
経理課	219,882,713
品質管理課	157,988,347
人事課	124,825,792
法務課	96,415,111
購買課	
合計	1,514,487,764

演習：「データのない項目を表示する」で日付データを抜けなしで表示する

この演習では、「データのない項目を表示する」機能を使用して、日付データを抜けなしで表示します。

1　X軸の列に対して「データのない項目を表示する」を選択する

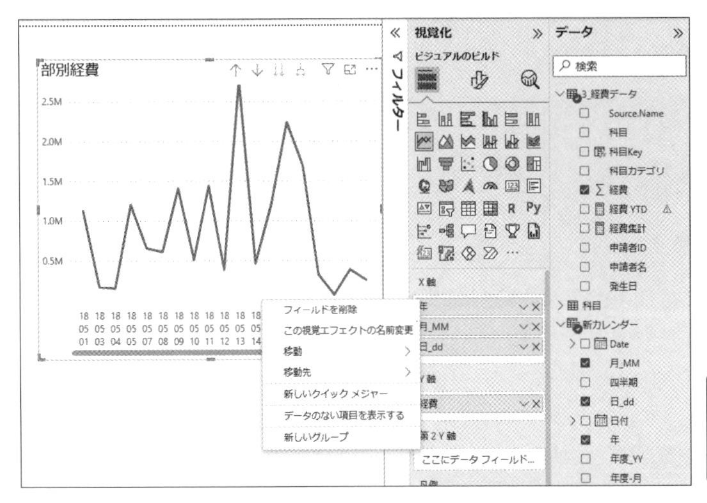

❶「X 軸」の列を右クリック
❷「データのない項目を表示する」をチェック

2　結果を確認する

X軸の日付が連続表示になっていることを確認できます。

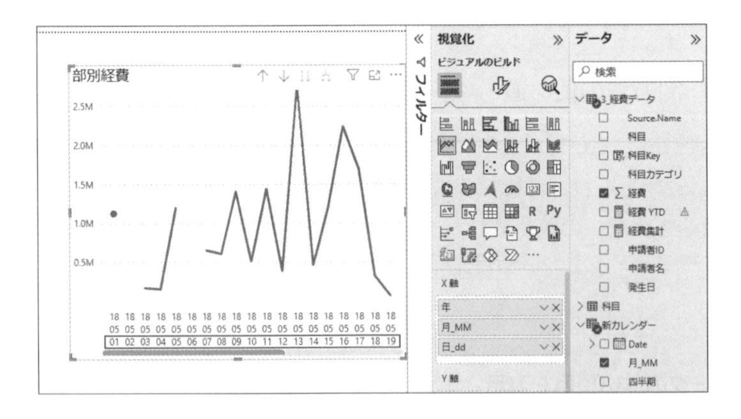

3.3.5 折れ線グラフが途中で切れている問題の解決方法

如月さん 「『データのない項目を表示する』にしたら、経費を使っていない日の折れ線が切れてしまって、きれいに表示できないんですよ」

東雲課長 「ここは、俺がひと肌脱いで、レポートのために毎日経費を使うしかないか」

データがない項目の表示

前ページの下のグラフを見ると、線がつながっていません。この問題を解決します。

●データが途切れている理由

データが途切れているのは、Y軸の金額が空白になっていることが原因です。データのない日付を表示することで、別の問題が発生してしまったのです。この解決策として、データのない日付に値0を設定します。そのためには、

```
SUM([集計する列]) + 0
```

というDAX関数の式を追加します。サンプルで図示すると次のようになります。

▼データのない項目を表示する

経費データ

申請者名	経費	発生日
竹内 伸行	148,600	2021/4/1

日付	年
2021/4/1	2021
2021/4/2	2021

リレーション

●「データのない項目を表示する」が未設定の場合

経費データにない2021/4/2は表示されない。

申請者名	経費	発生日(日付)	年	SUM(経費) + 0
竹内 伸行	148,600	2021/4/1	2021	148,600

●「データのない項目を表示する」を設定した場合

経費データがなくても、カレンダー情報を出力する。

申請者名	経費	発生日(日付)	年	SUM(経費) + 0
竹内 伸行	148,600	2021/4/1	2021	148,600
竹内 伸行		2021/4/2	2021	0

通常のレポートでも0表示は有効

折れ線グラフを使用するときに、日付データが抜けている可能性のある場合には、「SUM([集計する列]) + 0」を使ったほうがいいでしょう。その理由は、グラフを連続表示にした場合、欠損している日付の表示が正しくならないためです。例えば、2020年の売上が100万で、2022年の売上が200万だとします。通常の折れ線グラフ（連続表示）ですと、2021年は150万の売上があるように見えてしまいます。それを避けるには、2021年の売上を0と表示する変換が必要となります。

演習：すべての日付の金額に0を追加するメジャーを使用する

ここでは、「経費の利用日になっていない日付に対して0円をセットする」メジャーを作成します。

1　新しいメジャーの作成

「経費金額が空白の場合に0を出力する」新しいメジャーを作成します。

・DAX式

```
経費集計= SUM('経費データ'[経費]) + 0
```

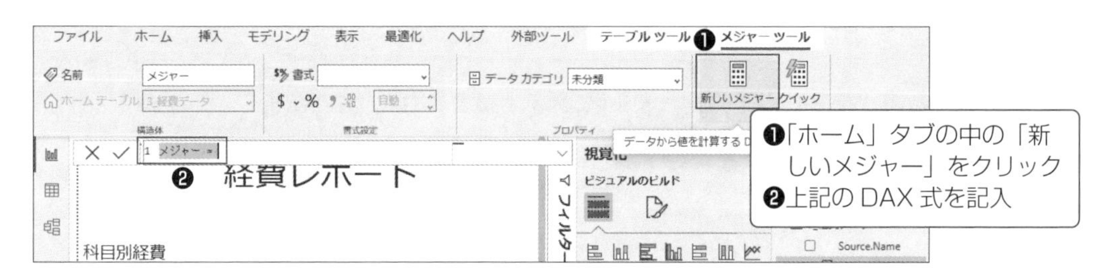

2　折れ線グラフに変更する

作成した経費集計のメジャーを折れ線グラフにしてみましょう。
次の図のように正しく表示できるようになりました。

▼SUM()の場合

▼SUM()＋0の場合

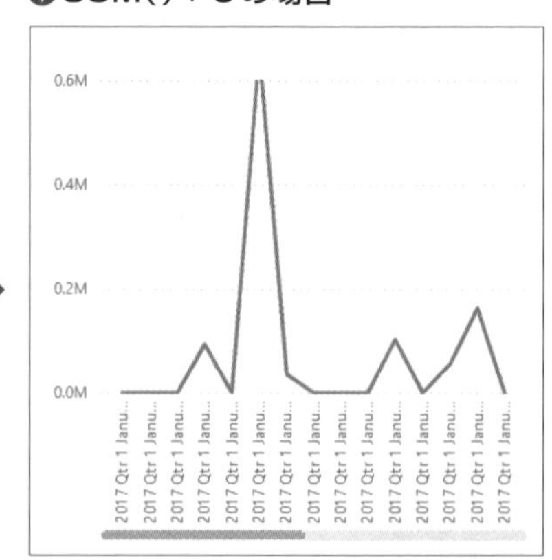

3.3.6 テーブルのリレーションに関係する問題

東雲課長 「このPower BIの売上の金額がなぜか少ないんだよね」
如月さん 「このレポート、受注と売上を出していますね。ちょっとデータモデルを見せてもらっていいですか？」(如月さんがデータモデルを確認)
東雲課長 「問題ないでしょ？」
如月さん 「このオーダー、売上データがあるのに受注データがないですよ」
東雲課長 「え？　普通そんなことないでしょ……。そのケースを考えてなかったよ」

データトラブルを少なくする方法

Power BIのレポート作成に慣れてくると、複数のテーブルを扱うことが増えるのに伴って、データに関するトラブルが増えてきます。テーブル数が少ないときは問題も起こりにくいのですが、テーブル数が増えるにつれて扱いが複雑になり、手に負えなくなっていきます。ここからは、複数のテーブルを扱うときのトラブルを防ぐ基本的な方法を学びます。

まず、トラブルを少なくする上で基本となる2つの考え方を紹介します。

●目的と用途に合わせてPower BIを使う

トラブルが起きやすい状況の1つに、「従来の資料と同じ内容をPower BIで作成しようとする」ことが挙げられます。Excelや紙の場合は、限られたスペースに有効な情報を詰め込むスタイルが一般的なので、複雑になりがちです。一方、Power BIは、単純なデータを次々と切り替えて見せていくのは得意ですが、複雑なレポートを作成するのは得意ではありません。Excelや紙で提供する情報とPower BIで提供する情報とは切り分けて考えましょう。

●テーブルはスタースキーマの形にする

トラブルを減らすためには、「スタースキーマの形を保つ」ことが最も効果的です。問題が発生する状況として多いのが、複数のファクトテーブル(実績データ)を使用するときです。ファクトテーブルは1つにまとめ、スタースキーマの形を保つと、トラブルは少なくなります。

レポートを作成するときには、これらの2点を忘れないようにしましょう。

演習：ファクトテーブルが複数ある場合のテーブル設計

ここでは、「ファクトテーブルが複数ある場合、どうやってスタースキーマ構造にするか」という課題について演習します。演習では、「受注」「売上」という2つのファクトテーブルを取り扱います。

1　受注、売上、商品マスタテーブルを取り込む

Excelから次の「受注」「売上」「商品マスタ」テーブルを取り込みます。すると、右図のように自動的にリレーションシップが作成されます。

このようなリレーションの場合、商品グループ別の売上を表示するビジュアルを作成すると問題が発生します。理由は「売上」テーブルと「商品マスタ」テーブルのリレーションがないためです。

受注

受注番号	商品名	受注金額
1	パソコン	100,000
2	マウス	2,000

売上

請求書番号	受注番号	商品名	売上金額
A	1	パソコン	100,000
B		パソコン	200,000

商品マスタ

商品名	商品グループ
パソコン	パソコン関係
マウス	パソコン関係

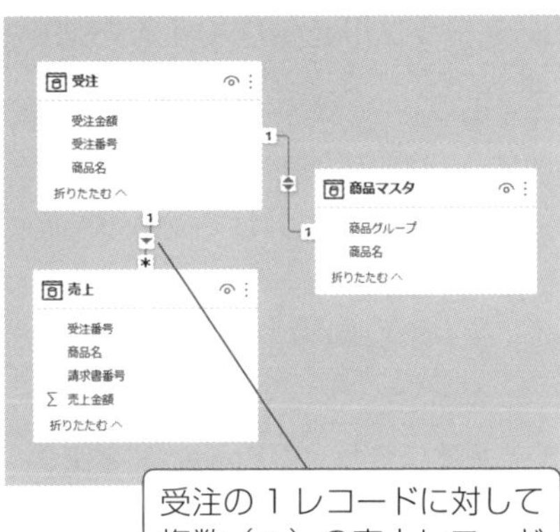

2　問題を解消したテーブルの作成

この問題は、「受注」と「売上」という2つのファクトテーブルがあるために発生します。そこで、2つをあらかじめ統合したデータを用意し、それを「商品マスタ」とリンクさせます。改善したテーブルは次のようになります。

受注・売上

請求書番号	受注番号	商品名	受注金額	売上金額
A	1	パソコン	100,000	100,000
	2	マウス	2,000	
B		パソコン		200,000

商品マスタ

商品名	商品グループ
パソコン	パソコン関係
マウス	パソコン関係

このように、ファクトテーブルが1つになるよう、テーブルの設計を見直しましょう。

3.3.7 テーブルのリレーションで多対多が危険な理由

東雲課長 「データ更新したらエラーになったな。重複した値のエラー。何だろう？」

数時間後――。

東雲課長 「Power BIでテーブルを削除して作り直して、やっと直ったよ」

如月さん 「レポートで、賃金の値が二重になっている、というエラーが発生しているみたいですよ」

リレーションシップの線の確認をする

データが二重に出力される問題の原因として多いのは、リレーションシップの問題です。次の図のリレーションシップを確認すると、「経費データ」テーブルと「科目」テーブルのリレーションが多対多(両側とも「＊」)となっています。多対多となっている場合は、データに何かしら問題が起きていると考えていいでしょう。

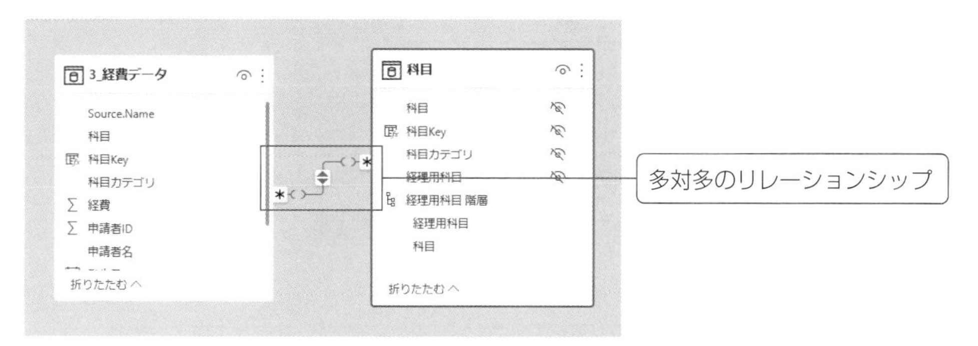

「ディメンションテーブルのリンクで使っている列の値は重複してはいけない」というのが、基本ルールになります。重複してしまった場合は、データの不整合が発生します。

次の図は、「科目」テーブルの「科目」列で「賃金」の値が重複した例です。このデータをレポートで表示すると、1行だったのが2行になってしまいます。これがデータ重複の問題です。

元データ

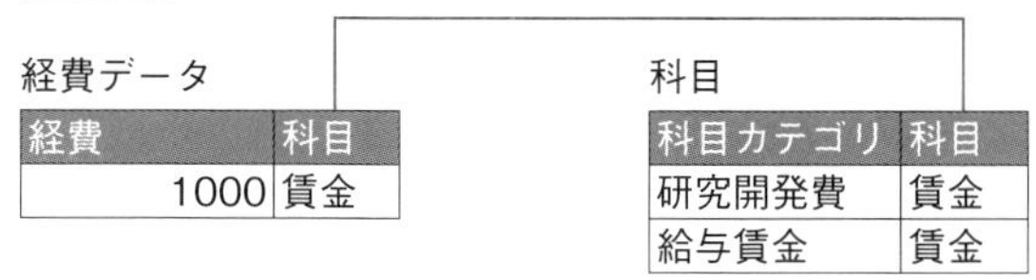

経費データ

経費	科目
1000	賃金

科目

科目カテゴリ	科目
研究開発費	賃金
給与賃金	賃金

レポート出力時のデータ

経費	科目	科目カテゴリ
1000	賃金	研究開発費
1000	賃金	給与賃金

演習：テーブルのリレーションを確認する

ここでは、テーブルのリレーションシップの参照方法を確認します。

1　リレーションシップの確認方法

リレーションシップがどのように設定されているかを確認します。

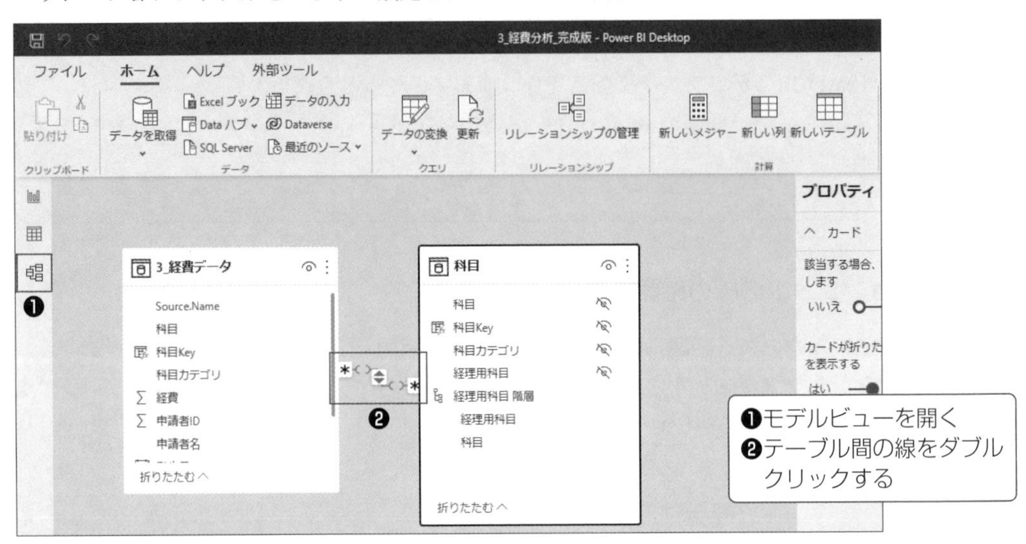

2　リレーションシップの詳細画面

リレーションシップで確認する点は、リレーションで使用されている列とカーディナリティです。カーディナリティとは、指定した列に重複値があるかどうかを表した設定です。重複値がある場合は多(＊)となります。今回は、カーディナリティが多対多となっているために警告エラーが表示されています。

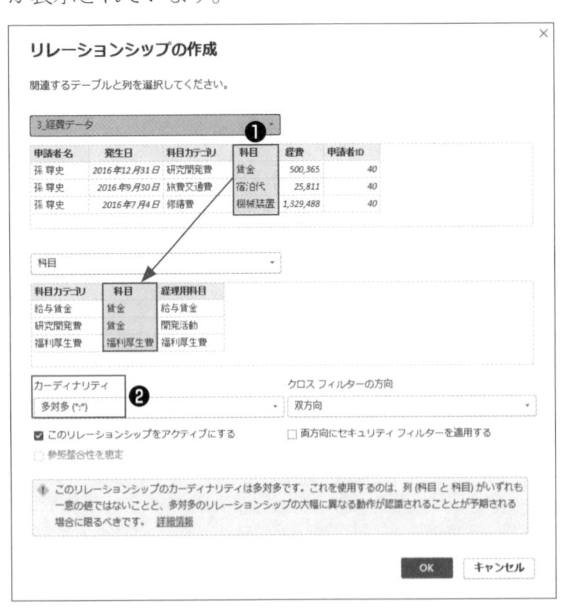

❶リンクしている列（背景がグレー）を確認
❷カーディナリティを確認

3.3.8 複合キーでもリレーションシップを作成する方法

如月さん　「『科目』テ　ブルで「賃金」が重複していたのが原因でした。でも、どうやって直すのかわかりません」

東雲課長　「よし、俺にまかせろ！」

翌日——。

如月さん　「あれ？　何もしてないのに正しくなってる。不思議だなぁ」

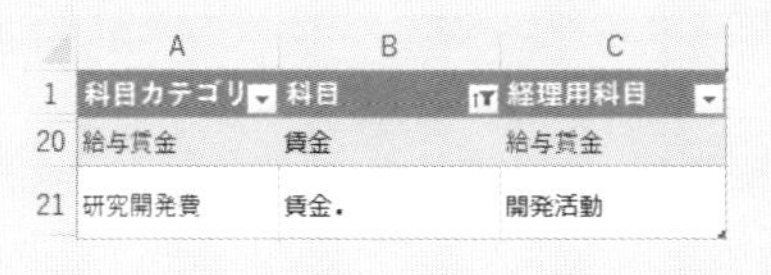

	A	B	C
1	科目カテゴリ	科目	経理用科目
20	給与賃金	賃金	給与賃金
21	研究開発費	賃金.	開発活動

ここでは、「科目」列の「賃金」のように、ディメンションテーブルでリンクに使っている列の値が重複したときの対応策について考えます。一番簡単な解決方法は、東雲課長がやったように重複した値を使わないように調整することです。末尾にピリオドを追加することで重複データを避けている運用例を見ますが、スマートな解決方法ではありません。重複データに対応するためのデータの持ち方には、次の2つがあります。

●一意になる一連番号やコードの列を作成して使う

一般的には、一意になる番号やコードの列を作成して使います。その理由は、科目の名前の呼び方は担当者や規則が変わると変更になる可能性があるからです。呼び方が変わっても影響を受けない列を追加して、その列をリレーションの列として使います。

●複合キーを使う

複合キーというのは、「1行を特定するのに、2つ以上の列が必要になる」ことをいいます。今回の場合なら「経理用科目」と「科目」です。「科目」が同じ「賃金」であっても、「経理用科目」が「開発活動」と「給与賃金」という異なる値なので、この2列で1行を特定できます。

残念ながらPower BIでは、1つの列のリレーションしか許可されていません。そのため、複合キーを使うという解決策が使えません。この場合には、複合キーから一意になるコードを作成して対応するという解決方法があります。この方法は演習で確認しましょう。

演習：複合キーを持つテーブルのリレーションシップを作成する

複合キーから一意のコードを作成する方法を演習します。この演習により、複合キーを持つテーブルのリレーションをPower BIで作成できるようになります。

1　複合キーの2つの列から、一意になる列を「科目」テーブルに作成する

「科目」テーブルの「科目カテゴリ」と「科目」列を組み合わせて、1つの列を作ります。

```
科目Key = [科目カテゴリ] & "_" & [科目]
```

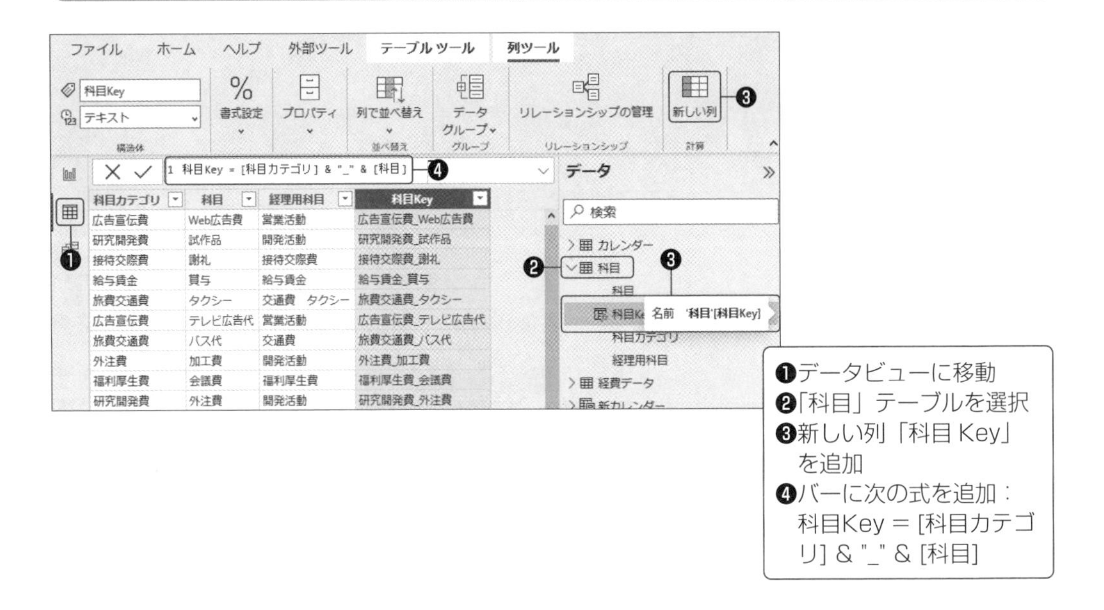

2　複合キーの2つの列から、一意になる列を「経費データ」テーブルに作成する

1と同じ方法で、「経費データ」テーブルに対しても一意になる列を追加します。DAX式は同じものを使用します。

3　リレーションシップを作成する

新規に作成した「科目Key」列で、リレーションを作成し直します。

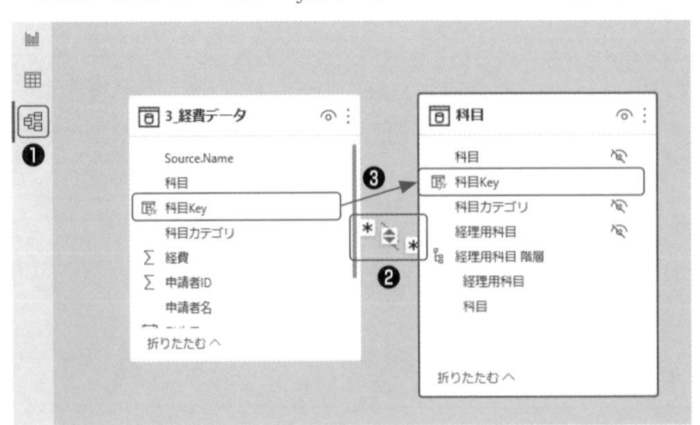

❶モデルビューを選択
❷いまある「科目」列のリレーションシップを右クリックして「削除」
❸「経費データ」テーブルの「科目 Key」列を、「科目」テーブルの「科目 Key」の上にドラッグ&ドロップ

3.3.9 データの悩み解決のまとめ

これまで、データに関する問題の解決方法について学んできました。個人的に使用する場合は、データに多少の不備があっても、自分自身が理解していれば問題ありません。

しかし、組織で共有する場合は、データが正しく表示されないと、不信感が生じ、使用されなくなってしまうことがあります。特に、カレンダー表示では問題が起きやすいので気をつけましょう。これまで学んだ内容は次のとおりです。

課題	解決手段
日付カレンダーの設定 英語表記／年度はじめ	Excelもしくは DAX式で「カレンダーテーブル」を作成する
グラフで日付が抜ける問題の解決	「X軸」に設定された「日付」列から「データのない項目を表示する」を選択する。データの空欄を0にするメジャーを追加してデータ値として使用する
複合キーのリレーションシップ	複合キーとなっている各列を統合した新しい列を追加し、その列をキーとしてリレーションシップを作成する

テーブルのリレーションシップの設定方法

テーブルのリレーションシップの設定は、データベース設計の知識が必要になるので、難しくなってきます。Power BIでデータの整合性を保つ一番いい方法は、「スタースキーマ」の構造にすることです。テーブル構造がシンプルになるだけでなく、分析目的が明確になります。

データベース設計の知識がある人向けの情報

以下は、データベース設計の知識がある人向けの内容になります。知識がある方の中には、「テーブル結合において重要な左外部結合(Left Outer Join)や完全外部結合(Full Outer Join)といった設定項目がないので、わかりにくい」と思った方も多いでしょう。Power BIでは、テーブルの結合方法は次のようになっています。

●左外部結合(Left Outer Join)

カーディナリティが多対1の場合は、複数レコードのある多のテーブルに対してLeft Outer Joinとなります。「テーブルのリレーションシップはデフォルトでLeft Outer Joinになる」と覚えておいてください。

●完全外部結合(Full Outer Join)

レポートビューの書式設定の「X軸」の項目で「データのない項目を表示する」を設定すると、Full Outer Joinになります。「モデルビューではなく、レポートビューでビジュアル単位に指定する」ことに注意が必要です。

3.4 ぐっと便利になるレポート機能

Power BIにはグラフの表現以外にも、操作性の向上に役立つ多くの機能が用意されています。これらの機能を活用することで、より使いやすいレポートを作成することができます。ここからは、そういった魅力的な機能を学んでいきます。

これから学ぶ機能は、他の人と共有するレポートでよく使います。他の人の利用が前提となるので、説明がなくてもわかるような使い勝手のよさ、快適な操作性が重要になってきます。

ここで説明する4つの機能を紹介します。

●ドリルスルー

グラフをクリックしたときに、詳細情報ページへ移動する機能です。

例えば、「ある取引先をクリックすると、その取引先への発注一覧と分析グラフを表示するページに移動する」ようなレポートが作成できます。この機能を実装することで、ユーザーはより詳細な情報を素早く確認することができます。

●ヒント

「マウスポインタをデータの位置に重ねると、吹き出しで文字情報を表示する」機能です。

この機能を利用することで、ユーザーはデータについてより詳細な情報を素早く確認することができます。

●カスタムビジュアル

他のユーザーや企業が作成したビジュアルを利用する機能です。400以上のカスタムビジュアルから選択できます。

●ブックマーク

お気に入りの「レポートの検索条件」を保存する機能です。

例えば、特定の期間や地域での売上を毎日確認する必要がある場合、検索条件を保存しておけば、毎回同じ条件でレポートを迅速に開くことができ、作業効率を向上させられます。

▼レポートを便利に使える4つの機能

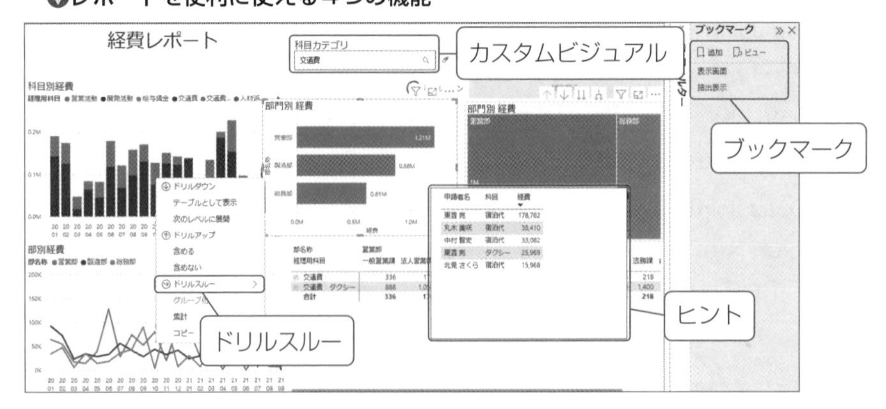

3.4.1　ドリルスルー

ドリルスルーで詳細ページに移動

ドリルスルー(機能)とは、選択した項目の詳細情報に移動する機能です。例えば、経費の「営業活動」の科目を右クリックしてドリルスルーすると、「営業活動」のデータのみを表示した分析画面に移動する――といったイメージです。ドリルスルーの機能を設定すると、右クリックメニューの中に「ドリルスルー」メニューが追加されるので、それを選択すると利用できます。

▼「ドリルスルー」メニュー

「ドリルダウン」と「ドリルスルー」は、似たような言葉なので混乱している人も多いかもしれません。しかし、それぞれの機能は異なります。**ドリルダウン**は「同じビジュアルの中でデータをさらに詳しく表示する」機能です。一方、**ドリルスルー**は「他のページに移動して、抽出条件を引き継いでデータを分析する」機能です。つまり、ドリルスルーは「別のページに遷移して異なるビジュアルを表示する」ときに使用します。

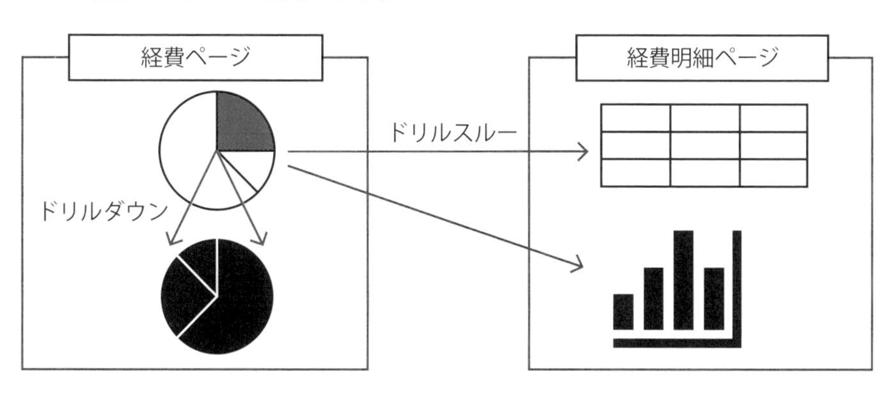

演習：グラフの右クリックで明細ページに移動する

ドリルスルー機能を追加するには、移動先のページを作成し、そのページにドリルスルーで移動できるような列の設定を追加します。

1 ドリルスルーページの作成

「経費明細」のページを新規に作成します。「経費明細」ページの視覚化ウィンドウの下部に表示されている「ドリルスルー」欄に「経費用科目」列を設定します。すると「経費明細」以外のページで「経費用科目」列を使用しているビジュアルの右クリックメニューに、「ドリルスルー」メニューが追加されます。

❶「経費明細」のページを新規に作成して移動
❷視覚化ウィンドウ下部の「ドリルスルー」欄に「経理用科目」を設定

2 ドリルスルーの動作確認

「経理用科目」を利用しているグラフからドリルスルーができるようになりました。右クリックメニューからドリルスルーの動作を確認してみましょう。

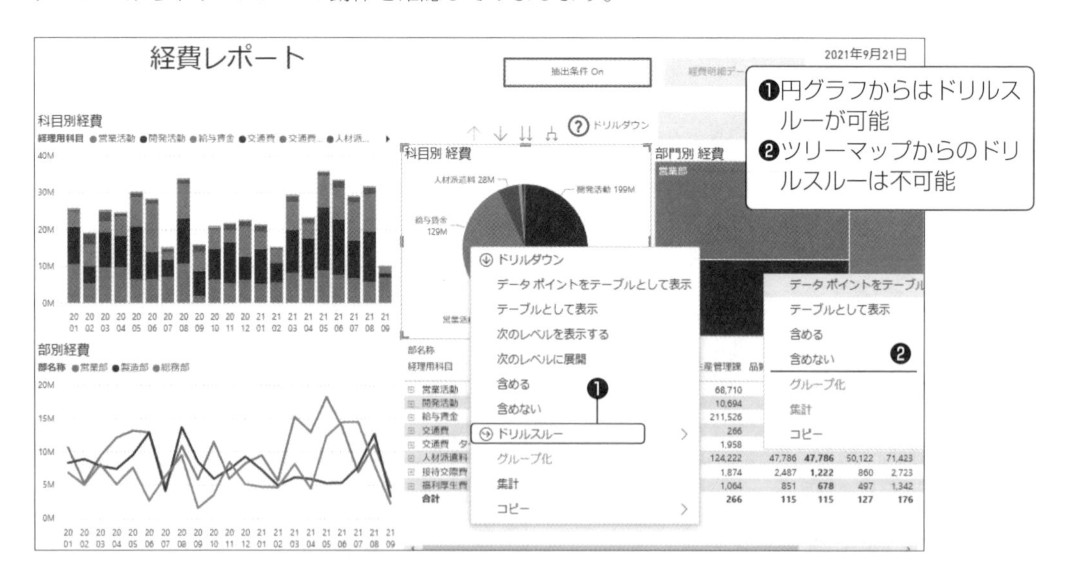

❶円グラフからはドリルスルーが可能
❷ツリーマップからのドリルスルーは不可能

ドリルスルー用のページを複数用意すると、右クリックメニューの「ドリルスルー」メニューには用意した数だけ表示され、移動先のページを選ぶことができます。

3.4.2　マウスオーバーで表示されるヒントの情報を変更する

如月さん　「ドリルスルーの使い心地はいかがですか？」
東雲課長　「とてもいいんだが、もうちょっとパパッと表示できると最高だね。ビジネスマンは1分1秒が命だから」

ツールヒントで瞬時に見る

Power BIの**ヒント（ツールヒント）**を使うと、マウスポインタを画面上の要素に重ねる操作（マウスオーバー）で、情報を表示させることができます。マウスポインタを重ねるだけで必要な情報を簡単に確認できるので、参照頻度の高い情報を表示するときに便利です。

ヒントをカスタマイズする方法には、次の2種類があります。

●手軽にできる項目の追加

1つ目の方法は、現在表示しているポップアップのヒントに項目を追加する方法です。表示したい列をフィールド設定の中の「ヒント」欄に追加することで、設定できます。この方法は、表示項目を手軽に追加したいときに便利です。

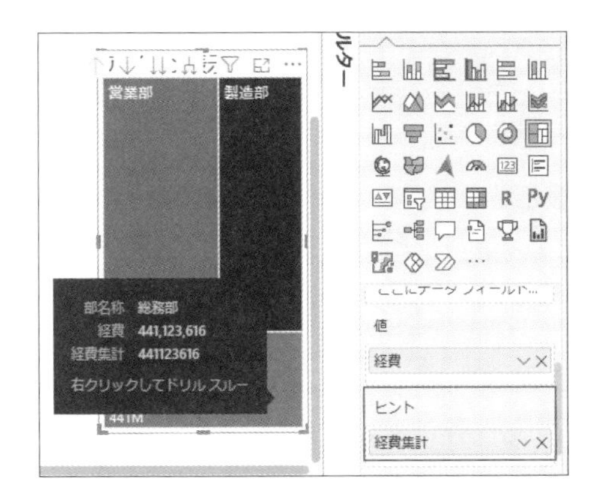

●自由にデザインできるページを追加

2つ目の方法は、ヒントをレイアウトごと変更する方法です。レイアウトにこだわりのある方は、こちらの方法をお使いください。設定は次の手順で行います。

1　**ヒントのページを作成する**
2　**ページをヒント用のレイアウトに変更する**
3　**ヒントを表示するビジュアルで、ヒント用のページを指定する**

具体的な操作は、このあとの演習で試してみましょう。

演習：ツールヒントに経費利用額を表示するように変更する

マトリックスのグラフに、自分で用意したカスタムページのヒントを設定する演習を行います。

1　ページを作成し、キャンバスの設定をツールヒントに変更する

ページの表示サイズは、ページの書式設定から変更できます。ページの何もないところをクリックすると、ページ用の書式設定が表示されるので、そこでツールヒント用のサイズに変更します。

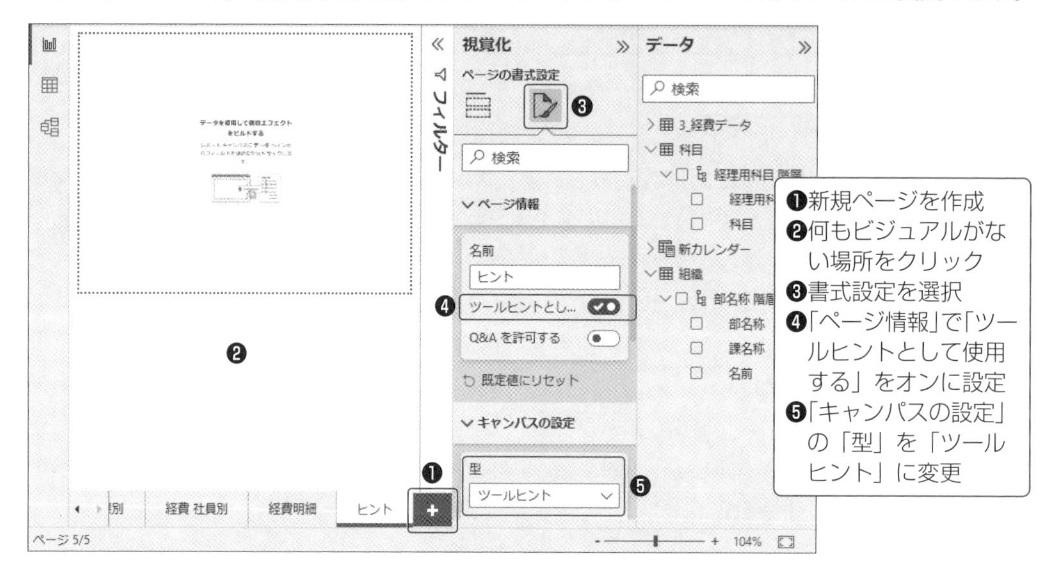

2　ヒントとして表示するビジュアルを設定する

作成した「ヒント」のページに、ビジュアルを自由に作成します。

3　ヒントを表示するビジュアルに、ヒントのページ表示を設定する

ビジュアルで書式設定から、作成したヒントのページを表示するように切り替えます。

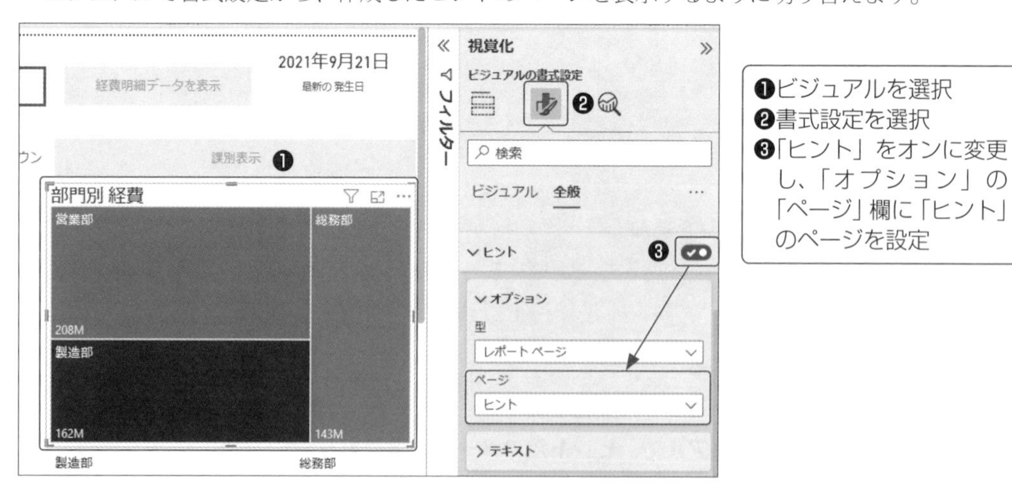

以上で設定は完了です。マウスポインタをビジュアルに重ねて、ヒントが表示されることを確認しましょう。

3.4.3　カスタムビジュアルの使用

如月さん　「朝から難しい顔をしていますね。どうしたんですか？」
東雲課長　「ビジュアルに納得がいかないんだよ。ほら、俺って美的センスがあるからね」
如月さん　「カスタムビジュアルを見るといいですよ。いろんなグラフがありますよ」

カスタムビジュアルを使う

Power BIでは、デフォルトで用意されているビジュアルだけでなく、他のユーザーが開発したビジュアルも使うことができます。他のユーザーが作成したビジュアルを**カスタムビジュアル**といいます。

ここでは、そのカスタムビジュアルの追加方法について紹介します。実用的なビジュアルから面白いビジュアルまで様々なものがあるので、一度眺めてみて、気になったビジュアルがあれば、ぜひとも使ってみましょう。

認証済みのPower BIのカスタムビジュアルについて

企業で使う場合、データが外部に流出しないかどうかが気になるところです。

Microsoft Power BIチームで認証済みのカスタムビジュアルは、外部のサービスやリソースにアクセスしないことなど、セキュリティのガイドラインに従っていることが確認されています。

▼カスタムビジュアル関連アイコン

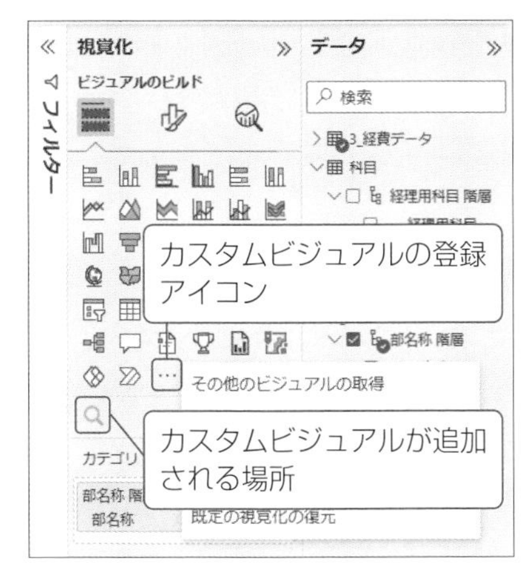

▼カスタムビジュアルの選択画面

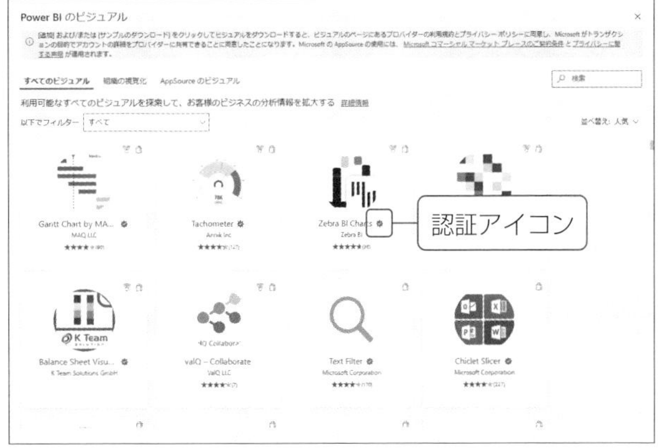

演習：カスタムビジュアルを使う

ここでは、カスタムビジュアルをインストールしてみましょう。

1　カスタムビジュアルの一覧を表示する

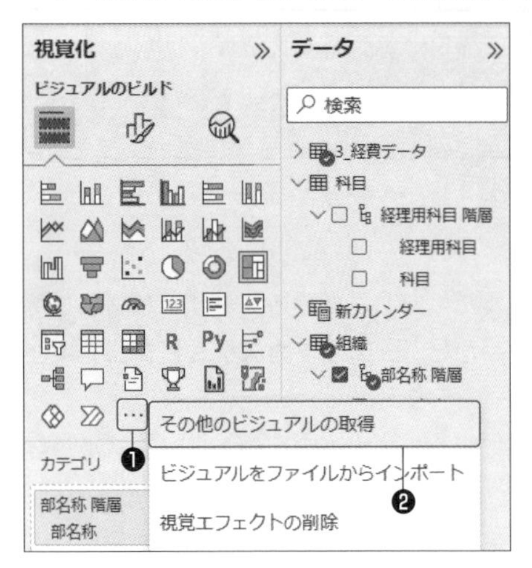

❶「…」をクリック
❷「その他のビジュアルの取得」を選択
※初回時は「会社のメールアドレス」を入力

2　カスタムビジュアルの一覧から選択してインストールする

3　追加されたカスタムビジュアルを確認する

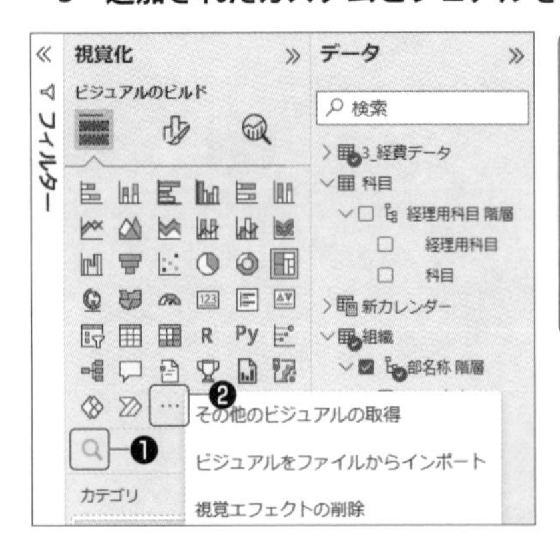

❶カスタムビジュアルが追加されたことを確認
❷削除する場合は「…」をクリックし、「視覚エフェクトの削除」を実行すると削除メニューが表示される

3.4.4　様々なカスタムビジュアルを見てみよう

カスタムビジュアル

ここでは、無料で利用できて人気のある4つのカスタムビジュアルを紹介します。実践的に使えるビジュアルから見て楽しくなるビジュアルまで、いろいろあります。ここで紹介したもの以外も積極的に試してみるといいでしょう。

1　Text Filter

品目や名前など、文字列で検索できるフィルターです。文字列検索は画面横のフィルターウィンドウからできますが、気がつかない利用者も多いです。レポート上にビジュアルとして設置してあげると、使いやすくなります。

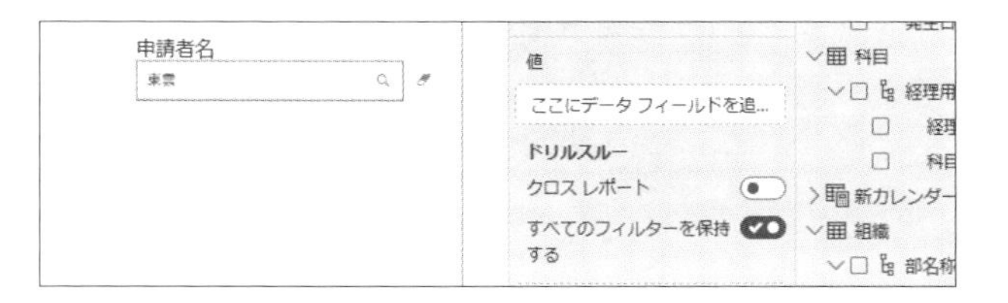

2　Infographic Designer

ビジュアルの表示を細かく設定できるのが魅力です。複数のグラフを並べて比較するスモールマルティプルの細かい設定をしたり、グラフの表示に様々なアイコンを使ったりできます。

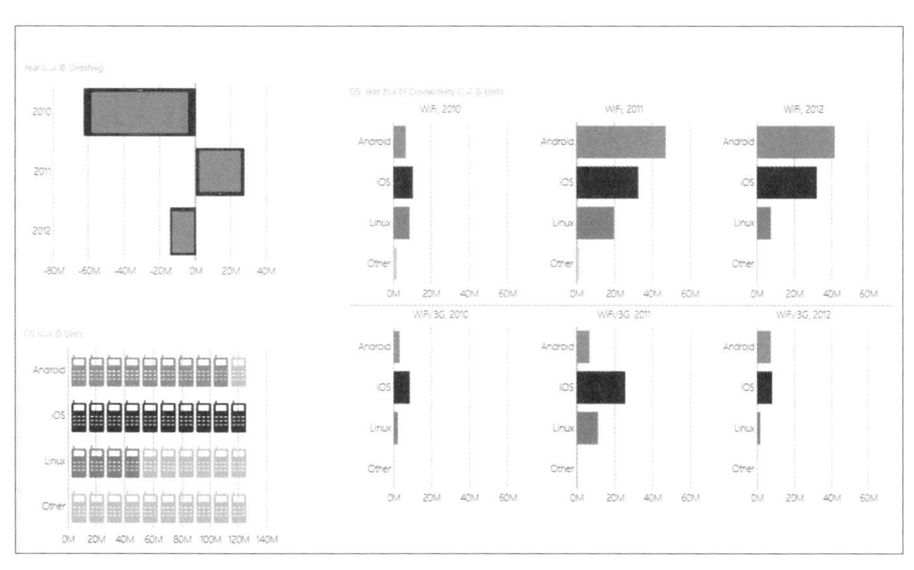

3 Enlighten Aquarium

水槽を自由に泳ぎ回る魚に見立てたグラフです。「Fish Size」には複数の値を設定できます。魚の形が変わっておもしろいです。

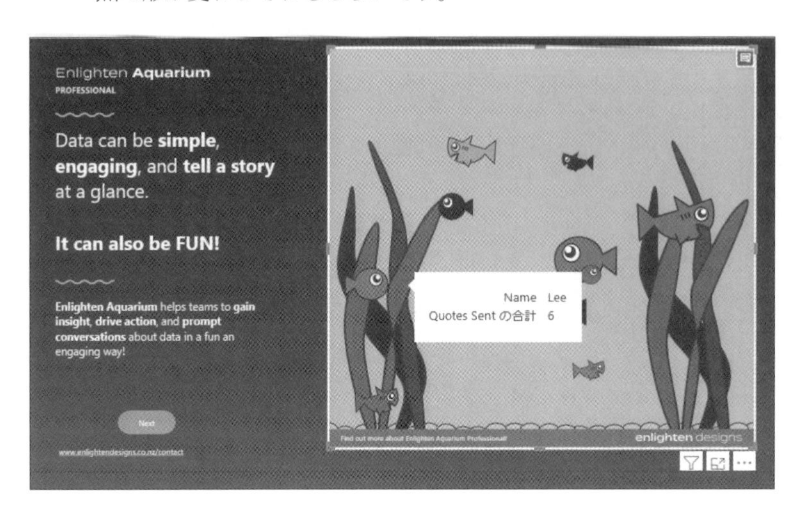

4 Word Cloud

重要度によって、文字の大きさを変えるビジュアルです。画面例では、金額の大きいカテゴリほど大きな文字で表示されています。

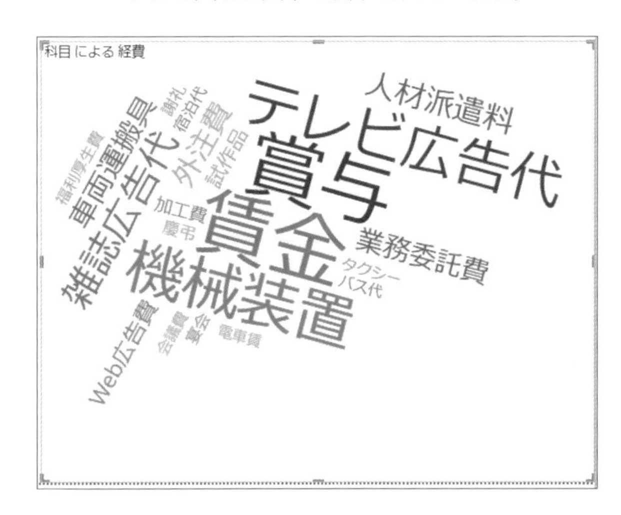

自分の作りたいイメージのビジュアルが標準で用意されていない場合は、カスタムビジュアルを探してみるといいでしょう。

3.4.5　お気に入りの条件を保存して素早くアクセス

社員A　「先週の飲み会は楽しめましたか？」

東雲課長は朝からからかわれていたが、理由がわからなかった。

如月さん　「東雲課長でフィルターされた共有ファイルが上がっていましたよ。自分の宴会費を見るのでしたら、ブックマーク機能を使ってください」

東雲課長は如月さんの言葉で、やっと状況が理解できた。

ブックマーク機能を使う

レポートに慣れてくると、見る内容は次第に固まってきます。毎回、同じ抽出条件を入れるのは手間がかかります。そのようなときには、便利な**ブックマーク機能**を使いましょう。ブックマーク機能を使うと、Webブラウザを使っているときと同じように、現在表示中のページを保存しておくことができます。

使用方法は次のとおりです。

1　ブックマークは、「表示」タブからブックマークの機能を選択状態にすると利用できる

2　ブックマークウィンドウの「追加」ボタンで、現在の表示をブックマークする

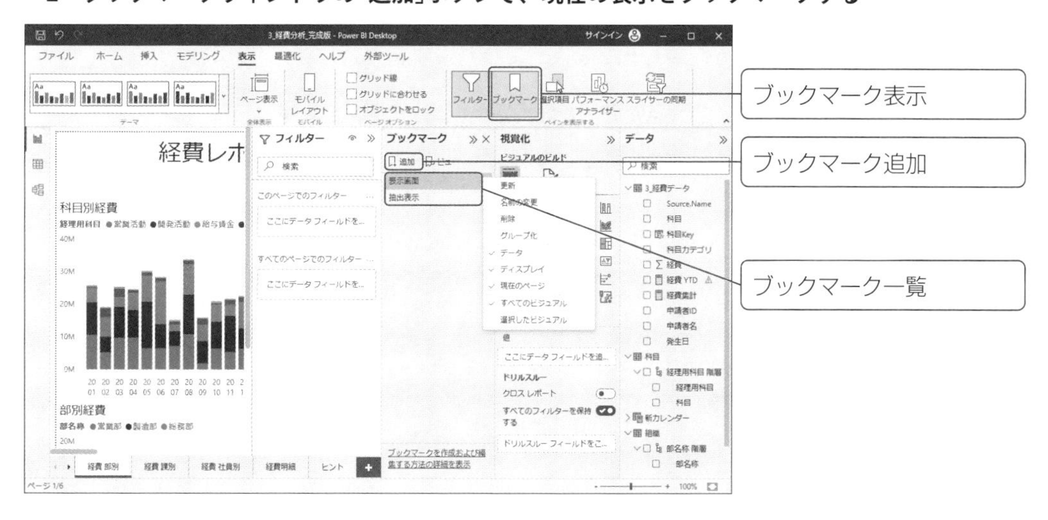

演習：ブックマークの作業

ブックマークを登録する演習を行います。

1　ブックマークウィンドウを開く

デフォルトではブックマーウィンドウは非表示なので、「表示」リボンから「ブックマーク」を選択状態にします。

❶「表示」をクリック
❷「ブックマーク」を選択状態にする
❸ブックマークウィンドウが表示されたことを確認

2　ブックマークを保存する

レポートを操作して、ブックマークしたい画面の状態にします。そのあとブックマークすることで、同じ状態の画面をあとから呼び出せるようになります。

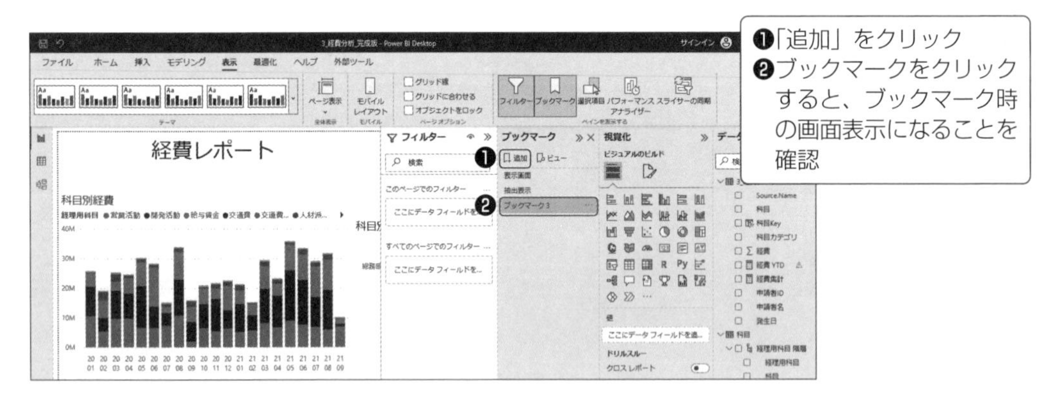

❶「追加」をクリック
❷ブックマークをクリックすると、ブックマーク時の画面表示になることを確認

3.4.6 便利機能の追加のまとめ

便利機能の追加のまとめ

ここまで便利機能について見てきました。便利機能を利用しなくても支障なくPower BIは使えますが、便利機能はレポートにひと味違う魅力を追加してくれる機能です。組織で共有することの多い参照専用のレポートは、使いやすいように便利機能を使って作り込むのもいいでしょう。

便利機能の演習では次の内容を説明してきました。

▼便利機能で演習してきたこと

ドリルスルー	項目の詳細ページを開く
ヒント	マウスオーバーで表示されるときの詳細情報を追加する
カスタムビジュアル	他のユーザーが作成したビジュアルを利用する
ブックマーク	お気に入りの条件をすぐ呼び出せる

これらの便利機能を使う場合は、利用パターンを統一するのがおすすめです。例えば、グラフによってドリルスルーができたりできなかったりすると、次第に右クリックしてもらえなくなります。すべてのページに同じ設定をすれば、操作が統一されて、利用者は使いやすくなります。

ドリルスルーで明細画面に移動する設定は特におすすめです。「異常値があったときに明細情報を確認したい」という要望はよくあるので、きっと役に立つでしょう。

ワンポイント 組織用レポートの作成時におすすめの共通設定

組織用のレポートを作成するとき、共通化しておくといい点について紹介します。

1 Helpページの追加

レポートの目的、管理者、グラフの見方などの共通フォーマットを用意して、Power BIのHelpページを設置しておくと、使いやすいレポートになります。

2 データの更新日表示

データがトラブルで更新されていなかった、ということもあります。いつ時点のデータなのかを、画面の右上などすべてのレポートに共通の場所に表示するようにしましょう。

3 階層設定

階層設定は、できる限り共通の定義を使うようにしましょう。例えば、科目の分類方法がレポートごとに違っていると、利用者は混乱します。

少し地味な内容ですが、レポートは使い慣れてくると機能の派手さよりもこのような運用上の共通化のほうが、使い勝手のよさに影響します。とはいえ、最初から厳密に共通化しようとすると、気軽に使えるというPower BIのよさを活かしにくくなるので、運用しながら徐々に共通化していくのがいいでしょう。

3.5 管理職層が見るレポートの作成

3.5.1　管理職層用のレポート作成で学ぶ３つの機能

この節では、部長などの管理職層(経営層も含む)向けに、Webレポートを提供することを想定した機能を紹介します(1.1節で述べたとおり、Webからの参照には、有料のPower BIサービスへの加入が必要)。ここでは、次のようなレポートの作成を目指します。

- **ユーザーがPower BIの機能を知らなくても使えるレポート**
- **Webから参照したときに使いやすいレポート**

上位の管理職層向けのレポートは、説明なしで使えることを目指して作成していきます。そのために必要な機能について学んでいきましょう。

この節の学習内容

この節で学習する内容は次のとおりです。

①経費明細表示ボタンの追加

ボタンを設置すると、ひと目で「経費明細を表示する機能がある」とわかります。そういった、利用者にわかりやすいボタンを作成します。

②ヘルプの追加

ヘルプとして、他のサイトの説明ページに移動するアイコンを設置します。

1つずつ見ていくと個々の機能は単純ですが、それらを組み合わせることで自由度の高い表現ができます。それでは、レポートを作成していきましょう。

▼演習で行うこと

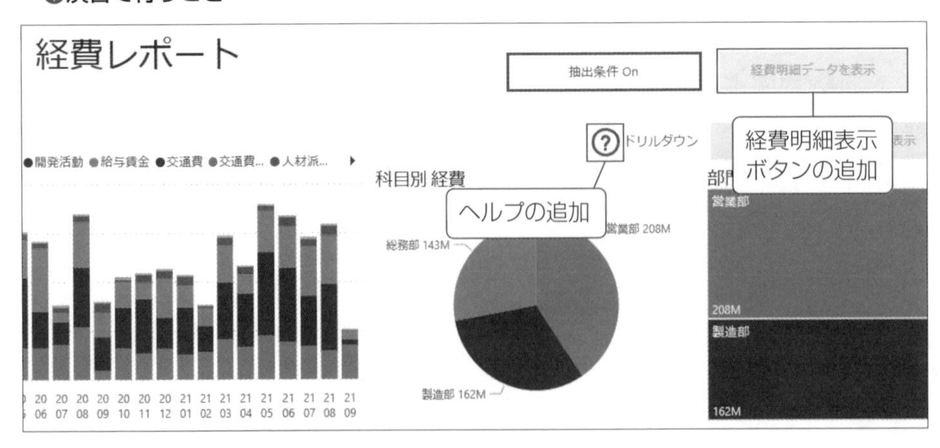

3.5.2 見た目でわかるドリルスルー用のボタンを設置する

東雲課長 「何でだろう、Webレポートの利用者から『明細を見たい』っていう問い合わせが多いんだよね。ドリルスルーで見られるのに……」
如月さん 「Webでは右クリックする習慣がないから、なかなか気づきにくいんですよ」

ボタン機能の設置

Power BIのレポートには、ボタンを追加できます。ボタンを追加するのは、Power BIの使い方を知らない人でもレポートを快適に使えるようにするためです。例えば、特定目的用のブックマークを用意しても、利用者には気づかれません。しかし、ボタンをレポート上に表示しておけば、気づいてもらえます。

ボタンは、追加しただけでは何の動作もしません。「ボタンに対してアクションを設定すると、設定したアクションが起動する」仕組みになっています。ボタンに割り当てられるアクションは、次表のとおりです。

▼ボタンに割り当てられるアクション

アクション名	内容
ページの移動	指定したページに移動する
ドリルスルー	ドリルスルーを設定したページに移動する。「ページの移動」との違いは、クリックした値の抽出条件を引き継ぐことである
戻る	前に表示していたページに戻る
ブックマーク	ブックマークで記録した画面を表示する
Web URL	Webページの画面を開く
Q&A	Q&A機能（登録データをもとに、Power BIが自動でグラフを提案する機能）のページを開く

ボタン機能は、Power BIの参照専門のユーザー用に、わかりやすい形で機能を表現するために使用します。組み合わせによっていろいろな使い方ができます。使い方の例は次のとおりです。

●ページの移動

集計情報を表示したページに「明細表示」のボタンを用意しておき、ボタンがクリックされるとテーブルビジュアルで作成した明細ページに移動できるようにします。明細データは広い表示スペースが必要なので、別ページに誘導することで、メインのページに様々な情報を盛り込めます。

●ブックマーク機能

例えば、「日本売上データ」というボタンを用意し、そこにブックマークを割り当てておけば、日本で抽出したデータをボタンひとつで簡単に表示できるようになります。よく使う抽出条件設定があるときなどに便利です。

演習：ドリルスルー機能を割り当てたボタンの設置

ここでは、ドリルスルー機能をボタンに割り当ててみます。あらかじめ、レポートにドリルスルーの設定をしておいてください(詳しくは「3.4.1　ドリルスルー」を参照)。

1　ボタンの追加

メインのページにボタンを設置します。

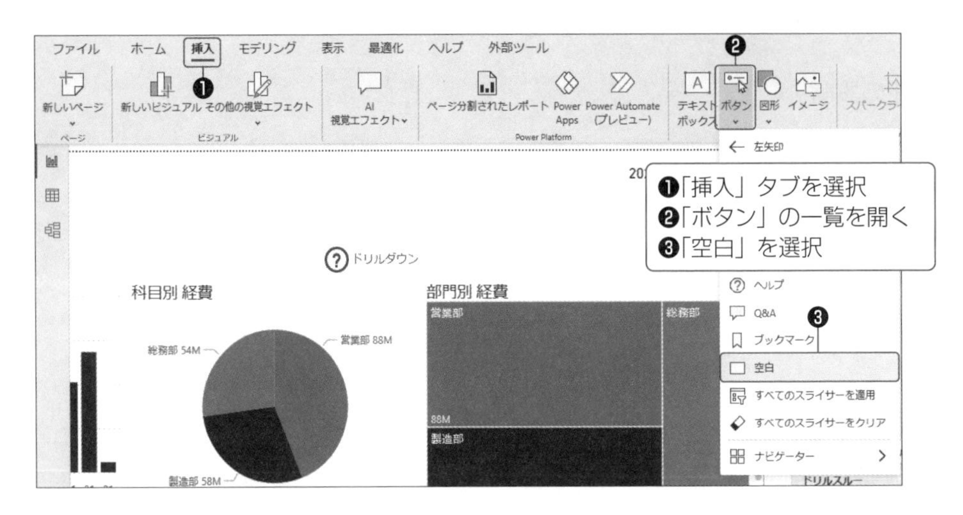

2　ボタンの設定

ボタンに表示するテキストとアクションを設定します。

❶「スタイル」の中のテキスト入力欄に、ボタンに表示するテキストを「経費明細」と入力
❷「アクション」にボタンを押したときの動作を設定：
型　：ドリルスルー
宛先：経費明細

3　動作の確認

Ctrlキーを押しながらボタンをクリックすると、ボタンが実際に動作するので、経費明細の画面に移動することを確認してください。

3.5.3　外部のWebサイトを表示するリンクを作成

東雲課長　「この経費の部門表示を社員別表示に変えられるかな？」
如月さん　「ドリルダウン機能がついているので、それを使えばいまでも見られますよ。詳細は○×△□です」
東雲課長　「そういえば前に聞いたね。Helpをつけられるかな？」

レポートの使い方の説明や使用上の注意などを収めたHelpをつけたい、ということはよくあります。そんなときに使えるのが外部リンクです。他のWebページに移動するリンクを追加することもできます。外部サイトのみではなく、他のPower BIのレポートに移動する場合などにも利用できます。

演習では、2つのHelp設置方法について紹介します。

A：テキストボックス内の文字にURLのリンクをつける
B：Helpボタンを設置する

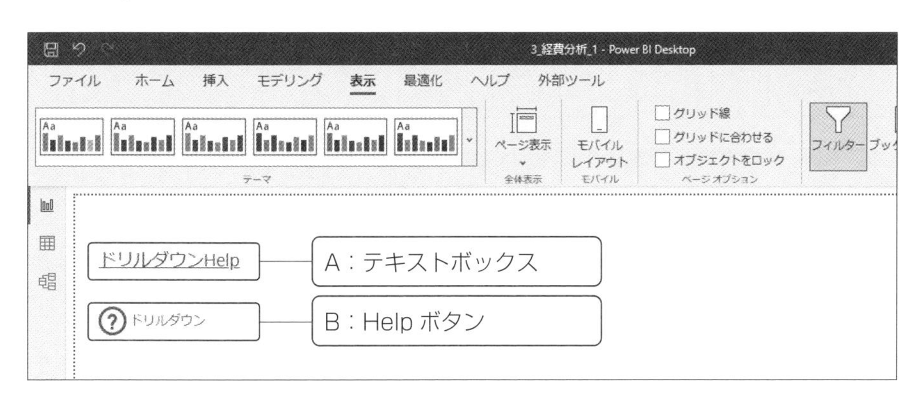

ワンポイント　**画像ボタンやリンクを作成するにはどうするの？**

画像ボタンやリンクは、「挿入」リボンの「イメージ」から作成できます。Power BIは画像イメージに対してアクションを設定できるので、ボタンと同じように扱えます。

演習：ドリルダウンのURLに飛ぶリンクをつける

ここでは、「テキストボックス内の文字にURLのリンクを付与する方法」および「クリックで指定のURLに移動するボタンを設置する方法」の2つを演習します。

1　テキストボックス内の文字にURLのリンクを付与

テキストボックスを追加したあと、編集操作で文字にURLのリンクをつけます。

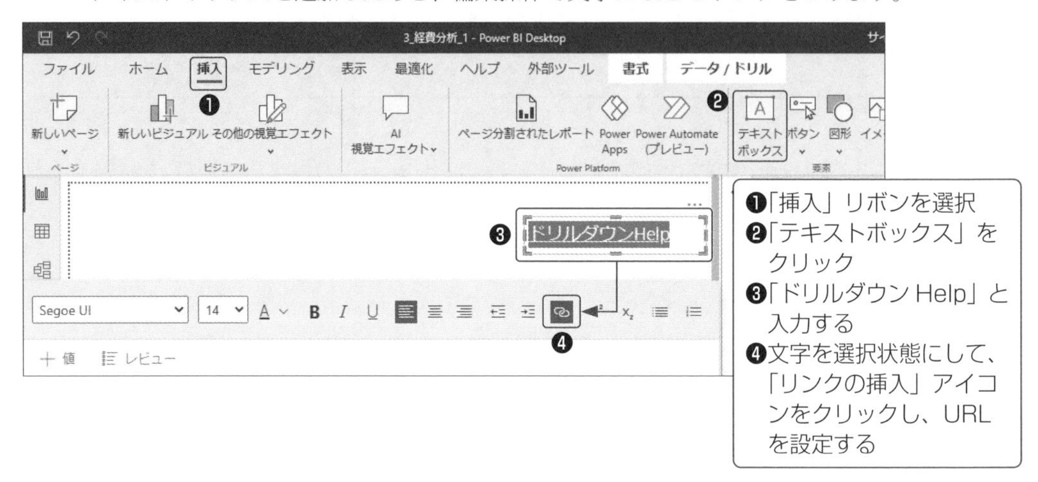

2　クリックで指定のURLに移動するHelpボタンの設置

「挿入」リボンから「ヘルプ」ボタンを追加します。Ctrlキーを押しながら押すとボタンが動作します。

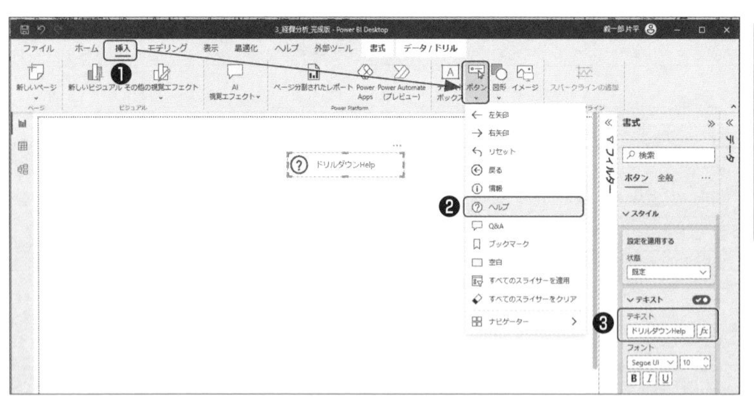

❶「挿入」リボン内の「ボタン」を選択
❷「ヘルプ」をクリック
❸「書式」の「スタイル」の「テキスト」に「ドリルダウン Help」と入力

❹アクションに次の値を設定：
値：Web URL
Web URL：(リンク先のURLを設定する)

3.5.4 組織で使えるレポート作成のまとめ

3章では、組織内の共有レポートを想定して、必要な知識を学んできました。

レポートを作成していると、「複雑で凝った画面はどいい」という考えに陥りがちです。しかし、どういうレポートがよいレポートなのかは、使う人によって異なります。

1 自分でレポートを作成して、自分で使う人

気になったデータがあったときに、Power BIでレポートを作成して分析することが苦もなくできれば、それが一番です。「製品種別単位で見たい」「製品の年代別に見たい」など、自分にとって気になることがあれば、その都度ゼロからビジュアルを作って分析していく使い方です。

その場合は、レポートの見た目や組み込む機能は必要最小限にとどめ、シンプルさと作成するスピードを重視したレポートがよいレポートとなります。2章で学んだ内容を中心に作成していくのがいいでしょう。

2 Power BIの操作方法を知っている人にレポートを提供する場合

参照方法や分析軸がほぼ定まった状態のレポートを提供します。ドリルダウンやドリルスルーといったPower BIの標準機能を活用し、レポートを使いやすくするといいでしょう。また、データの準備が一番大変な作業なので、「データモデルを提供する」使い方も視野に入ります。3.4節までの内容をもとにしてレポートを作成することをおすすめします。

3 Power BIを知らない人にレポートを提供する場合

Power BIの機能を知らなくても自然に使えるよう、作り込みが必要になります。ドリルスルーやページ移動などは、ボタンを使ってわかりやすく実装します。3.5節の内容は、このターゲット層向けの機能となります。

参照専用のレポートを提供する場合、Power BIサービスに加入することも視野に入れるといいでしょう。Power BIサービスは、Webやスマートフォンアプリからでもレポートを参照できます。

Power BIサービスについては次の4章で取り扱います。

勉強して多くの知識を学ぶことで、見た目や操作性の改善ばかりに時間をかけてしまうことがよくあります。データ分析の目的を忘れずに、目的に合った作り込みを心がけるようにしましょう。

MEMO

Power BI Proサービスの説明

有料版のPower BIサービスでは、Webブラウザやスマートフォン／タブレットのアプリからレポートを参照できます。
この章では、Power BIサービス（ProとPremiumのうち、主にPro）を使ったレポート共有の説明をしていきます。
また、Power BIサービスのいろいろな活用方法についても解説します。

4.1 Power BIサービスで実現できること

4.1.1 Power BIサービスとは

Power BIサービスを導入すれば、Webブラウザおよびスマートフォン／タブレットのアプリでもレポートを参照できるので、レポートの共有や閲覧がスムーズになります。

ここでは、「Power BI サービスを導入するとどんなメリットがあるのか？」をイメージしやすいように、東雲課長の朝からの行動を追って紹介します。

▼東雲課長のタイムスケジュール

08:00	電車の中	「今日の飲み会ではいくら使えるかなー」 （スマートフォンで経費の使用状況を確認できる）
09:00	週次ミーティングの前	「会議前に現状の作業状態を確認しておくか」 （ダッシュボードで最新の経費レポートを確認できる）

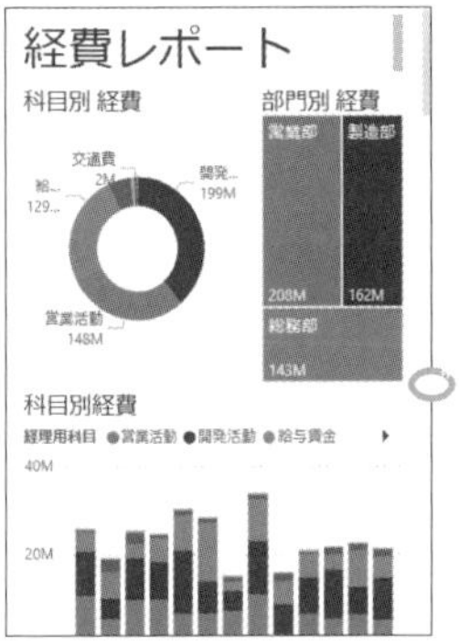

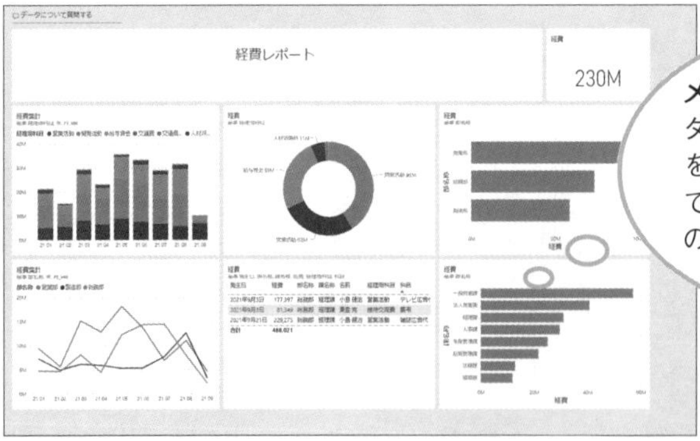

経費レポート

メリット１
社外からでもスマホでも、場所を問わず手軽に情報を確認できる

経費レポート

メリット２
ダッシュボードで必要情報を一画面にまとめられるので、ルーチン化したデータのチェックには最適

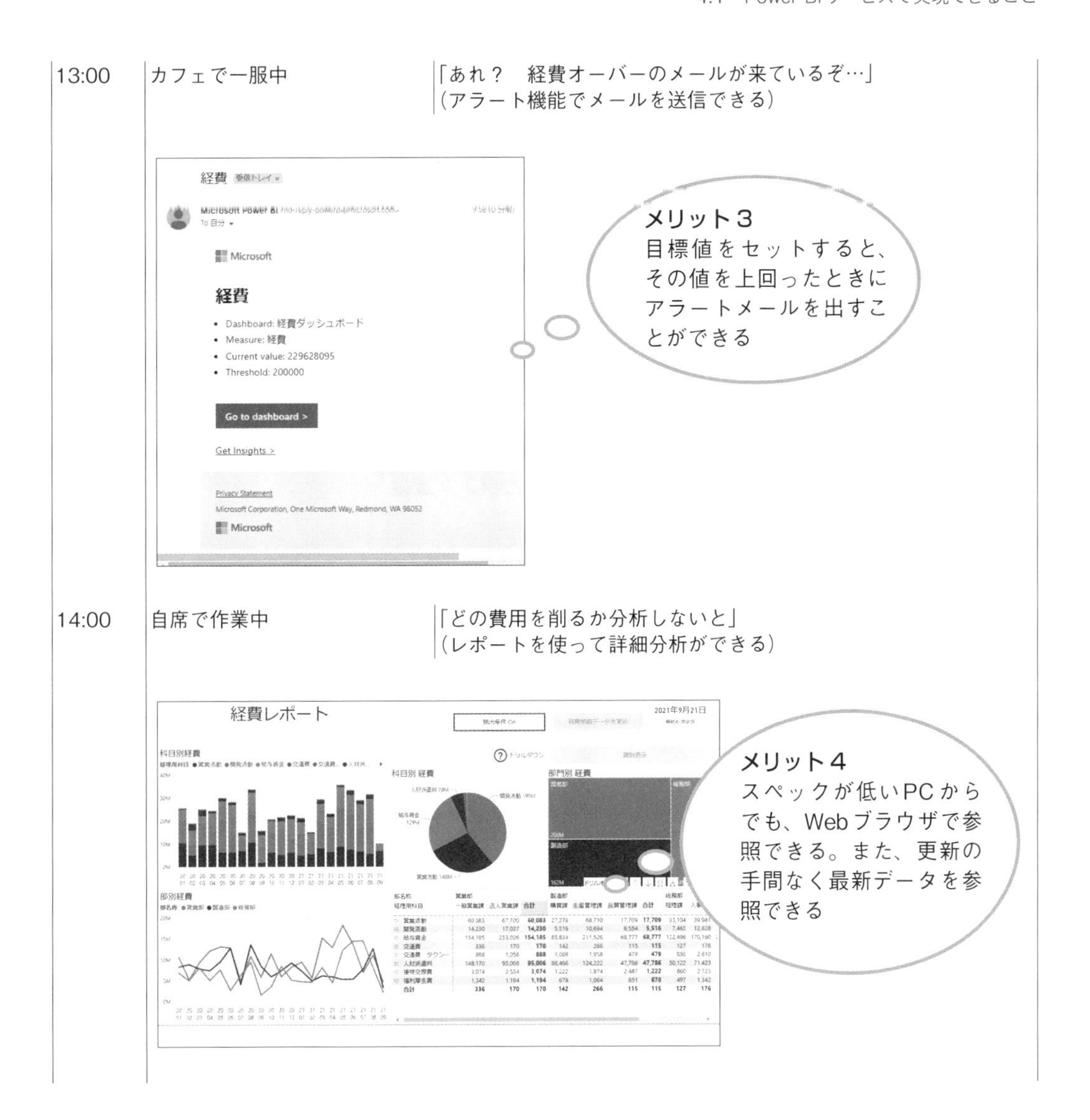

13:00
カフェで一服中
「あれ？　経費オーバーのメールが来ているぞ…」
（アラート機能でメールを送信できる）
経費
Microsoft
経費
Dashboard: 経費ダッシュボード
Measure: 経費
Current value: 229628095
Threshold: 200000
Go to dashboard >
Get Insights >
Privacy Statement
Microsoft Corporation, One Microsoft Way, Redmond, WA 98052
Microsoft
メリット３
目標値をセットすると、その値を上回ったときにアラートメールを出すことができる
14:00
自席で作業中
「どの費用を削るか分析しないと」
（レポートを使って詳細分析ができる）
経費レポート
2021年9月21日
科目別経費
科目別 経費
部門別 経費
部別経費
メリット４
スペックが低いPCからでも、Webブラウザで参照できる。また、更新の手間なく最新データを参照できる

このように、Power BIサービスを導入すると情報活用の幅が広がります。場所と時間の制約からPower BIを解放するのが、Power BIサービスです。それでは、Power BIサービスの導入から始めましょう。

4.2 Power BIサービスにレポートを登録

4.2.1 Power BIサービスの画面

Power BIサービスは、Microsoft 365のアプリケーションの1つとして配置されます。そのため、Web機能を使うにはMicrosoft 365のURLにアクセスします。

URL　https://www.office.com

Power BIサービスを利用するには、次の手続きが必要です。

1　Microsoft 365にアクセスするためのメールアカウント登録

2　Power BI Proのライセンス購入

3　Microsoft 365の管理者アカウントで、Power BI Proのライセンスを登録メールに割り当てる

Microsoft 365に未加入の組織の場合は、Power BI サービスを単体で利用できるPower BI Premiumの導入を検討するといいでしょう。

Power BIサービスのWebの内容

Power BIサービスのWebでは、作成したレポートの参照ができます。またそれだけでなく、参照権限の設定、データ更新の自動スケジュール化、複数のレポートを統合したダッシュボード画面の作成など、Power BIレポートを利用するための便利な機能が揃っています。

▼Power BIサービスのWebページ構成

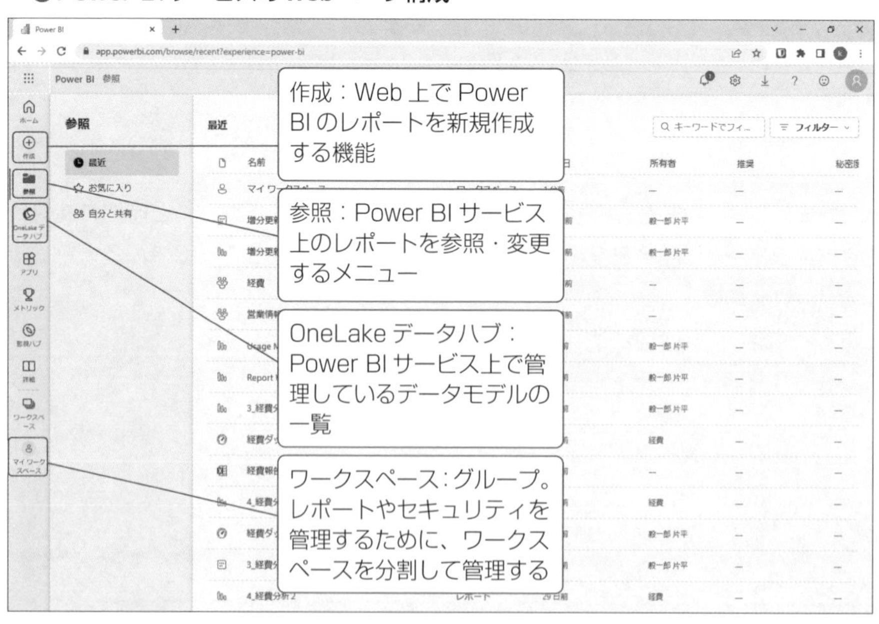
作成：Web上でPower BIのレポートを新規作成する機能
参照：Power BIサービス上のレポートを参照・変更するメニュー
OneLakeデータハブ：Power BIサービス上で管理しているデータモデルの一覧
ワークスペース：グループ。レポートやセキュリティを管理するために、ワークスペースを分割して管理する
Power BI
app.powerbi.com/browse/recent?experience=power-bi
参照
最近
名前
所有者
フィルター

演習：Power BIサービスへの接続

ここでは、Power BIサービスに接続するまでの手順を演習します。

1 Microsoft 365に接続する

「https://www.office.com」に接続してMicrosoft 365のページにログオンします。

2 Power BIサービスに接続する

ログインのあと、アプリの一覧を表示して、Power BIを選択します。

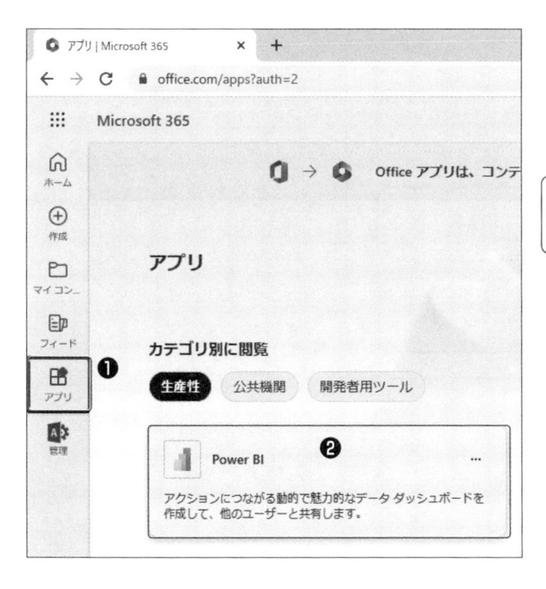

Power BIを選択すると、Power BIのホームページに移動します。

4.2.2 Power BIのワークスペースの作成と接続

ワークスペースの概要

Power BI Desktopで作成したレポートは、**ワークスペース**という単位で保存します。ワークスペースとは、レポートや権限を管理するための単位であり、参照権限の設定単位として作成します。

ワークスペースの準備

初期状態では、「マイワークスペース」というワークスペースが用意されています。このワークスペースは、自分個人のレポートを保存するために使います。レポート共有用には、専用のワークスペースを作成するのが一般的です。

例えば、営業担当者用のレポートは「営業」ワークスペース、経理担当者用のレポートは「経理」ワークスペース……といった部署単位で用意することができます。また、役員用のレポートや管理職用のレポートなど、職責単位でワークスペースを用意することもあります。

Power BIのワークスペースは、Microsoft 365の他のアプリケーションとも連動しています。例えば、SharePointやTeamsでグループを作成すると、そのグループのワークスペースが自動的にPower BIの中に作成されます。そのため、すでにグループが作成されているならば、あらためてワークスペースを作成する必要はありません。

▼ワークスペースの設定イメージ

演習：ワークスペースの作成と削除

ワークスペースの作成と削除の手順を確認します。あらかじめPower BIのホームページにアクセスしてください。

1 ワークスペースを追加する

ワークスペースのメニューから「新しいワークスペース」のボタンをクリックします。

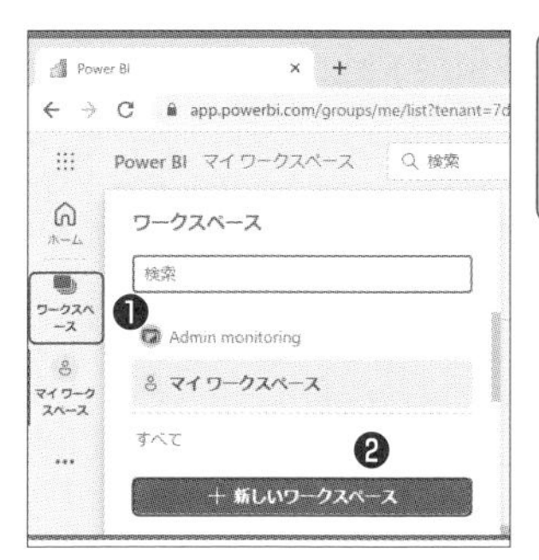

❶「ワークスペース」を選択
❷「新しいワークスペース」をクリック

2 ワークスペースを設定する

ワークスペースの名前を入力し、保存を実行すると作成されます。

❶「名前」欄に「経理」と入力
❷「適用」をクリック

3 ワークスペースを削除する

ワークスペースの設定画面から削除できます。

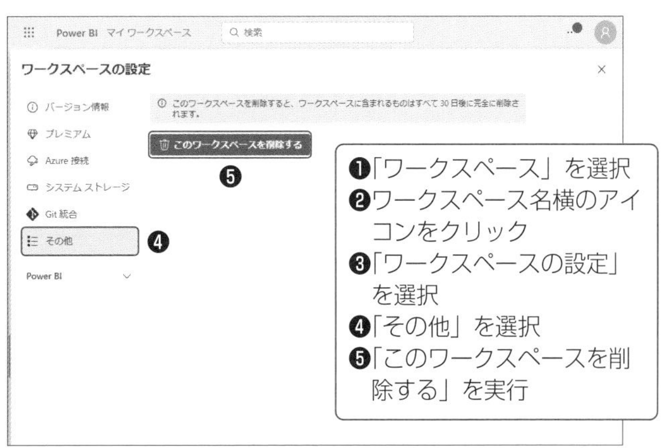

4.2.3　レポートをWebに登録する手順

レポートをPower BIサービスのWebに登録する手順について確認していきます。登録の作業はパソコンのPower BI Desktopで行います。登録したいレポートをPower BI Desktopで開いたあと、「ホーム」リボンの中にある「発行」ボタンをクリックすれば、レポートをPower BIサービスに登録できます。

Power BIサービスには、レポートとデータセットが登録されます。レポートはPower BI Desktopのレポートビューにあたる情報であり、データセットはPower BI Desktopのデータビューとモデルビューにあたる情報です。

登録時の注意点

レポートは、Power BI Desktopで保存された状態でPower BIサービスに情報登録されます。そのため、「発行」するときには、あらかじめ次の点を整えておく必要があります。

- **デフォルトの表示ページ**
- **スライサーの選択状態**
- **フィルターウィンドウを表示するか非表示にするか**

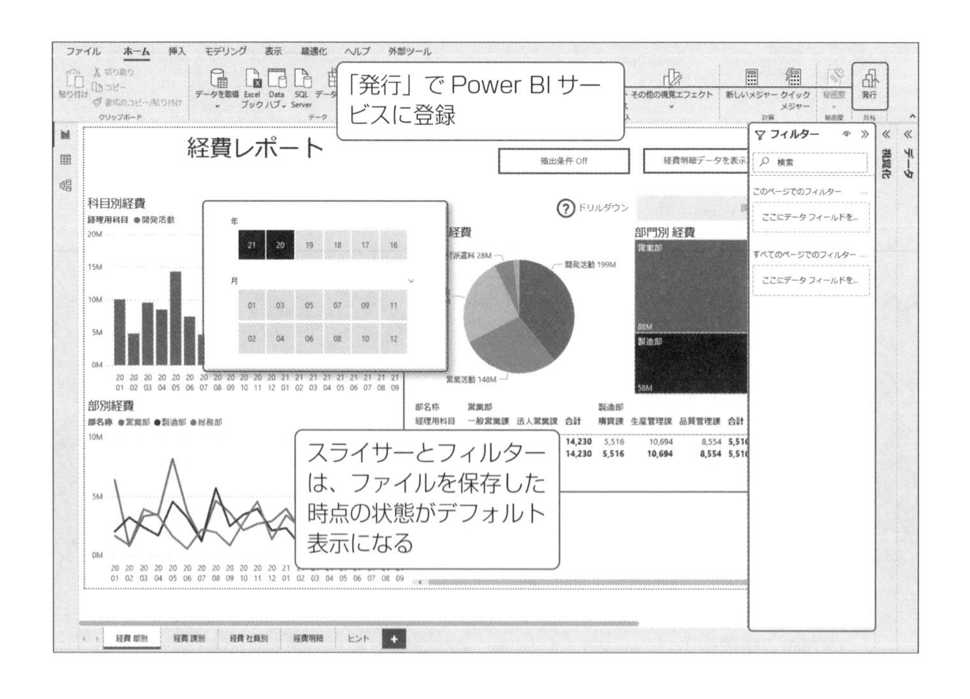

演習：経費レポートをPower BIサービスに登録する

Power BI Desktopで開発したレポート（ファイル）をPower BIサービスに登録（アップロード）します。そのあと、登録したレポート（オブジェクト）をWeb画面で確認していきます。

1 登録したいレポートをPower BI Desktopで開く

2 レポートの「発行」の実行

「ホーム」タブの中にある「発行」をクリックします。そのあとに、Power BIサービスへのログイン情報と保存先のワークスペースを指定して発行します。

3 登録レポートの確認

Power BIサービスにWebブラウザからログインしたあと、「参照」の画面を開きます。発行したレポートが一覧に表示されていることを確認します。

4.2.4 Webレポートのメニューについて解説

Power BIサービスのレポートをクリックすると、レポート画面が表示されます。Web上でもPower BI Desktopとほぼ同じ動きをします。1点違いがあるのは、ボタンのクリックです。Power BI DesktopではCtrlキーを押しながらクリックしないとボタンは機能しませんでしたが、Power BIサービス上ではクリックのみでボタンが動作します。

▼[Web画面]レポート画面の全体構成

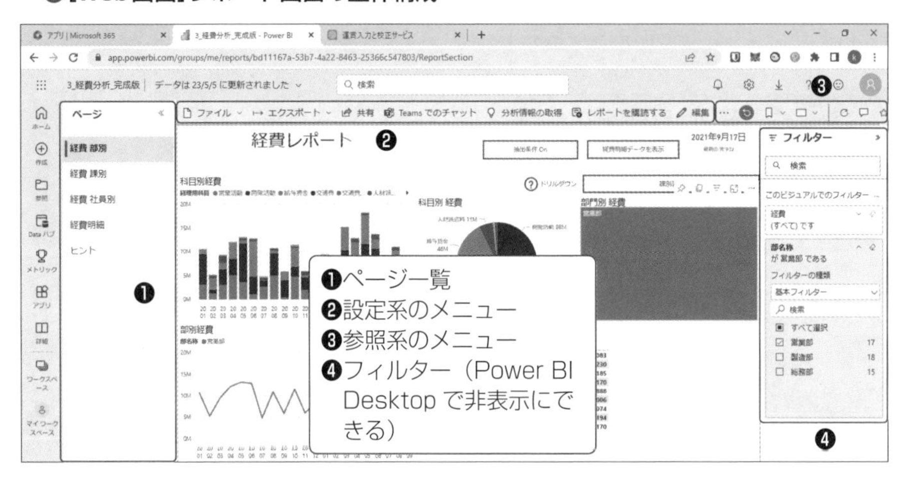

参照系メニューの説明

レポート画面の右上に位置するボタンは、次の機能を持っています。

▼参照系メニューの機能(Web画面)

❶既定値にリセット	表示をデフォルトに戻す。Webレポートはいったん閉じて開き直しても前の続きから作業できるようになっているので、検索条件をリセットするために使用する
❷ブックマーク	個人用ブックマークの追加：自分専用のブックマークを追加できる ブックマークをさらに表示：共有のブックマークを表示する
❸レポートのデータを更新	Power BI内のデータをレポートに反映する

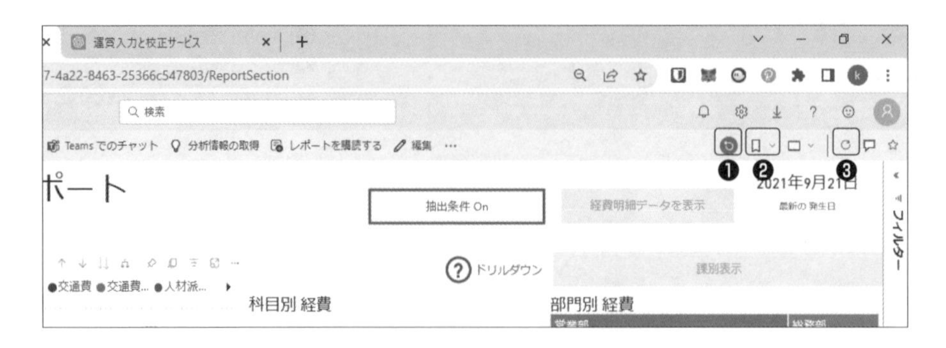

演習：レポートを参照してみよう

ここでは、Power BIサービス上でレポートを参照し、操作をしてみます。

1 レポートの抽出条件を変更し、リセットで元に戻す

Power BIサービスでは、前回表示した画面設定を記憶しており、次に開いたときに同じ状態で開きます。そのリセットの作業について確認します。

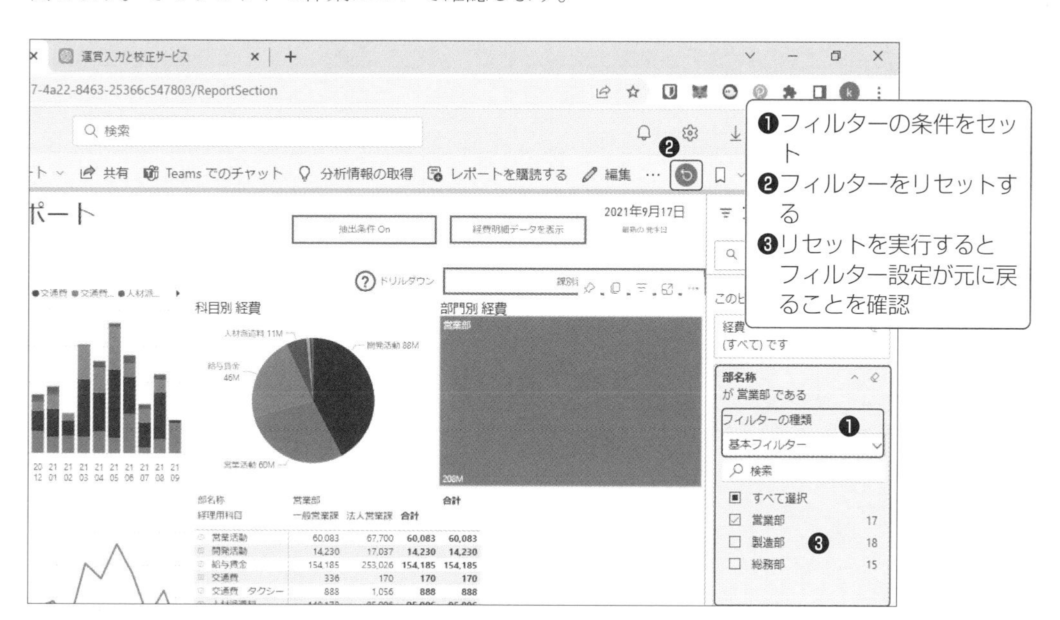

❶フィルターの条件をセット
❷フィルターをリセットする
❸リセットを実行するとフィルター設定が元に戻ることを確認

2 ブックマークの登録

ブックマークには、レポート作成時に設定した共有のブックマークと、個人で設定できるブックマークが存在します。ここでは、個人のブックマークを登録してみます。

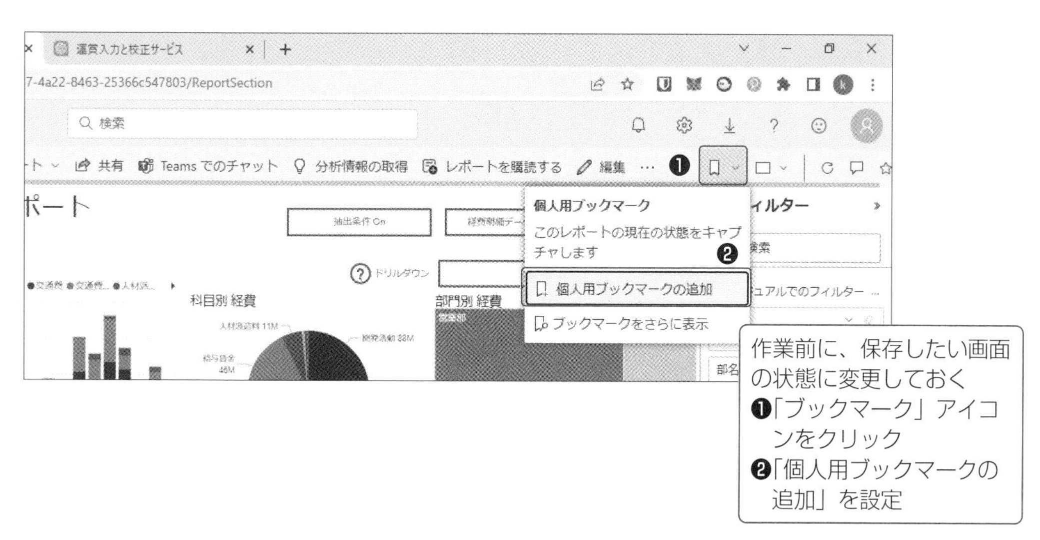

作業前に、保存したい画面の状態に変更しておく
❶「ブックマーク」アイコンをクリック
❷「個人用ブックマークの追加」を設定

4.2.5 ダッシュボードの作成手順

受注レポートのあとに経費レポートを確認して……などと、毎回散らばった情報を見て回るのは大変ですよね。そこで、知りたい情報を1画面にまとめたのが**ダッシュボード**です。

「レポート内に複数分野のデータを表示すればいいのでは？」
と感じる方も多いと思います。レポートは単体の実績データのみを扱うのが一般的です。スタースキーマの構造に合わせてレポートを作るのが、情報を管理する上で効率がいいためです。

そうはいっても、複数の実績データをまたいだ情報の可視化は必要です。その際に役立つのがダッシュボードです。例えば、売上分析をしたい場合には、売上情報のほかに受注情報、受注残情報、商談情報なども必要です。その情報を横断的に表示するために、ダッシュボードを使います。

ダッシュボードの作成方法

ダッシュボードを作成するには、まずWeb画面でPower BIのレポートを参照します。次に、ダッシュボードに入れたいビジュアルを選択していくと、ダッシュボードが作成されます。

ダッシュボードの特徴

- 複数のレポートから、自分がよく見るグラフを集めておくことができる
- 固定グラフの表示で、フィルターによる絞り込みができない
- 縦方向に、グラフをいくらでも追加できる

ダッシュボードの使い方

ダッシュボードは、各レポートのグラフをまとめて確認できるだけでなく、詳細が気になればグラフをクリックすることでレポート本体のページに移動することもできます。いわば、書籍の目次のような役割を果たします。

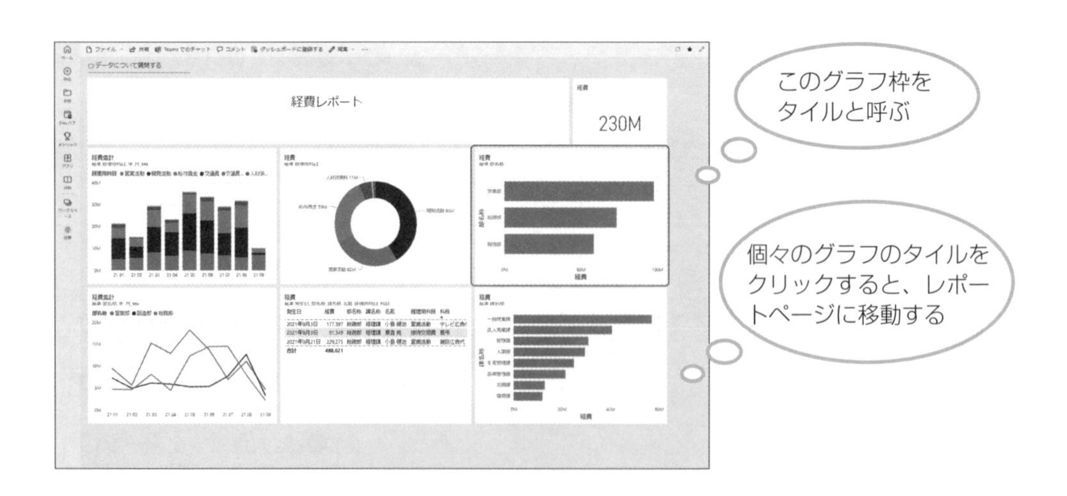
経費レポート
230M
このグラフ枠をタイルと呼ぶ
個々のグラフのタイルをクリックすると、レポートページに移動する

演習：ダッシュボードにグラフを追加する

ここでは、ダッシュボードを作成する演習を行います。

1 [Web画面]「4_経費分析」レポート画面に移動する

2 [Web画面]ダッシュボードに追加したいグラフを選択する

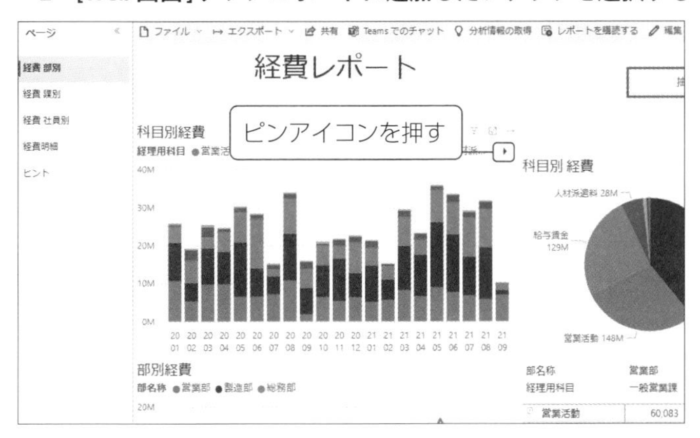

3 [Web画面]ピン留めするダッシュボードを選択する

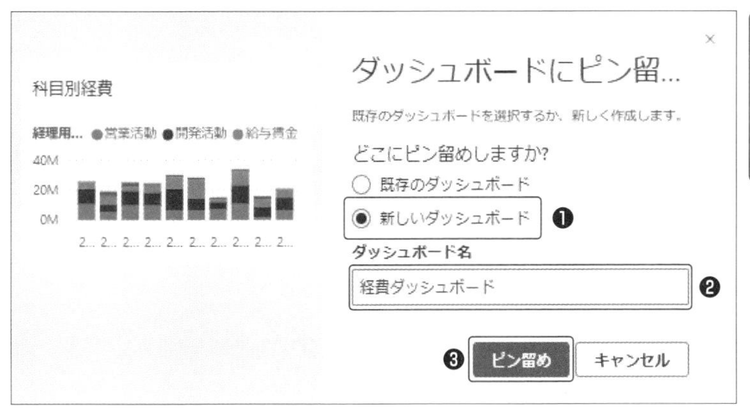

4 ダッシュボードを確認

画面左端の「参照」アイコンをクリックして、レポートの一覧を表示します。先ほど追加した「経費ダッシュボード」が存在することを確認してください。

4.2.6 ダッシュボードのタイトルやリンクを編集

ダッシュボードの画面を開くと、各レポートからピン留めして集めたビジュアルの一覧が表示されています。このダッシュボード画面の編集方法について解説します。

ダッシュボードでの設定作業

●グラフをクリックしたときの移動先の変更

タイルをクリックすると、デフォルトではレポート本体内の元のビジュアルのページに移動します。この移動先の設定を変更可能です。

タイルの右上端にある設定アイコン[…]の「詳細の編集」から設定します。

●テキストやイメージの追加

ダッシュボードをわかりやすくするために、題名のテキストを追加したりイメージを追加したりして、表示の改善をします。

ダッシュボード上部の「編集」アイコンから変更します。

●アラート設定

「設定したしきい値を上回ったり下回ったりしたときに、アラードのメールを送信する」設定ができます。これは、カードのビジュアルに対してのみ設定できます。

タイルの右上端の設定アイコン[…]の「アラートを管理」から追加します。

▼ダッシュボードのテキストやイメージの追加画面

演習：ダッシュボードのタイトルとリンクを変更する

グラフの上部に表示しているタイトルを変更します。また、クリックしたときのリンク先の変更方法を確認します。

1 [Web画面]ダッシュボードから詳細の編集画面を開く

ダッシュボードに移動したあと、タイルの右上端の設定アイコン[…]をクリックして「詳細の編集」を選択します。

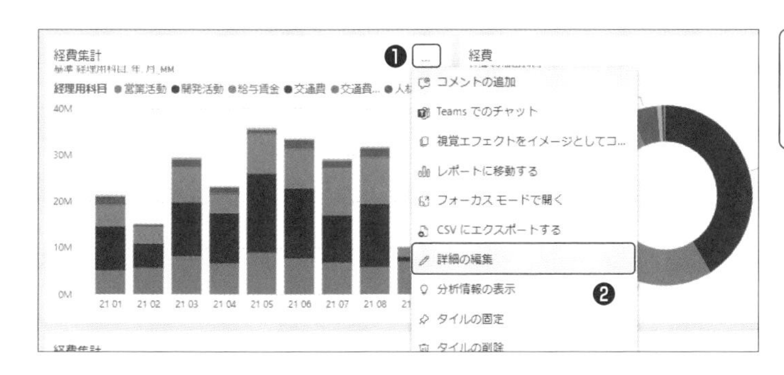

❶棒グラフのタイルの右上端の［…］をクリックする
❷「詳細の編集」を選択する

2 [Web画面]タイトルとリンクの変更

「タイトル」欄に、タイルの左上端に表示する文字を設定します。「カスタムリンクの設定」のチェックをして、リンク先のレポートをリストから選択します。

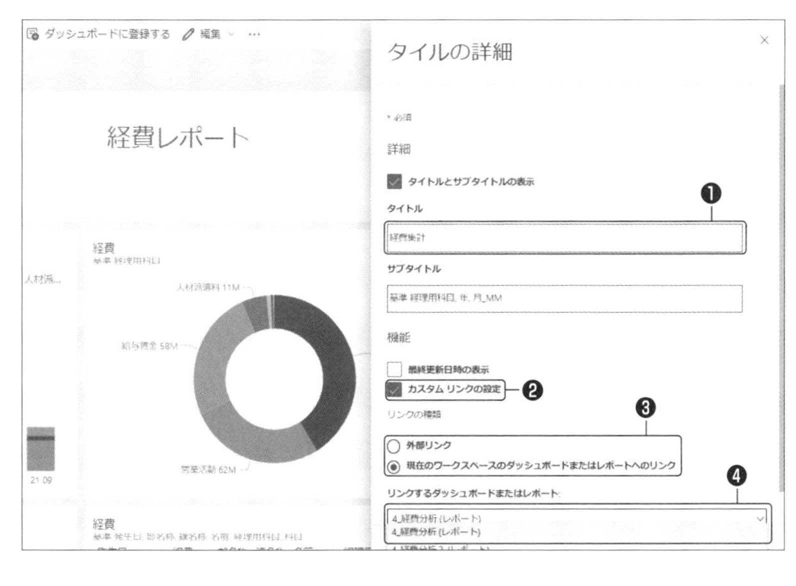

❶「タイトル」を「経費集計」に変更する
❷「カスタムリンクの設定」を選択する
❸「リンクの種類」から「現在のワークスペースのダッシュボードまたはレポート」を選択する
❹レポートを一覧から選択する

4.2.7 アラート設定の追加

「売上が目標値を達成しているか？」「経費が予算を超過していないか？」といったことを毎日チェックするのは大変です。Power BIには、設定した条件に達したときにお知らせをしてくれる**アラート機能**があります。知らせ方には、①Power BI サービスを開いたときに画面上部の「通知」で知らせてくれる、②メールで通知する、という2種類があります。

このアラート機能は、ダッシュボードのカードのビジュアルに対して設定します。したがって、アラート機能を使用するには、事前にカードのビジュアルをダッシュボードに配置しておく必要があります。

アラートで可能な設定

●「条件」と「しきい値」

「条件」と「しきい値」はアラートを出す条件です。ビジュアルで表示している値に対して、設定した条件としきい値でチェックします。

●通知の最大頻度

通知の送信間隔です。24時間に最大1回送付するか、1時間に最大1回送付するかを選択できます。データ更新のタイミングで「条件としきい値」のチェックがされ、前回送信したアラートの時間をもとに、アラートを再度送信するかどうかが決められます。

●「メールも受け取る」

「メールも受け取る」にチェックがない場合は、Power BIサービスへの接続時に表示される通知アイコンでの通知のみとなります。

演習：アラート設定をする

今回は、「経費の金額が20万円を上回ったとき」にアラートメールを出す演習を行います。

1　ダッシュボードを開く

経費の金額を表示するカードが登録されているダッシュボードに移動します。

2　アラートの管理画面を開く

カードのタイルの右上端の設定アイコン「…」をクリックします。その中のメニューの「アラートを管理」をクリックします。

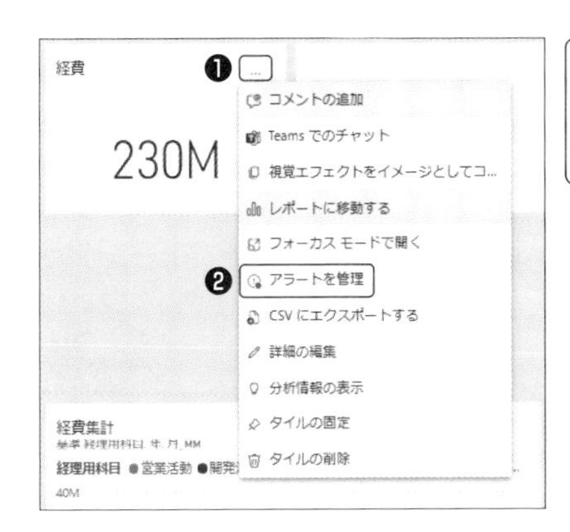

❶カードの右上の設定アイコンをクリック
❷「アラートを管理」を選択

3　アラートの設定

アラートを設定します。

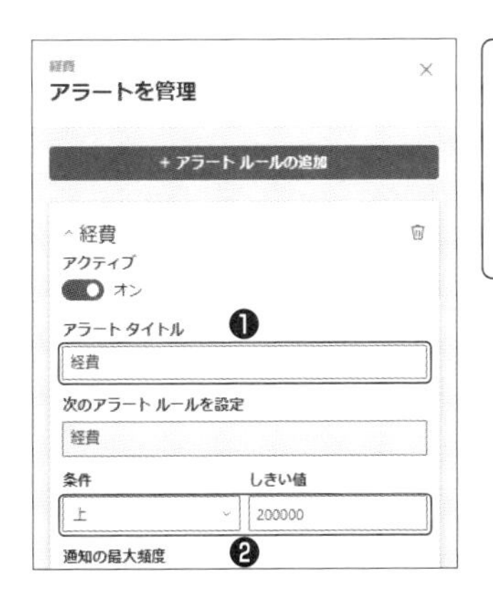

❶「アラートタイトル」をつける
❷「条件」に「上」、「しきい値」に「200000」をセット

4　データ更新

経費のタイルを表示しているデータモデルのデータを更新して、メールが送信されるかどうか確認します。

4.2.8　応用例：ダッシュボード用のグラフを表示する方法

ダッシュボードを作成していると、ダッシュボード専用のビジュアルを表示したいことがあります。しかし、ダッシュボードに表示できるのは、レポートに使用しているビジュアルだけです。

これを解決するテクニックとして、次の2つがあります。

ダッシュボード用のグラフを作成したページを用意する方法

レポートにダッシュボード用のページを作成して、そのページにダッシュボード用のビジュアルを保存します。ページを非表示設定にすることで実現できます。この方法の問題点は、「ダッシュボードからレポートへ移動すると、ダッシュボード用のページに移動してしまう」ことです。

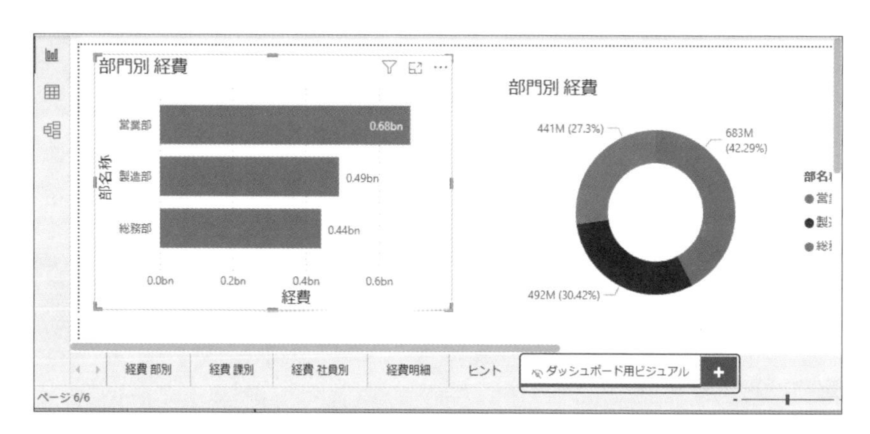

ダッシュボード用のグラフを非表示にして隠す方法

ダッシュボード用のビジュアルを非表示にする方法があります。

この方法の問題点は、非表示にしているため、修正時に存在を忘れてしまうことです。

▼ビジュアルの表示/非表示をコントロールするウィンドウ

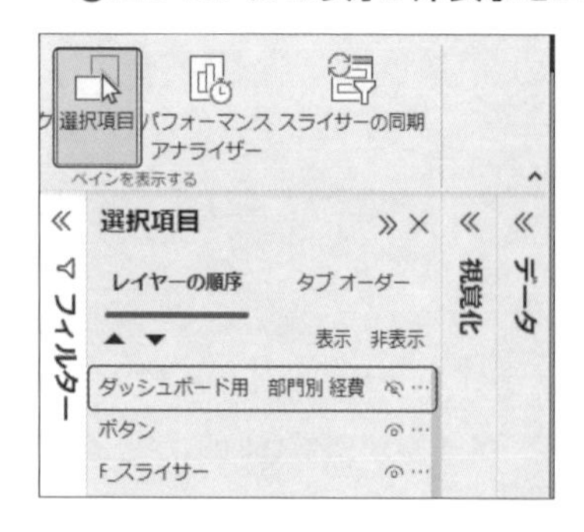

この2つの方法は、スマートフォン用のレイアウトを作るときにも応用できます。スマートフォンは画面が狭いため、Webと違ったシンプルなビジュアルを使いたいことが多いためです。

次は、ダッシュボード用のグラフを他のグラフの裏に隠す方法を演習してみます。

演習：ダッシュボード用のグラフを非表示にして隠す方法

1 ［Power BI Desktop］ダッシュボード用のグラフ作成と非表示設定をする

ダッシュボード用のビジュアルを作成します。作成後に非表示設定をして、レポート画面から見えないようにします。

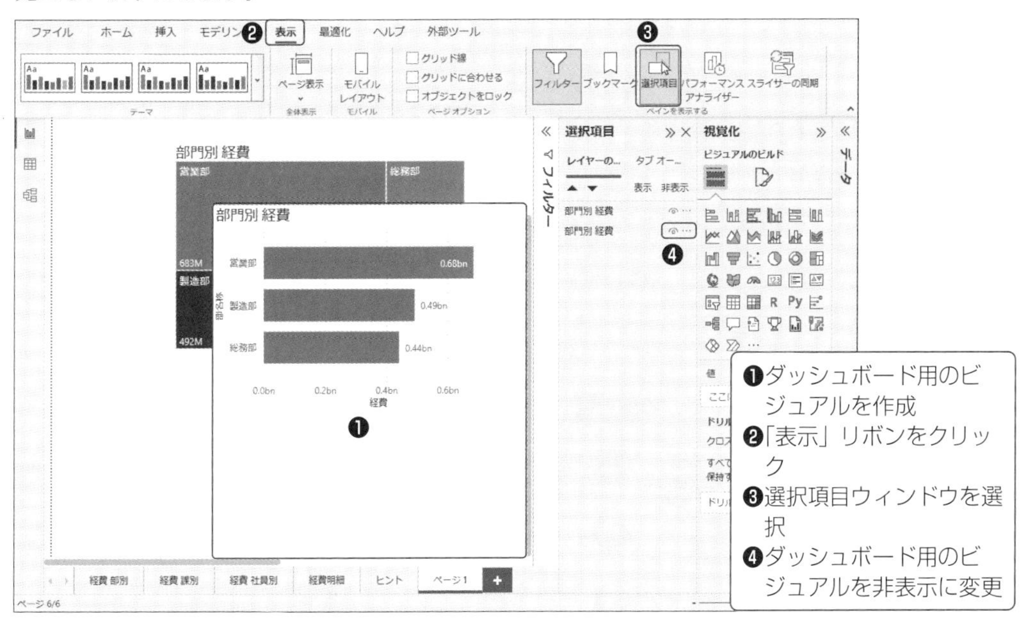
部門別 経費
❶ダッシュボード用のビジュアルを作成
❷「表示」リボンをクリック
❸選択項目ウィンドウを選択
❹ダッシュボード用のビジュアルを非表示に変更

2 ［Power BI Desktop］「発行」ボタンをクリックし、変更内容をPower BIサービスに登録する

3 ［Web画面］ダッシュボード用のビジュアルをダッシュボードに登録する

Webに登録したレポートを「編集」モードで開き、非表示だったダッシュボード用のビジュアルを表示します。そのビジュアルをピン留めして、ダッシュボードに登録します。最後に、レポートを保存しないで閉じます。

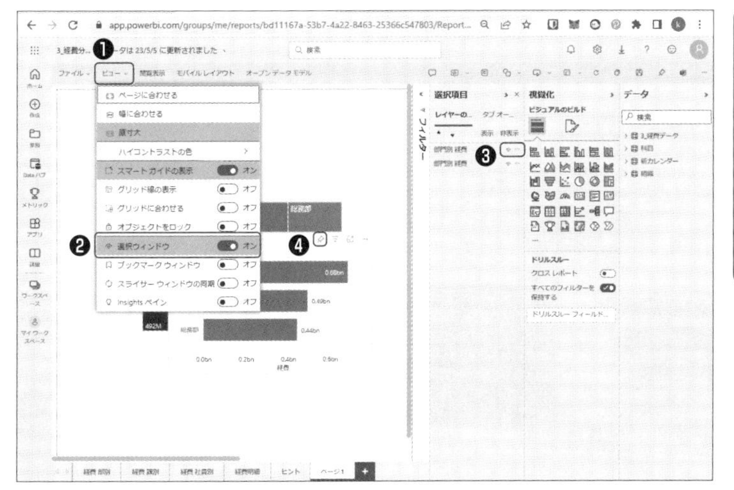

❶「ビュー」を選択
❷「選択ウィンドウ」をオン
❸ビジュアルを表示
❹ピン留めしてダッシュボードに登録

最後に、保存しないで編集画面を閉じる

4.2.9 モバイルアプリの動作検証

Power BIサービスにレポートを登録した時点で、スマートフォン／タブレット上のモバイルアプリからレポートを参照できるようになります。ここでは、モバイルアプリの画面構成を確認していきます。Power BIのモバイルアプリをインストールしておき、作成されたレポートを見てみましょう。

メニューレイアウト

アプリの起動直後の画面です。下にメニューの一覧があり、お気に入りやワークスペースなど、様々な方法でレポートを探せるようになっています。

▼ワークスペース一覧メニュー

▼レポート一覧メニュー

レポート画面

レポート画面は、端末を横に持った場合は、Webと同じレイアウトです。端末を縦に持った場合には、モバイルレイアウトが適用されます。

▼横表示の画面

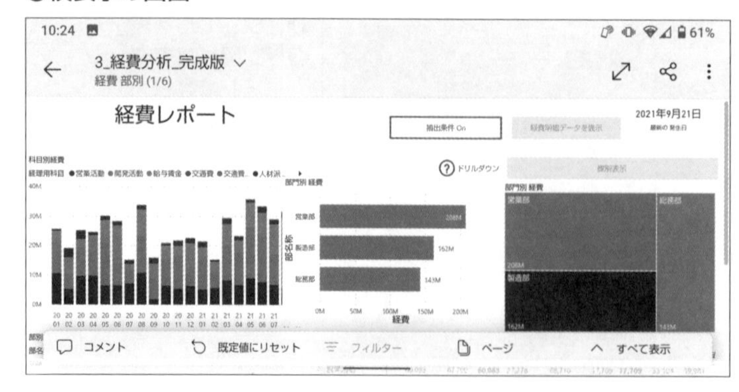

演習：レポート画面をスマートフォン用のレイアウトに変更する

Power BI Desktop でモバイルアプリ用のレイアウトを作成します。スマートフォンやタブレットを縦にした場合に、今回作成するレイアウトが適用されます。スマートフォンは画面が小さく、軽快なスピードを要求されます。モバイルアプリは、専用レイアウトを作成しなくても使えますが、求められる条件がWeb画面とは違うので、スマートフォン専用の画面を用意したほうがいいでしょう。

スマートフォン用のレイアウトは、次の方法で作成することができます。

- **レポートを作る場合**　　　：WebもしくはPower BI Desktopで作成する
- **ダッシュボードを作る場合**：Webで作成する

ここでは、レポートのスマートフォン用モバイルレイアウトを作成します。

1　[Power BI Desktop] モバイルレイアウトを開いてレイアウトを作成する

モバイルレイアウトを開いたあとは、右側のビジュアル一覧から表示したいビジュアルをレイアウトに配置していきます。

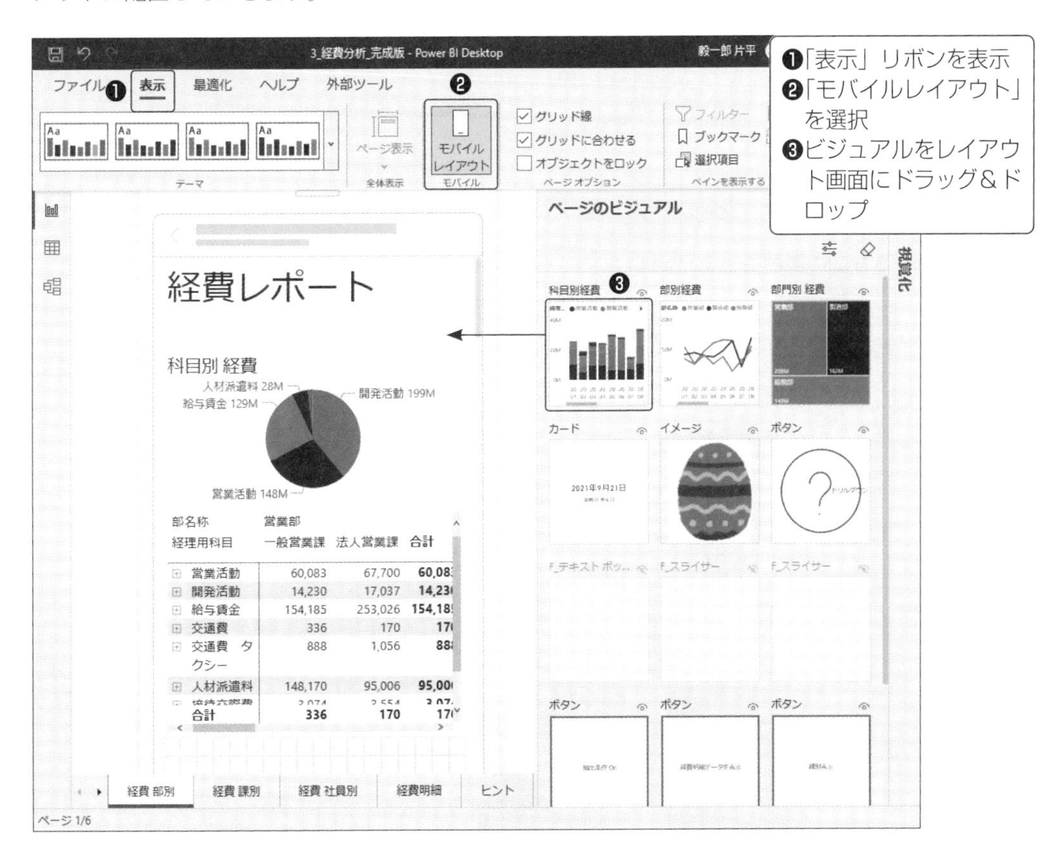

2　[Power BI Desktop] Power BIサービスに登録する

モバイルレイアウトの作成が終わったら、ファイルを保存します。そのあと、「発行」ボタンを押してPower BIサービスに再登録します。

4.2.10 使わない機能を非表示にする

ここでは、Power BIで使わない機能を**非表示**にする設定を紹介します。Power BIは分析ツールなので、利用者がPower BIの機能や操作方法の知識をある程度持っていることを前提としています。しかし、Power BIサービスでレポートを参照する人の場合は、Power BIの知識を持っていないことが多いです。そのため、参照する人が混乱しないよう、Power BIの専門的な機能はできる限り見せないほうが親切です。

例えば、独自フォーマットを表示するためにヒントのページを作ったとします。Power BIでレポートを作成する人であれば、ページを見てヒント機能用のページと想像できますが、Power BIを使ったことがない人には、意味がわかりません。そのような場合は、ヒントのページを非表示にします。

Power BIサービス上で非表示にできる設定

ページとアイコンをPower BIサービス上で非表示に設定できます。非表示にしてもPower BI Desktop上では表示されるので、動作確認はPower BIサービス上で行いましょう。

●ページ

ヒントのページを非表示にしたり、ダッシュボードで使うための専用のビジュアルを集めたページを非表示にしたり、といった使い方をします。

●ビジュアルの右上に表示されるアイコン

アイコンの表示と非表示を切り替えることができます。例えば、ドリルダウンの場合は4つのアイコンが表示されますが、Power BIを使ったことのない人には、アイコンの意味がわかりません。ですので、そのときに必要なアイコン以外は非表示にしましょう。

▼ページとアイコンの非表示例

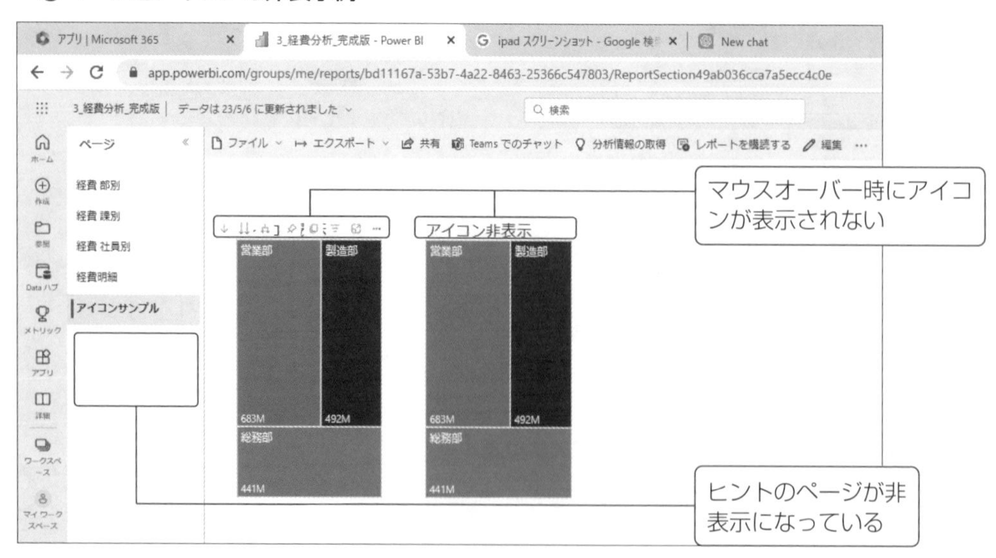

演習：ページ、グラフ右上のアイコンを非表示にする

ここでは、ページおよびグラフ右上のアイコンを非表示にする演習を行います。

ヒントのページの内容はマウスオーバーしたときに表示される情報であり、ページ単体では意味がないので、非表示に変更します。ドリルダウンアイコンも、ボタン機能で代用したので必要ありません。ドリルダウンアイコンも非表示に変更します。

1 ［Power BI Desktop］ヒントのページを非表示にする

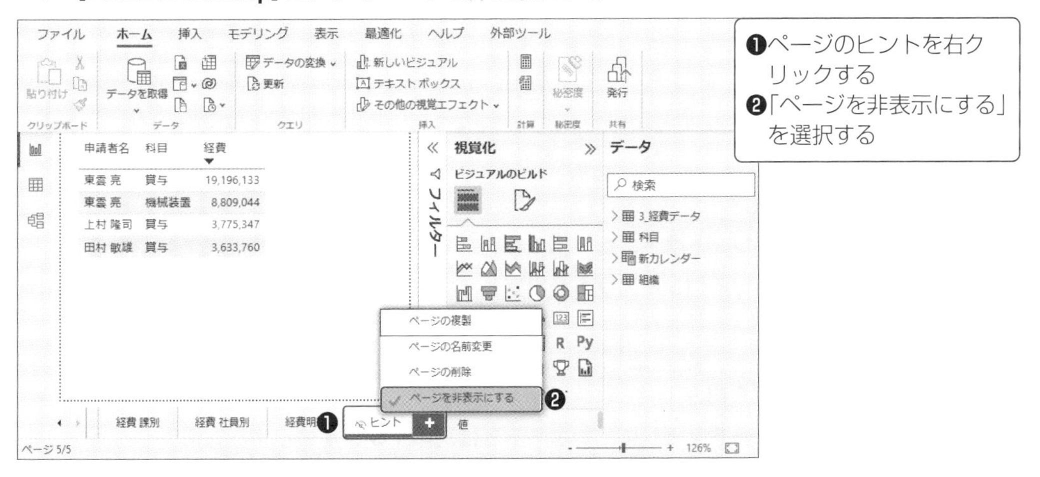

2 グラフ右上のドリルダウンなどのアイコンを非表示にする

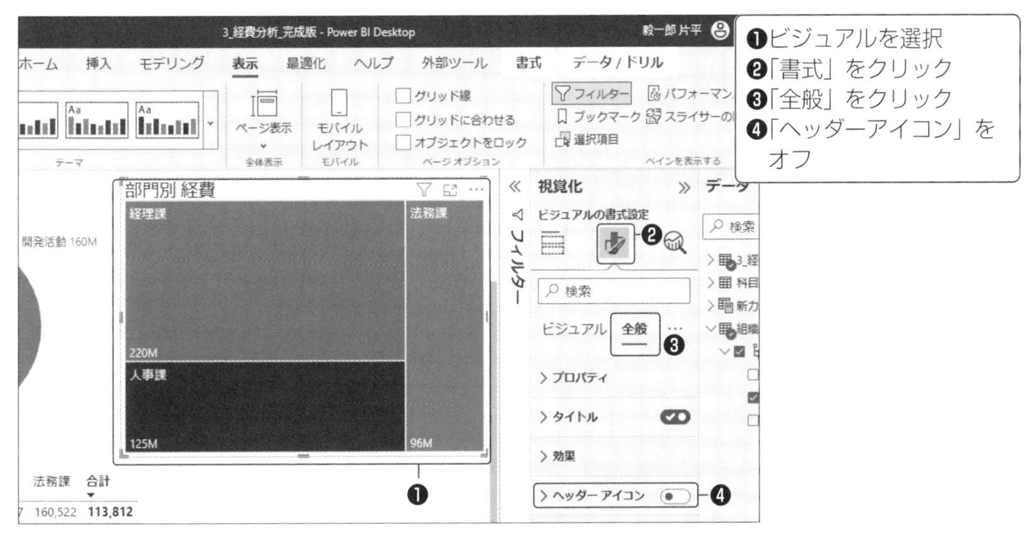

4.2.11 Power BIサービス登録のまとめ

この節では、レポートをPower BIサービスに登録する基本操作を学びました。

- **レポートをWebに発行する方法**
- **ダッシュボードの作成方法**
- **スマートフォン用のレイアウト作成方法**

レポートの登録の際は、Power BI Desktopからレポートを発行すれば、Webブラウザ用およびスマートフォン/タブレットアプリ用のレポートが自動生成されます。追加機能としてダッシュボード、そしてスマートフォン専用のレイアウトを作成できる機能があります。これらは必要に応じて作成します。

●参照したときの特徴2点

- **スマートフォンとタブレットはメニュー構成が同じで、Webのメニュー構成とは異なる**
- **スマートフォンでは、専用のレイアウトが設定してある場合、それが表示される**

スマートフォンとタブレットでは、専用のアプリをストアからダウンロードして使います。

●実務で使える2つの設定を紹介

- **ダッシュボードやスマートフォンに、レポートとは別のグラフを表示する方法**
- **アイコンやページをWeb上で非表示に設定する方法**

Power BI サービス経由でのレポート利用者については、参照専用と位置づけて運用することが多いです。そのため、ダッシュボードのグラフを見やすい形に整えたり、表示をできる限りシンプルにして使いやすくする工夫は役に立つでしょう。

細かい内容を説明しましたが、Power BIサービスへの登録そのものは、Power BI Desktopから「発行」ボタンを押すだけで完了です。気になる点はあとで直していけば十分でしょう。

4.3 データの自動取り込みと権限設定

前節ではPower BIサービスにレポートを登録する方法を学びました。これでレポートの共有ができ、運用可能になりました。でも、ここでひと息ついていてはいけません。

日々変わってしまうデータを、どのように更新すればいいのでしょうか？　明日から毎日手作業でデータを更新する――なんて嫌ですよね。ここでは、データの自動更新について説明していきます。Power BIにはワンクリックでデータを更新する機能があるので、まずはその機能を試してみましょう。

演習：Power BIサービスのデータを手動で更新する

Power BIのWebサイト上で、データ更新のボタンを手動でクリックしてデータ更新を行います。

データの更新を実行すると、アラートが表示されて、データの取り込み処理に失敗したと思います。その理由と解決方法について、この節では確認していきます。

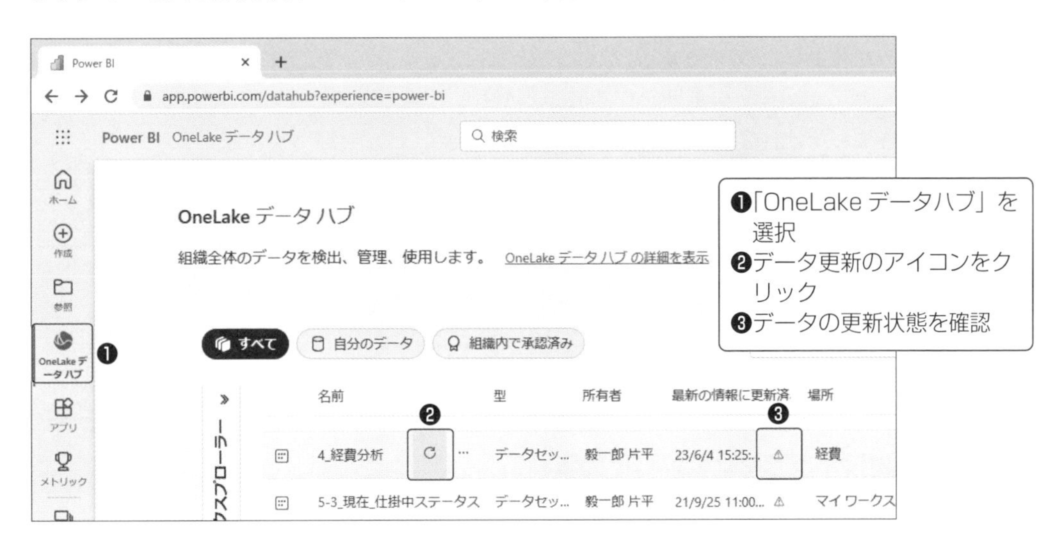

> **ワンポイント　OneLakeデータハブのOneLakeって何？**
>
> OneLakeは組織データの共有場所で、Microsoftの用語です。川の水が湖にたまるように、様々なソースから集めたデータを１つの場所に保存する考え方から命名されています。

4.3.1　データ更新の方法について

Power BIサービスでデータを更新するには、次の2つの方法があります。

1　Power BI Desktopから手動で「発行」する方法

Power BI Desktop上で、データを更新したあと「発行」することで、Power BIサービスのデータを更新する方法です。これは、いままで演習で行っていた方法です。

2　Power BIサービスからデータ更新を行う方法

Power BI Desktopで作成したデータの取り込み設定は、Power BIサービスに登録されています。その処理をWeb上で実行することで、データ更新をします。この場合、データ更新は前ページの演習の操作で実行できます。

この節では、2つ目の「Power BIサービスからデータ更新を行う方法」について解説していきます。前ページの演習でデータの取り込み処理に失敗した原因は、ファイルの保存場所です。Power BIサービスはWeb上にあるので、手元のパソコンに保存されているファイルを参照することができません。エラーが発生したのはそのことが原因だったのです。

Power BIサービス上でデータ更新をするには、Webからデータソースにアクセスできる方法でデータ接続を作成しなければなりません。その方法は大きく3つあります。

- **クラウドのデータベースを利用する**
- **自社内のパソコンやサーバーに接続できるように設定する（データゲートウェイ）**
- **クラウドサーバーであるSharePointにファイルを置く**

以上の3つの方法について、このあと順番に説明していきます。

▼Power BIのデータを更新する3つの方法

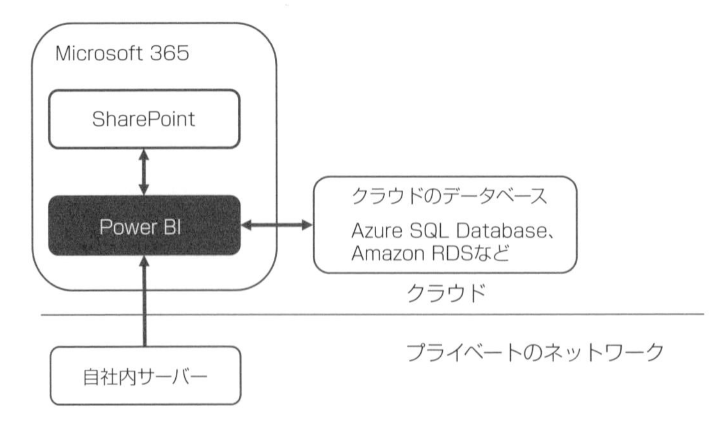

演習：クラウドのデータソースの設定

Power BI Desktopでクラウドのデータベースに接続する方法について解説します。クラウドデータベースとは、インターネット上からアクセスできるデータベースのことです。例えば、Microsoft Azure SQL DatabaseやAmazon RDSなどの専用サービスでもよいですし、自社でインターネット上からアクセスできるように設定したデータベースを利用してもよいです。インターネットからアクセスできるようになっているので、Power BIサービス上で認証設定をするだけで利用できます。

1　データセットの設定画面を開く

「OneLakeデータハブ」から対象のデータセットの「設定」画面を開きます。

2　ログイン設定

データソースに接続するための、ユーザー名やパスワードを設定します。

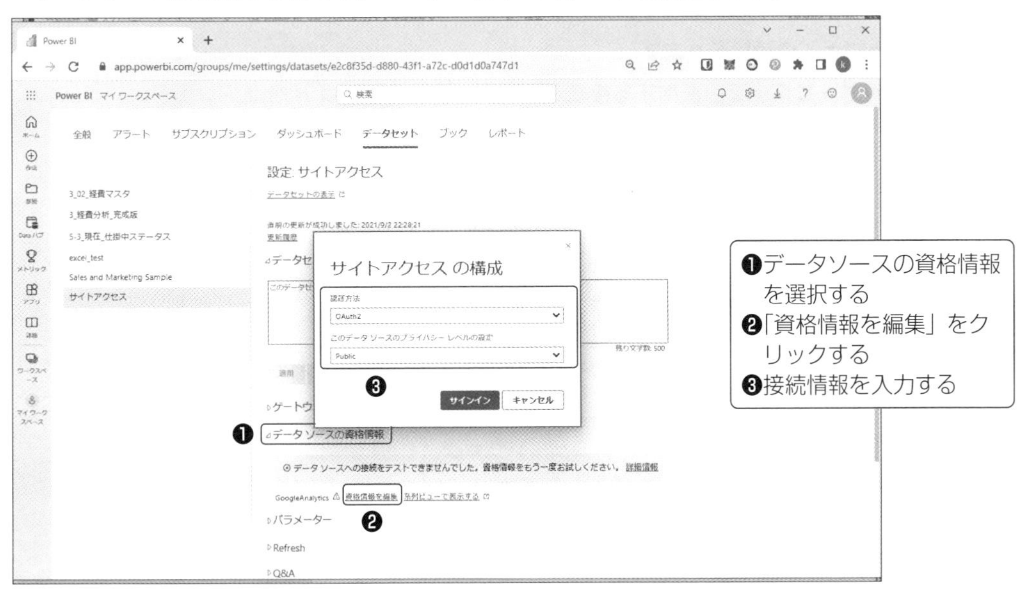

4.3.2 Webサイトからパソコンにデータゲートウェイで接続

クラウド上にデータソースを用意するのは大変な作業です。サービスの契約やセキュリティ設定など、多くの作業と知識が必要です。Power BIサービスは、クラウド上にないデータを使える簡単な方法を用意しています。それが**データゲートウェイ**です。ここではデータゲートウェイの設定方法を紹介します。

データゲートウェイの概要

データゲートウェイは、Microsoft社が提供する専用のプログラムをパソコンにインストールすることで利用可能になります。データゲートウェイがインスールされたパソコンのデータソースには、Power BIサービス上からアクセスできるようになります。

データゲートウェイの使用上の注意点

- **データゲートウェイをインストールできるOSはWindowsのみです。**
- **個人のパソコンは電源オフのときデータ更新ができないため、データゲートウェイは常時起動している専門のサーバーにインストールするのが一般的です（本書では便宜的にパソコンへのインストールの例で説明しています）。**
- **データゲートウェイがインストールされたパソコンからアクセス可能であれば、別のパソコンに保存されたデータであっても、データソースとして使用できます。**

データゲートウェイの設定手順

1 **データゲートウェイのプログラムをパソコンにインストールします。インストール後、データゲートウェイの設定をします。**

2 **Power BIサービス上で、使用する接続としてデータゲートウェイを選択します。**

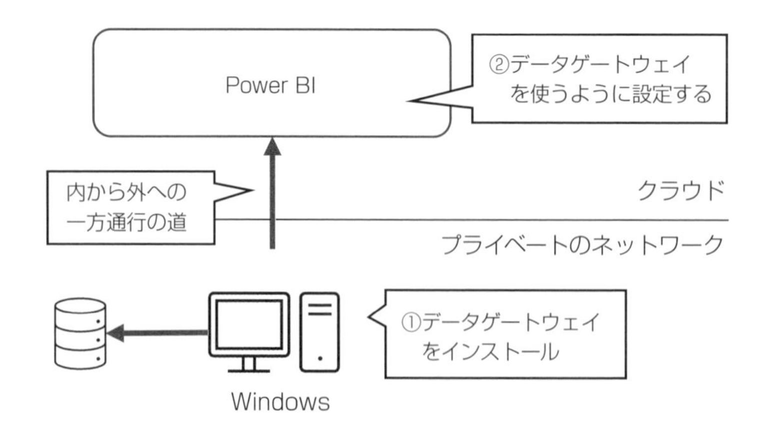

演習：データゲートウェイのダウンロードとインストール

それではデータゲートウェイのインストールと設定をします。

1 [Web画面]データゲートウェイのプログラムをダウンロードする

Power BIサービスのWebサイトにログインしたあと、右上付近の「ダウンロード」アイコンを開いて、「データゲートウェイ」をダウンロードします。

ダウンロードファイルは「標準モード」と「個人モード」の2つがあります。一般的には「標準モード」をダウンロードしてください。標準モードはサービス(Windowsの常駐プログラム)として起動し、バックグラウンドで動くため、ログインしていなくてもデータの自動更新が利用できます。

2 ダウンロードしたGatewayInstall.exeを実行する

ファイルを実行し、インストール場所の指定および同意のチェック付けをしたあと、インストールを開始します。

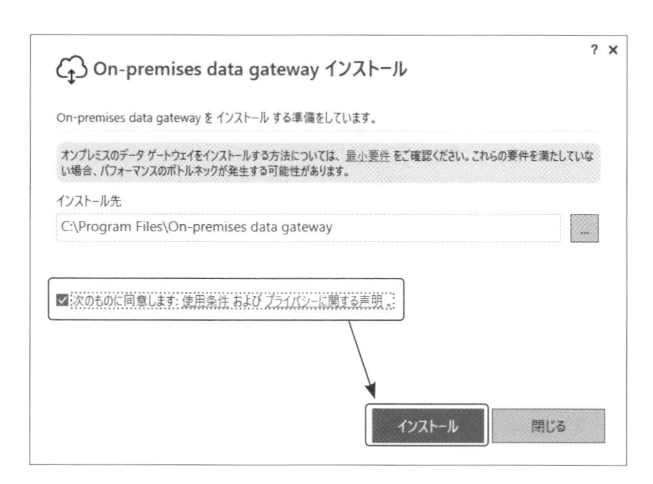

3　インストール許可とサインイン

デバイスの変更許可を求める画面が数回表示されるので、「OK」をクリックしてインストールを継続します。その後、サインイン画面が表示されるので、Power BIサービスのログインIDでサインインします。

4　ゲートウェイ登録の確認画面

「このコンピューターに新しいゲートウェイを登録します」を選択して「次へ」ボタンをクリックします。なお、もう1つの選択肢は、以前に設定したゲートウェイ設定を引き継ぎたいときに使います。

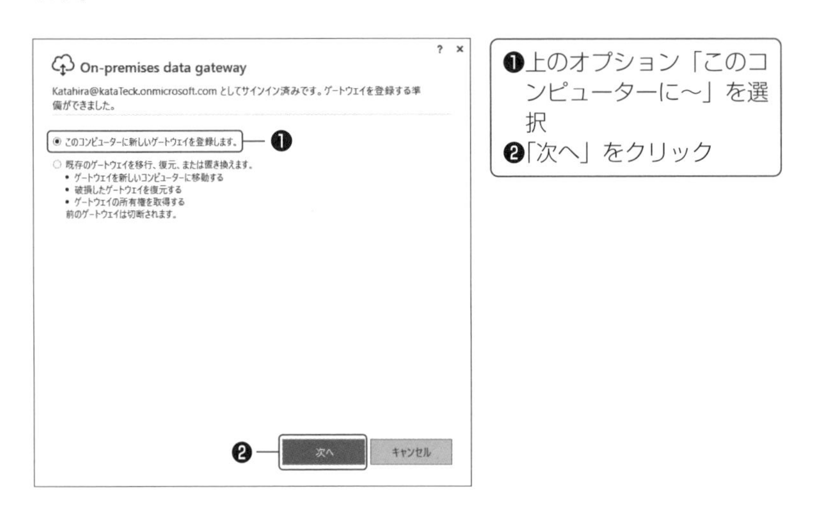

5　GateWayの名前を登録する

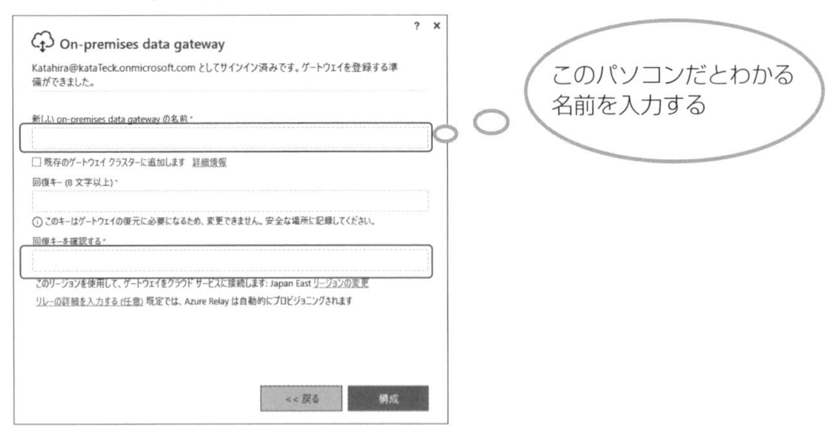

回復キーは、データゲートウェイを再インストールするときに使用します。回復キーを使って再インストールすると、Power BIサービス上での再設定が不要になります。

6 「パソコン」ゲートウェイを再起動する

この画面が表示されたらインストールは完了です。最後にサービスの再起動をしたら利用可能になります。

ワンポイント　アクセス履歴で知りたい情報を表示するにはどうするの？

アクセス履歴のレポートを開いたら、左上端のメニューの「ファイル」から「コピーの保存」を選んでください。コピーしたレポートは、Power BI Desktopのファイル形式でダウンロードできませんが、Web上では編集メニューから内容を変更することができます。この方法で、思いどおりのアクセス履歴レポートを作成してください。

演習：Web上で行うデータゲートウェイの設定

Web上のデータセットに対して、データゲートウェイを利用する設定を登録します。

1 ［Web画面］「Dataハブ」からデータセットの設定画面を開く

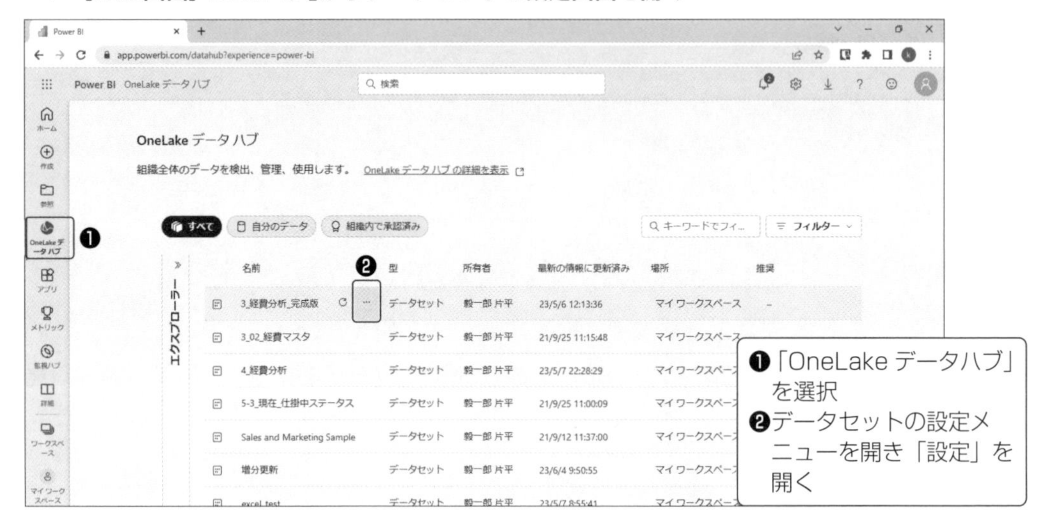

❶「OneLake データハブ」を選択
❷データセットの設定メニューを開き「設定」を開く

2 データゲートウェイの接続

データセットの設定画面で「ゲートウェイ接続」を開きます。「アクション」アイコンの横の「データソースの表示」をクリックします。接続先の一覧が表示されるので、「ゲートウェイに追加」をクリックします。

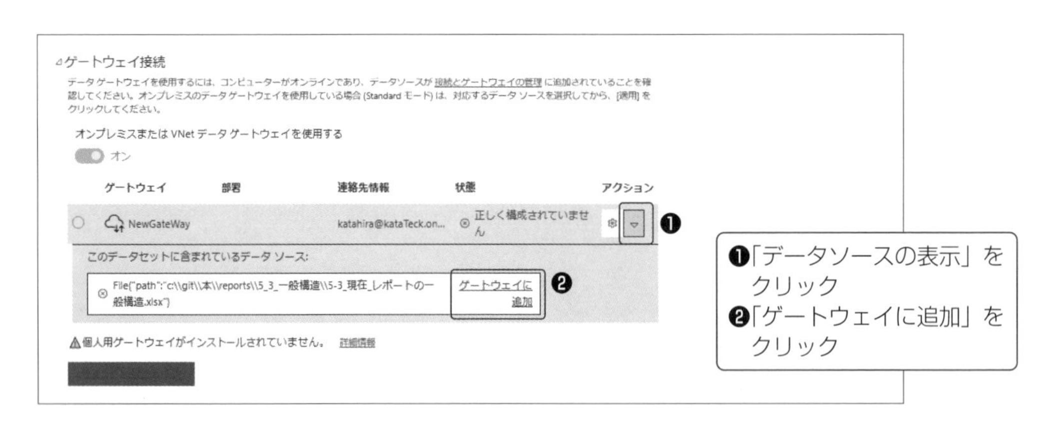

3 パソコンへのログイン情報を求められるので、入力して保存する

以上でデータゲートウェイの設定は終了です。データの更新を手動で実行して、正常終了することを確認してください。

4.3.3 SharePointをファイルの保存場所として活用する

ファイルの置き場所として最適なSharePoint

Power BIサービスからデータセットを更新する手段として、SharePointを紹介します。**SharePoint**はファイルや情報を共有するためのサービスで、Microsoft 365のアプリの1つです。Power BIサービスの導入企業はMicrosoft 365を導入している場合が多いので、紹介しておきます。

SharePointは、次の2つの理由により、Power BI用のファイルを置く場所としておすすめです。

- **Power BIサービスから直接アクセスできる**
- **ファイルを変更すると、Power BIのデータも自動で更新される**

このあと、SharePointについて次の3つの解説を進めていきます。

①SharePointのサイトにExcelファイルを保存する方法
②SharePoint上のExcelファイルをPower BIサービスに取り込む方法
③SharePoint上のExcelファイルをPower BI Desktopに取り込む方法

SharePointを使う理由と重要性について

Microsoft 365では、ExcelやTeams、Plannerなどの様々なサービスをオンライン上で提供しています。SharePointはそれらサービスの情報の保存場所として使われています。いわば、SharePointはMicrosoft 365のデータベース的な役割を果たしています。

ここでSharePointを扱う理由ですが、Microsoft 365からデータを取得しようと考えるとき、SharePointを押さえておくと、今後、役に立つ可能性が高いからです。

ワンポイント　ファイルをもっと簡単に保存できないの？

SharePointはWebブラウザで操作するため、ファイルの読み書きに不便を感じたことはないでしょうか？　実は、SharePointの共有の機能を使えば、自分のパソコンにファイルを置き、エクスプローラーで操作できるようになります。

演習：SharePointにExcelファイルを保存する

SharePointにファイルを保存する方法を演習します。

1　SharePointのサイトに移動する

2　目的のサイトを開く

SharePointのアプリに移動すると、サイト一覧が表示されます。その中から、ファイルを保存する目的のサイト（ここでは「経理」）を選択します。

3　ファイルの保存

Power BIのサイトに移動したら、ドキュメントを選択します。ファイル一覧のスペースにExcelファイルをドラッグ&ドロップして、Excelファイルを保存します。

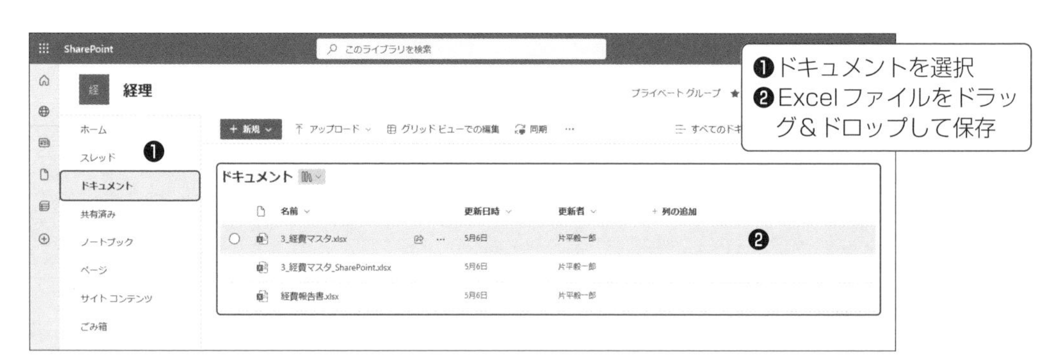

4.3.4　SharePointからのExcelファイルの取り込み

実はPower BIサービスは、Power BIのレポートのみでなく、Excelファイルも表示できます。Power BIのレポートは、動きのあるレポートの表現は得意ですが、細かい数字を出したり、独自のフォーマットの情報を表示するのは苦手です。そのようなときはExcelのレポートをPower BIサービスに登録するのがいいでしょう。Excelなので、自由度の高いレイアウトで数字を表現することができます。

Power BIサービスでのExcelレポートを参照できる箇所

取り込んだPower BIサービスは、次の2つの箇所から参照できます。

1　Power BIサービスにレポートの一覧として表示

Power BIサービスにExcelをアップロードすると、Power BIのレポートの一覧と一緒にExcelファイルが表示されます。

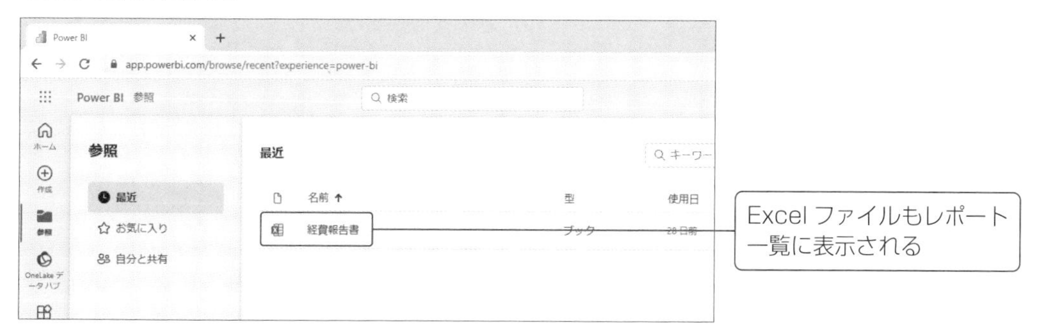

2　ダッシュボードのタイトルとしてExcelデータを表示

Power BIサービスにアップロードしたExcelファイルを開き、セルの範囲を選択すると、その範囲を切り取った形でダッシュボードに表示できます。

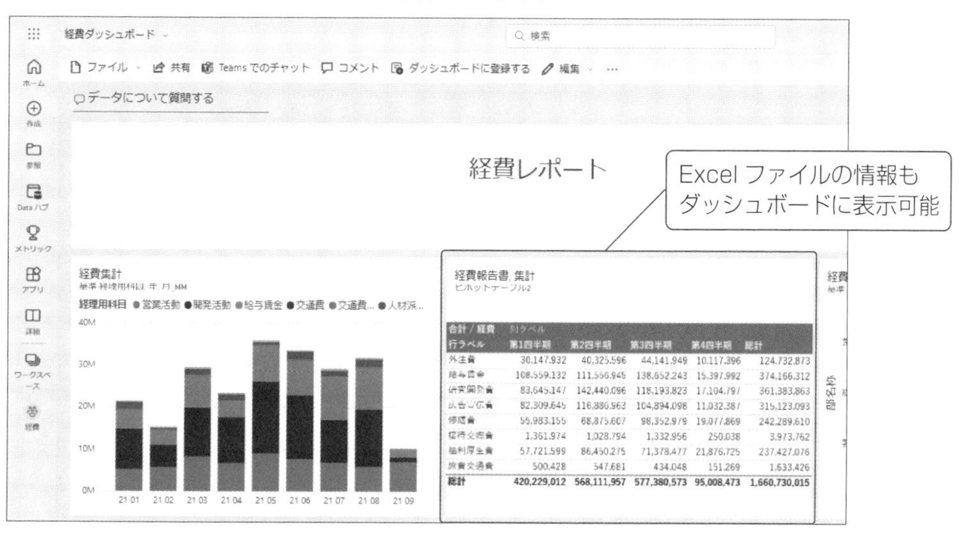

演習：SharePointのExcelファイルをPower BIに取り込む

SharePointのExcelファイルをPower BIに取り込む方法は2種類あります。

1つ目は、Excelファイルのレイアウトも含めてそのまま取り込む方法です。2つ目は、データベースのようにExcelファイル内のデータのみを取り出す方法です。

ここでは1つ目のExcelファイルをそのまま取り込む方法を演習します。

1　ワークスペースの選択

ワークスペースの一覧を表示し、対象のワークスペースを選択します。

2　SharePointのExcelファイルをアップロード

「アップロード」をクリックして、メニューから「SharePoint」を選択します。

以上で、SharePointからPower BIサービスへのExcelファイルのアップロードは完了です。SharePoint上でExcelファイルを更新すると、数分後にPower BIサービス上でもファイルが更新されます。

4.3.5 SharePointのExcelファイルをPower BI Desktopで取り込む

Power BI Desktopを使ってSharePointのExcelファイルを取り込む方法を解説します。SharePointを使うと、「ファイルを更新すればPower BIサービスのデータも自動更新される」というメリットがあります。SharePointのファイルを取り込むにはPower Queryの知識が必要なため、データインポートの設定に少し手間がかかります。しかし、長い目で見れば管理業務の手間が減るので、Excelデータを使うときはExcelファイルをSharePointに置いておくことを検討しましょう。

演習：SharePointのExcelファイルをPower BI Desktopに取り込む

1 ［Power BI Desktop］SharePointフォルダーの「データを取得」を実行する

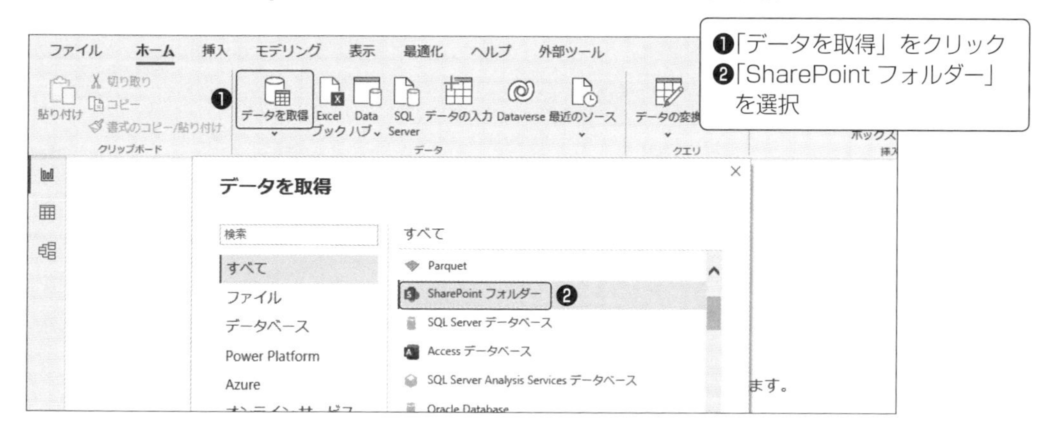

2 ［Power BI Desktop］SharePointのサイトのURLを記入

「サイトURL」には「https://**Microsoft 365のURL**/site/**チーム名**」を入力します。

わからない方は、SharePointで対象のサイトに移動したときのトップページのURLをお使いください。

SharePoint フォルダー

サイト URL

https://katateck.sharepoint.com/sites/FinanceSpace/

OK　キャンセル

3 ［Power BI Desktop］認証

画面が開いたら、Microsoftアカウントで認証してください。

4 ［Power BI Desktop］「データの変換」をクリックしてPower Queryエディターを開く

SharePointに保存されているファイルの一覧が表示されます。「読み込み」ボタンでなく、「データの変換」をクリックして、Power Queryエディターを開きます。

5 ［Power Queryエディター］ファイルの選択

ファイルの一覧が表示されるので、「Binary」をクリックして対象のExcelファイルを選択します。

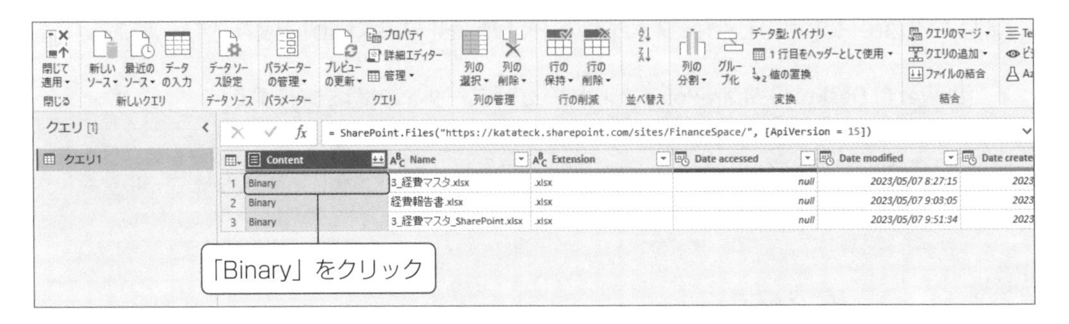

6 ［Power Queryエディター］取り込み対象のテーブルを選択

Excelファイル内に保存されているシートとテーブルの一覧が表示されます。取り込み対象の「Table」をクリックします。

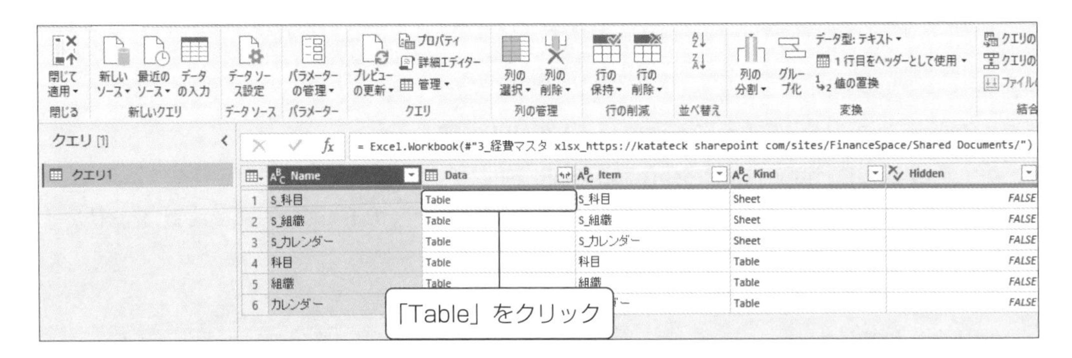

7 閉じて適用を押してPower Queryエディターに戻る

取り込み予定データが表示されるので、問題なければ、左上端の「閉じて適用」を押して、Power Queryエディターを閉じます。複数のテーブルを取り込みたい場合は、ここまでの手順を繰り返します。

4.3.6 スケジュールで処理を自動更新する

「スケジュール」を設定して自動更新する方法について解説します。更新頻度が低い場合は手動更新でも大丈夫ですが、毎日更新のように更新頻度が高くなると、スケジュール設定は欠かせません。

スケジュール設定

スケジュールの設定は、データセット⇒その他のオプションメニューの中にあるRefreshから設定できます。スケジュール設定をするには、事前にデータセットの設定をしておき、データ更新ができる状態にしておく必要があります。

スケジュール可能な自動更新の実行頻度

スケジュール可能な1日あたりの自動更新の回数は、契約形態と接続方法によって上限が決まっています。Power BI Proの場合は、1日あたり8回までです。スケジュール可能な自動更新の回数制限については、下の表を確認してください。

また、スケジュールされた自動更新は、指定時間に必ず実行することが保証されていません。Microsoft社のドキュメントには次の記載があります。

- **スケジュールで設定した時間から15分以内に更新を開始することを目標とする**
- **リソースが足りない場合、最大で1時間の遅延が発生する可能性がある**

そのため、余裕を持ったスケジュール設定を心がけてください。

▼スケジュール可能な自動更新の回数制限

接続方法	更新回数
インポート	スケジュール可能な回数の上限(1日あたり)： Power BI Pro：8回/日、Power BI Premium：48回/日
SharePoint/OneDrive	1時間おきに自動連携する
DirectQuery/ライブ接続	レポートを開くか、更新するタイミング

演習：自動更新のスケジュールを設定する

ここでは、経費分析のデータセットを自動更新するスケジュールを作成します。

1 ［Web画面］設定画面を開く

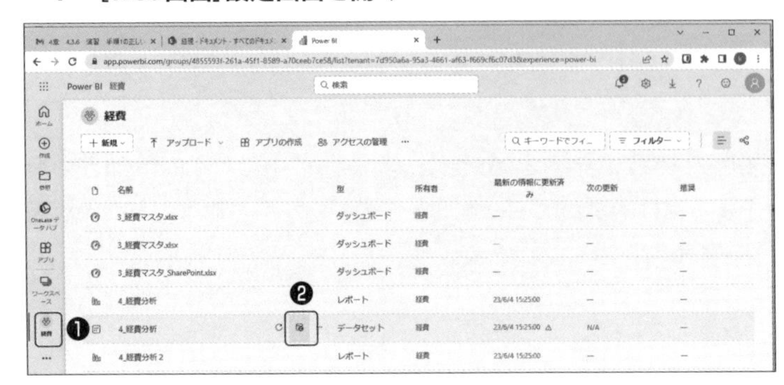

❶経費のワークスペースを選択する
❷更新対象のデータセットをマウスオーバーして、表示されたスケジュールアイコンをクリックする

2 ［Web画面］スケジュールを設定する

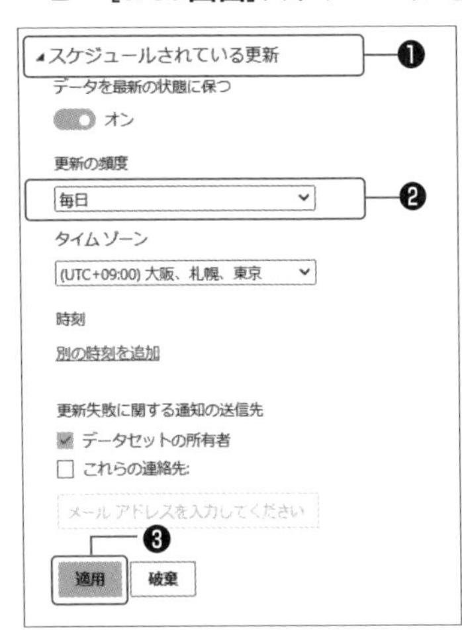

❶「スケジュールされている更新」を選択する
❷スケジュールを追加して設定する
❸「適用」をクリックする

3 スケジュールの実行履歴を確認する

スケジュールされた自動更新が行われたら、スケジュール設定画面の上部のリンクから更新履歴を確認してください。

4.3.7 レポート間で共有できるデータを、データフローで作成する

Power BIサービスには、データフローという機能があります。**データフロー**は「Power BI内にデータベースを作る」というイメージで捉えるのがいいでしょう。データフローは使わなくても支障のない機能ではあるものの、使うメリットがいくつかあります。ここでは、データフローのメリットについて説明します。

データフローを使うメリット

- **1つのデータが複数のレポートで使われても、1つの接続設定で対応できる**
- **更新スケジュールの統一により、エラーや更新のチェックを減らすことができる**
- **利用者はPower BI Desktopでデータフローから取り込む技術だけを覚えればいいので、技術的な負担を軽くできる**
- **データをデータフローで一元管理できるので、利用者がデータを探す手間を軽減できる**
- **「誰が何のデータを参照できるか」という権限管理をPower BIサービスで一元管理できる**

データフローを使ったときの処理の流れ

データフローを使ったとき、データの流れは次の図のようになります。データの流れは1ステップ増えてやや複雑になるものの、Power BI Desktopの利用者にとっては「参照先が1つになるので、レポートを作りやすくなる」ことがわかると思います。

▼データフローを使ったデータ設定の流れ

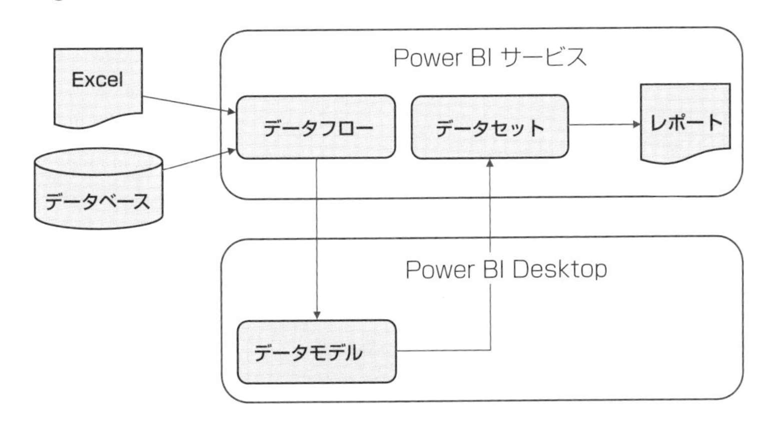

演習：データフローでデータを取り込む

ここでは、データフローの作成方法を演習します。

1　[Web画面]新規にデータフローを作成する

2　新しいテーブルの定義を選択

「新しいテーブルの追加」を選択します。その後、接続先のデータソースを選択するとPower Queryエディターが開くので、Power Queryでデータの取り込み定義を作成します。

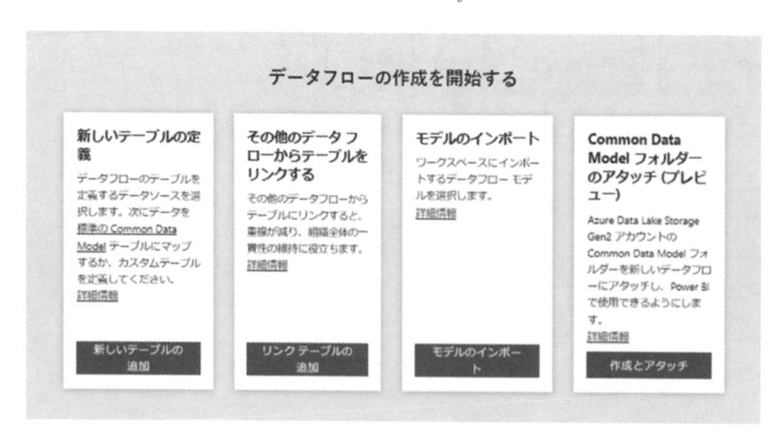

データフローの設定は以上です。Power BI Desktopでデータフローのテーブルを取り込む場合は、データソースの一覧から「データフロー」を選択してください。

4.3.8 アクセス権限の管理

ここでは、「誰がどのような情報を参照できるようにするか」という**アクセス権限**の設定をしていきます。設定するべき権限は次の3種類です。

1 ワークスペースにアクセスできる権限(ワークスペース権限)
ワークスペース全体に設定する権限です。

2 レポート単位で設定する権限(レポート権限)
個々のレポートごとに権限を設定します。
付与できる権限(リンク設定)は次の3つです。

リンク設定の種類	説明
組織内のユーザー	同じMicrosoft 365組織のユーザー全員がアクセスできるURLを生成します
既存のアクセス権を持つユーザー	レポートのURLが作られるのみ。いま、ワークスペースへのアクセス権限を持っている人しか参照できない
特定のユーザー	指定したユーザーがアクセスできるURLを生成する

3 レポート内の特定レコードのみにアクセスできる権限(レコード権限)
レコードレベルの権限です。「所属している課のデータのみ参照を許可する」といった使い方をします。

▼ワークスペースにアクセスできる権限

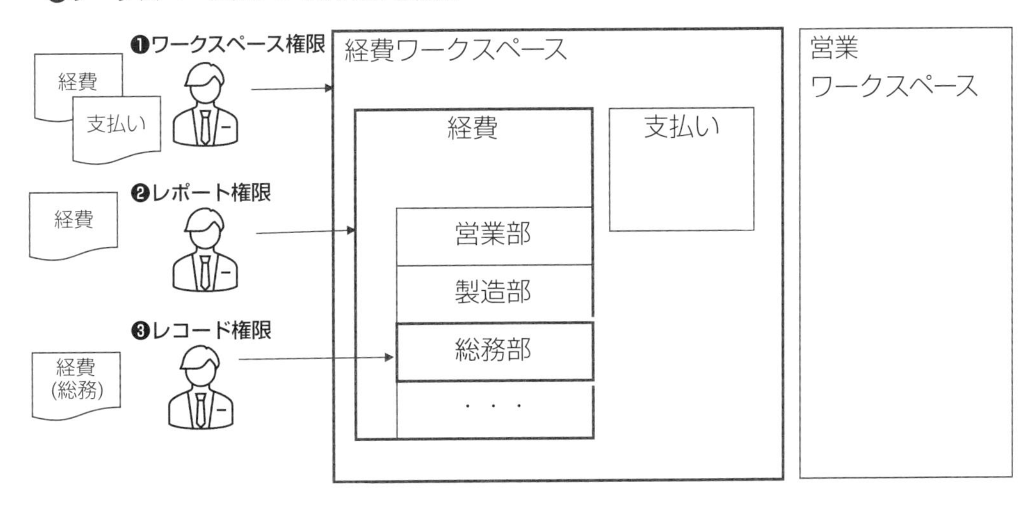

演習：ワークスペースのアクセス権限を付与する

ここでは、ワークスペース全体に対する権限を設定します。

1　[Web画面]「ワークスペース」から「アクセスの管理」を開く

アクセスの管理はワークスペース単位で管理するため、ワークスペースを開きます。

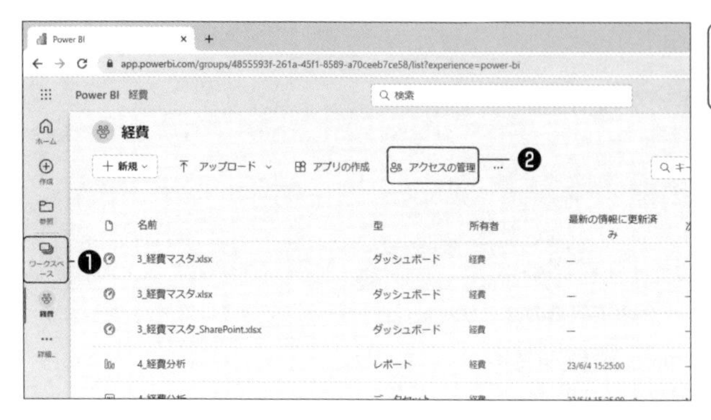

❶「ワークスペース」を選択
❷「アクセスの管理」を選択

2　[Web画面]アクセス権限を追加する

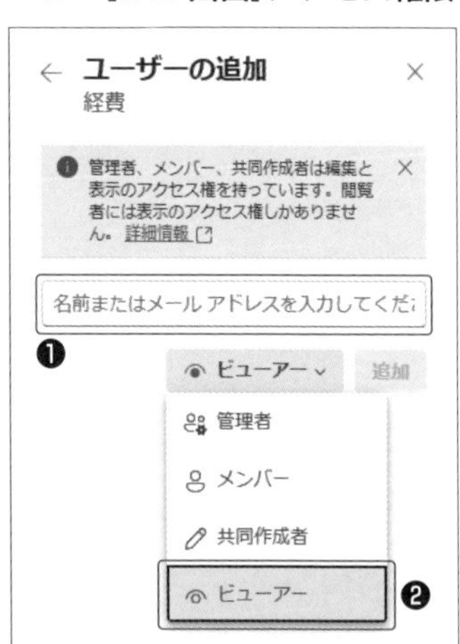

❶メールアドレスを追加する
❷権限の種類を選択する

権限の種類は次の4つから選択できます。

▼権限の種類

権限名	権限の内容
管理者	全権限
メンバー	レポート開発と参照とアクセス管理のユーザーの追加。
共同作成者	レポート開発と参照
ビューアー	参照のみ

演習：レポート単位でアクセスを付与

ここでは個々のレポートごとに、アクセスできるユーザーを設定します。

1　[Web画面] レポートの設定から「アクセス許可の管理」を開く

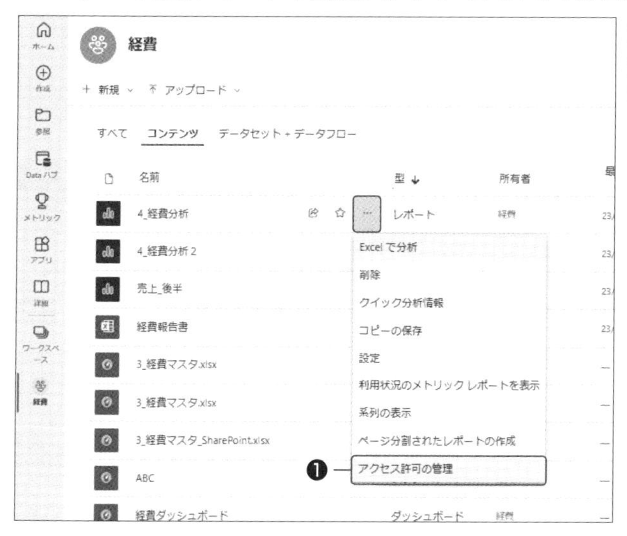

❶レポートの設定から「アクセス許可の管理」を開く

2　[Web画面] 特定のユーザーを選んでメールアドレスを入力する

❶「リンクの追加」をクリックする
❷「リンクの種類」から「特定のユーザー」を選択したあと適用する
❸メールアドレスを入力する
❹「送信ボタン」をクリックする

リンクの種類を「組織内のユーザー」にすると、同じMicrosoft 365組織のユーザー全員が参照できるので注意してください。

演習：特定データのみにアクセスできる権限を付与する

ここでは、「レポートの中の特定のデータのみにアクセスできる権限」の付与方法について演習します。例えば、レポートを参照したときに、所属部署が営業の人は営業のデータだけ見える、経理の人は経理のデータだけ見える、などとする設定です。

1 ［Power BI Desktop］ロール名およびそのロールが参照できるデータの条件を設定する

今回は「総務部のデータだけを表示する」条件を設定して、「総務部」というロール名をつけます。

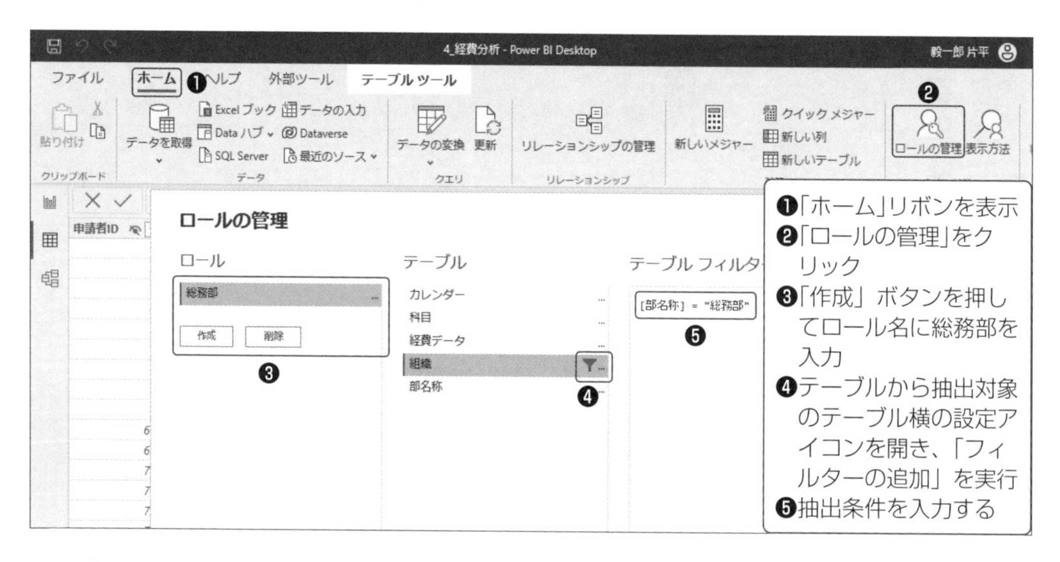

2 ［Power BI Desktop］動作を確認する

ロールの設定が想定どおりになっているかどうかテストします。「表示方法」で対象のロールを選択すると、そのロールで参照できるデータのみが表示されます。

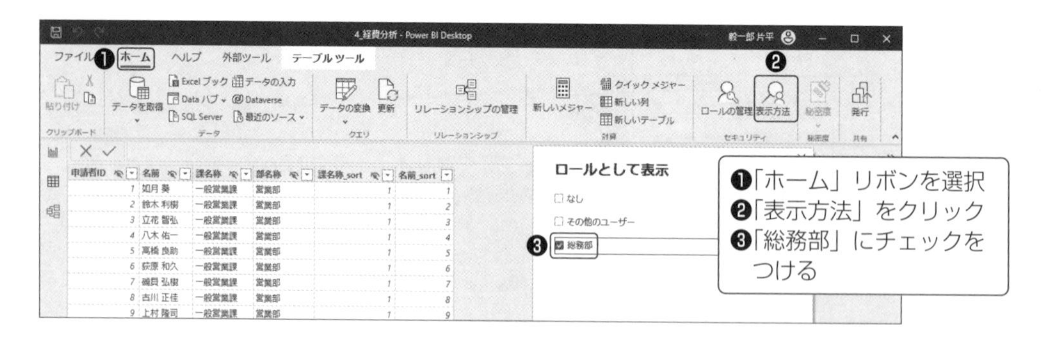

Power BI Desktop上の設定は以上です。「発行」ボタンを押してPower BIサービスのレポートを更新してください。

次に、Web上で設定作業を行います。Webでは、Power BI Desktopで作成したロールに対して権限を割り当てます。

3 ［Web画面］セキュリティ設定を開く

ワークスペースのデータセットを表示し、その他オプションからセキュリティを選択します。

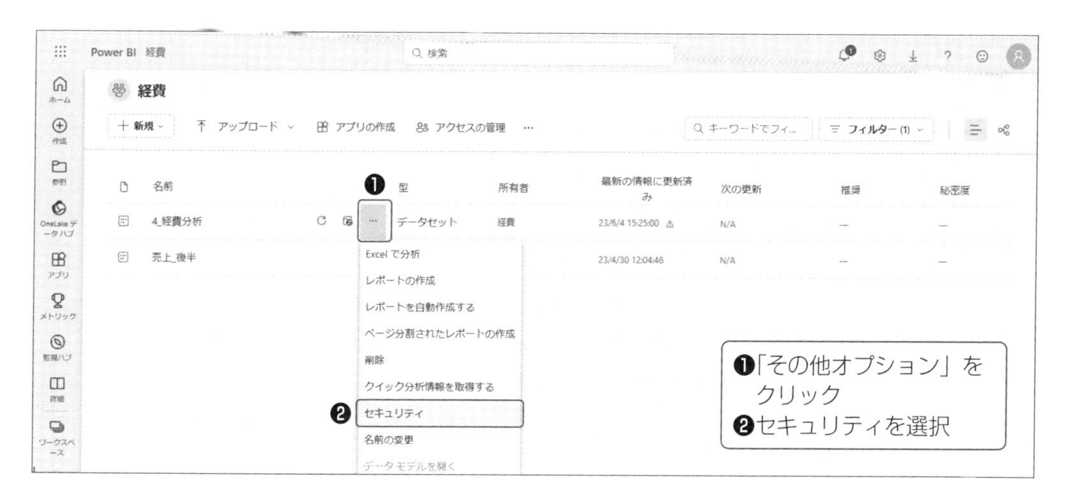

4 ［Web画面］ロールのメンバーを設定する

各ロールに対して、そのロールを持つユーザーを設定していきます。

以上でロールの設定は完了です。

ロールのメンバーには、個人だけでなくMicrosoftのグループも追加することができます。

グループを使うとメンテナンスを効率よく行えるので、グループで管理することも検討項目に入れましょう。

4.3.9 データの制限事項

データ容量の制限と利用サイズの確認方法

Power BI Proには、次の容量制限(GB：ギガバイト)があります。

- **ワークスペースごとに10GB**
- **セータセットごとに1GB**

この制限を超えて保存したい場合は、Power BI Premiumという上位のサービスをご利用ください。その場合の容量制限は100TB(TB：テラバイト)になります。

▼ワークスペースの使用サイズの確認方法

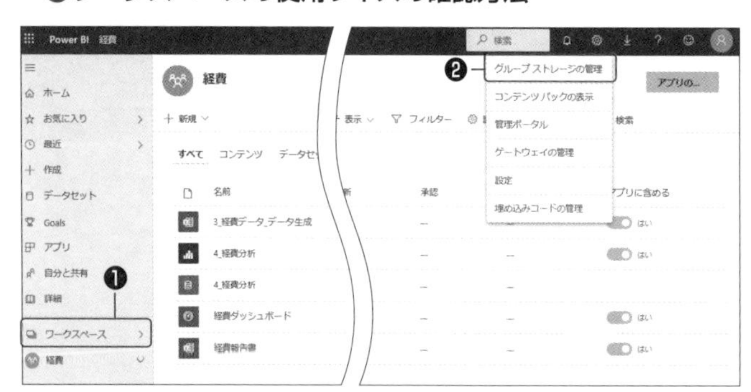

❶ワークスペースを選択する
❷設定から「グループストレージの管理」を選択する

4.3.10 データの自動取り込みのまとめ

本節ではデータの取り込み方法を3つ紹介しました。

- **クラウドのデータベースを利用する**
- **社内に接続できるように設定する(データゲートウェイ)**
- **SharePointにファイルを置く**

このうちデータゲートウェイの導入については、リスクも十分に考慮した上で判断してください。大規模の場合はクラウドのデータベース利用を第一候補として考え、中小規模の場合はデータフローでPower BI内にデータベースを構築することが候補になるでしょう。パソコン上でデータを更新し、その都度「発行」するという選択肢もあります。月次更新でデータを更新する前に検証が必要となる場合は、この方法がいいでしょう。これまで紹介してきた自動更新の方法を参考にして、目的に合った方法を選択してください。

権限設定では、ワークスペース単位、レポート単位、レコード単位でアクセス権限を設定する方法について学びました。この3つの組み合わせを、組織のニーズに合った管理体制を作るのにお役立てください。

4.4 その他の便利機能を紹介

4.4.1 メール送信

Power BIサービスからレポートを定期的にメールで送信することができます。スケジュールどおりの配信のほかに、「データの更新が完了したタイミング（1日1回）で送信する」設定もできます。以下、メール送信の設定手順を説明します。

メール送信の設定手順

ここでは、Web画面でメール送信の設定（受信登録）をします。最初にメール送信したいレポートをWebブラウザで開いてください。

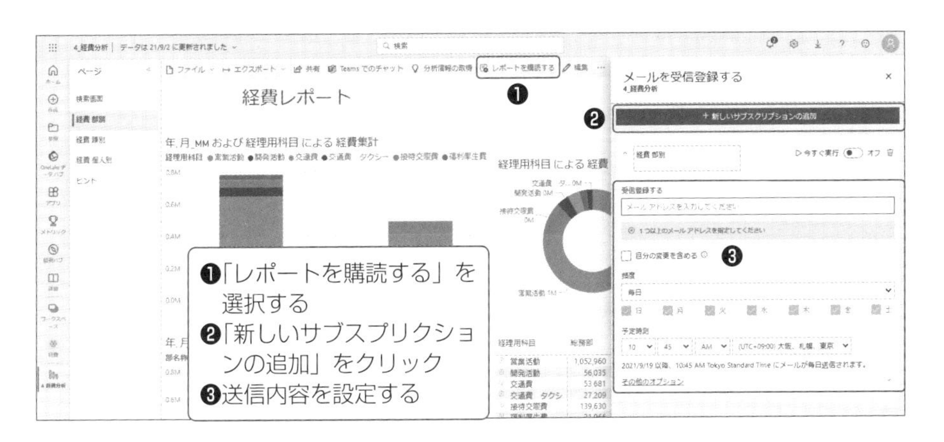

次のように、レポートが画像データとしてメールに添付され、配信されます。

▼受信メールのサンプル

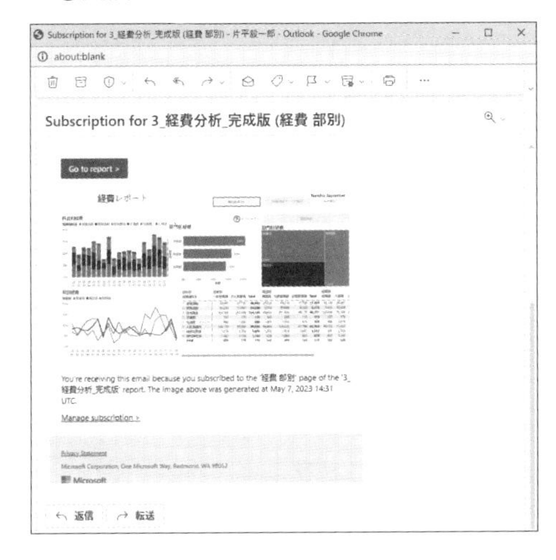

4.4.2 URLの発行

URLの発行手順

作成したレポートの参照用URLを発行できます。Power BIサービスは、様々なメニューが用意されていて便利ですが、初めての人や参照専門の人にとっては、機能が多すぎて逆にわかりにくくなっています。

単体のレポートのみを提供したい場合は、URLを使うのがいいでしょう。また、URLであれば、別のWebサイトにPower BIのレポートを埋め込むこともできます。

1 Web画面のレポートからURLのリンクを出力する

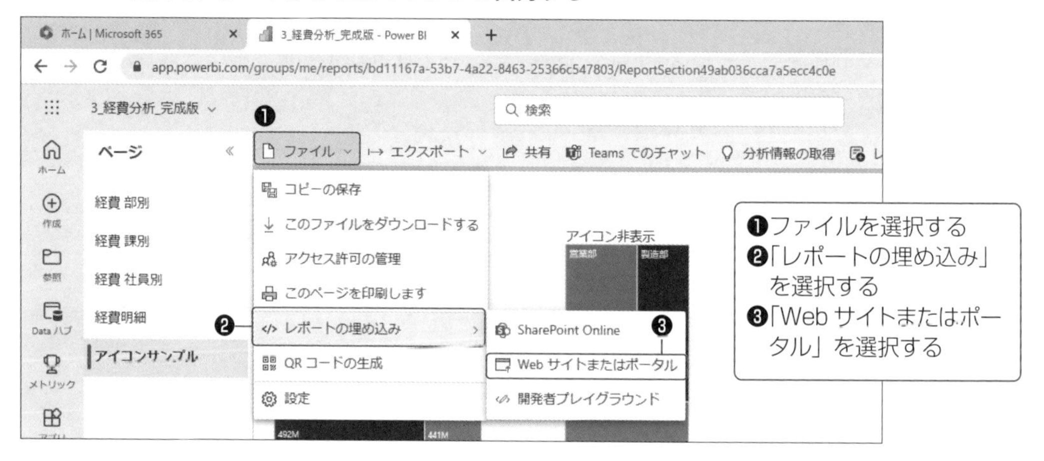

2 画面のURLをコピーしてほかのサイトで使う

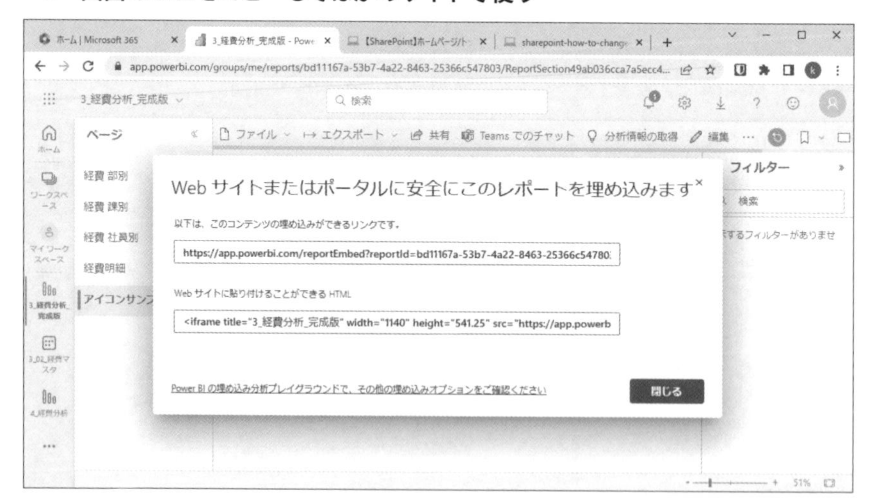

リンクの下に表示されている「Webサイトに貼り付けることができるHTML」とは、Power BIのレポートをWebのページに埋め込むためのコードです。HTMLのプログラムコードに追加して使います。

4.4.3 アクセス履歴の参照

レポートのアクセス履歴(利用状況)は自動で作成されます。利用者や利用状況の内容分析に、アクセス履歴を活用しましょう。

アクセス履歴の参照方法

ここでは「4_経費分析」レポートのアクセス履歴を参照します。

1 Web画面のレポートからアクセス履歴を参照する

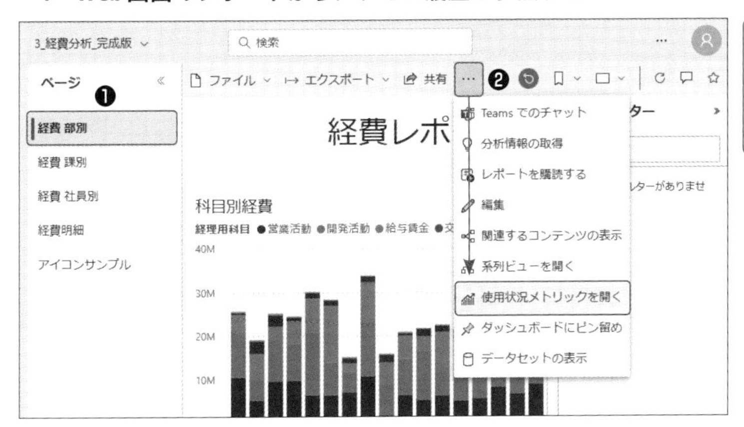

❶レポートを開く
❷設定から「使用状況メトリックを開く」を選択する

2 利用状況の確認

アクセス履歴のレポートを参照できます。画面上部の「新しい使用状況レポートをオンにする」をオンにすると、下図のようなより詳細なレポート画面に切り替えることができます。

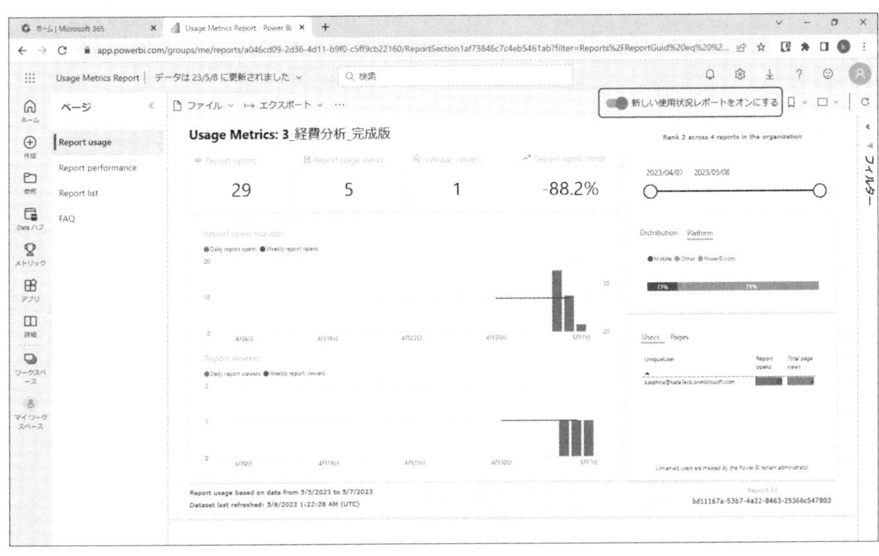

これでアクセス履歴のレポートを確認できます。

4.4.4 Power BIデータセットをExcelで利用する

ピボットテーブルを使う

Power BIのデータをExcelで取得することができます。Power BIはビジュアル表示に優れていますが、明細データの表示は得意ではありません。Power BIの活用が進むと、Power BIのレポート参照者から「詳細データをExcelで分析したい」という要望が多く出てきます。そんなときには、「Power BIのデータをExcelにダウンロードする」機能が役立ちます。

1　Excelでピボットテーブルを作成する

Excelの「データの取得」機能の中に、Power BIから取得する機能もあります。Power BIのデータセットに接続することで、データをピボットテーブル形式で取得することができます。

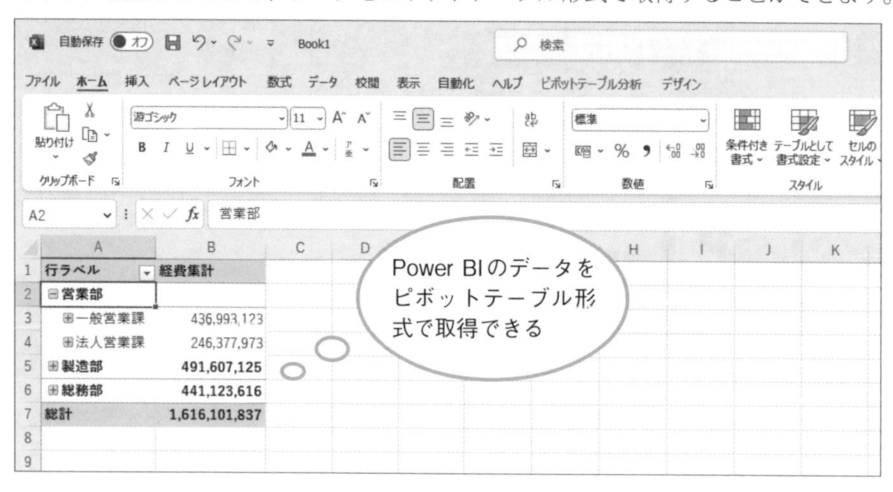

2　明細データの参照

Power BIのデータモデルから作成したピボットテーブルの数値をクリックすると、通常のピボットテーブルと同様に明細データを参照できます。また、右クリックから「更新」を押すだけで、データの更新ができます。

経費集計, 営業部 - 一般営業課 (最初の 1000 行) 用のデータが返されました。

3_経費データ[Source.Name]	3_経費データ[申請者名]	3_経費データ[科目カテゴリ]	3_経費データ[科目]
経費データ_2016.xlsx	八木 佑一	広告宣伝費	テレビ広告代
経費データ_2016.xlsx	立花 智弘	福利厚生費	会議費
経費データ_2016.xlsx	古川 正佳	修繕費	車両運搬具
経費データ_2016.xlsx	如月 葵	研究開発費	試作品
経費データ_2016.xlsx	荻原 和久	給与賃金	賞与
経費データ_2016.xlsx	八木 佑一	外注費	業務委託費
経費データ_2016.xlsx	如月 葵	研究開発費	試作品
経費データ_2016.xlsx	鈴木 利樹	接待交際費	宴会
経費データ_2016.xlsx	高橋 良助	研究開発費	試作品
経費データ_2016.xlsx	高橋 良助	外注費	人材派遣料
経費データ_2016.xlsx	古川 正佳	接待交際費	謝礼
経費データ_2016.xlsx	古川 正佳	福利厚生費	会議費

演習：ExcelでPower BIのデータを取得する

ここでは、Power BIのデータをExcelにダウンロードします。次の手順でPower BIに接続し、接続用のピボットテーブルを作成します。

1　ExcelからPower BIに接続する

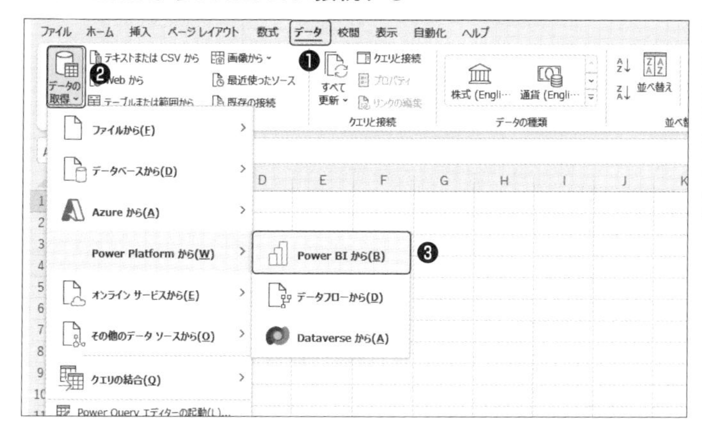

2　使用するデータセットからピボットテーブルを作成する

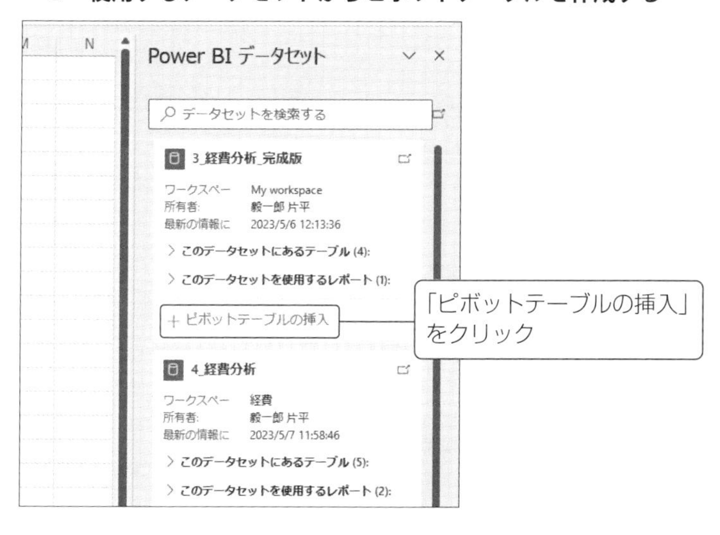

3　Excelのピボットテーブル機能でレポートを作成する

ここまで、ExcelでPower BIのデータを取得する方法を紹介しました。Excelで右クリックから「更新」を押すだけで素早く最新のデータを取得できるので、使っていて心地よいです。出力できるデータに癖があるので、本格的に使うには専用の設計を考える必要があります。ですが、手間をかける価値は十分にあると納得できるほどの快適な操作感を味わえるので、ぜひ一度試してみてください。

4.5 Power BIサービスのまとめ

Power BIサービスについて次の機能について紹介してきました。

- **Webブラウザやスマートフォン／タブレットのアプリでレポートを参照する方法**
- **データを自動更新する方法**
- **アクセス権限の設定方法**
- **メール送信やアラート送信の便利機能**

Power BIサービスの内容を見てきて、情報参照系の機能が充実しているという印象を持たれたのではないでしょうか。ダッシュボードを使うことで、複数のレポートのグラフを1つの画面にまとめることができました。また、スマートフォンとタブレットのアプリは参照目的のメニューに特化しており、シンプルで使いやすい作りになっていました。

これらの機能や特徴から、Power BIサービスは情報を参照して活用していく人に適したサービスだということがわかります。Power BIサービスは、無料のトライアル期間を利用して、使い勝手を確認することができます。Power BI Desktopで開発したレポートをPower BIサービスに登録するのはボタンひとつで可能ですので、本章を読んでPower BIサービスが気になった方は、実際に触って確かめてみることをおすすめします。

広く利用されているWebサイトの中にも、Power BIを導入するところが徐々に増えつつあります。国内の自治体など公的機関のサイトでも、Power BIを使って情報公開しているところがいくつかありました(下表)。レポートを作るときの参考にするといいでしょう。

▼Power BIで情報公開している公的機関のWebサイト

公的機関	URL
東京都(決算情報)	https://www.zaimu.metro.tokyo.lg.jp/zaisei/zaisei.html ※「東京都 決算情報 Power BI」で検索すると上位に表示される
さいたま市 (人口異動分析ツール)	https://www.city.saitama.jp/006/013/005/002/p075973.html ※「さいたま市の人口　Power BI」で検索すると上位に表示される

実務で使えるサンプル集

これまで2章と3章では、Power BIの機能の解説と演習をしてきました。
ですが、いざ「レポートを作ろう!!」と思い立ったとき、具体的にどんなレポートを作ればいいのかよくわからない……」という方も多いでしょう。
この章ではレポートのサンプルを2つ紹介します。それらで使われている代表的な分析手法やグラフの作成手法を解説し、さらにPower BIの強みを活かすレポート構成を考えたいと思います。構想のプロセスを見ることで、ご自身のレポート作りのヒントになれば幸いです。

5.1 在庫分析レポートの作成

5.1.1 ABC分析で在庫管理を行う

在庫分析をするときは、よくABC分析が使われています。**ABC分析**とは、管理対象項目を重要度の高い順に並べてABCのランクに分類し、ランクの高いものから重点的に管理する手法です。

次の2ステップの作業が必要となります。

①項目を重要度でランクづけする

②絞り込まれた重要項目の詳細レポートを作成する

Power BIでは、上述の①と②の作業が1つの画面上でできるため、効率よく分析できるというメリットがあります。ABC分析は、在庫分析に限らず広い分野で利用されているので、ここでABC分析の手法を学んでおきましょう。

パレート図についての説明

ABC分析では、よく**パレート図**を使います。パレート図は、折れ線グラフと棒グラフを組み合わせて表現します。

下図の例では、棒グラフを使って品目を「在庫金額」の大きいものから順に並べています。さらに、線グラフを使って「当該品目までの在庫金額累計が全品目の在庫総計の何％を占めるか」（累積構成比）を表します。

一般的に、上位の少数品目が在庫金額の大部分を占める次図のような構成になります。このような分布状況を確認した上で、A、B、Cの各ランクの品目を定義して、重要度に見合った管理をしていきます。

▼ABC分析のパレート図

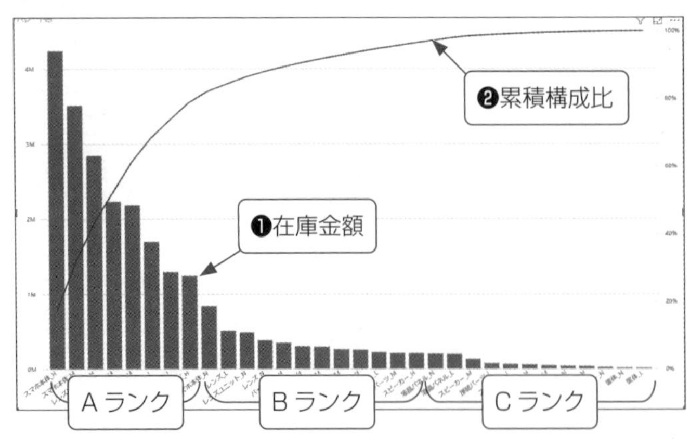

▼管理レベルの例

Aランク	発注頻度は月4回。安全在庫数は目視確認する
Bランク	発注頻度は月2回
Cランク	安全在庫数を切ったら定量発注する

演習1：折れ線グラフに使う累積構成比の値をDAX式で作成する

この演習では、折れ線グラフに使う累積構成比の値を作成します。累積構成比はDAX式で直接作成します。作成するDAX式は少々複雑なので、1ステップずつ説明していきます。

「品目コード」と「在庫金額」の列を持つ「在庫」テーブルを例に、計算を進めていきます。

1 在庫金額が多い順に品目コードのランキングを作成する

RANKXはランキングを返す関数です。品目コードに対して、在庫金額の多い順に番号を付与しています。

```
_RANK = RANKX(ALL('在庫'[品目コード]), SUMX(RELATEDTABLE('在庫'), [在庫金額]))
```

2 累積在庫金額を計算する

品目コードのランキングを1行ずつ確認し、手順の1で求めた現在のランキングより低い場合に上位ランキングの在庫金額を合計していきます。

```
_RUN  = CALCULATE(SUM('在庫'[在庫金額]), FILTER(ALLSELECTED('在庫'[品目コード]),
RANKX(ALL('在庫'[品目コード]), SUMX(RELATEDTABLE('在庫'), [在庫金額])) <=_RANK))
```

3 在庫金額総計を計算する

比率を出すために、全体の在庫金額の合計を計算します。

```
_TOTAL = SUMX(ALL('在庫'), [在庫金額])
```

4 累積構成比を計算する

累積在庫金額と在庫金額総計が手順の2と3で求められたので、比率を計算します。

```
_RUN / TOTAL ,(累積在庫金額 / 在庫金額総計)
```

以上の計算を1つの式にまとめると、次のDAX式となります。

```
累積構成比 =VAR _RANK = RANKX(ALL('在庫'[品目コード]), SUMX(RELATEDTABLE('在庫'), [在
庫金額]))
VAR _TOTAL = SUMX(ALL('在庫'), [在庫金額])
VAR _RUN = CALCULATE(SUM('在庫'[在庫金額]), FILTER(ALLSELECTED('在庫'[品目コード]),
RANKX(ALL('在庫'[品目コード]), SUMX(RELATEDTABLE('在庫'), [在庫金額])) <= _RANK))
RETURN _RUN/_TOTAL
```

演習2：パレート図を作成する

演習1で作成した「累積構成比」の値を使い、パレート図を作成していきます。

1 「折れ線グラフおよび積み上げ縦棒グラフ」を作成する

「品目コードで在庫金額を集計した棒グラフ」および「品目コードの累積構成比の線グラフ」を作成します。

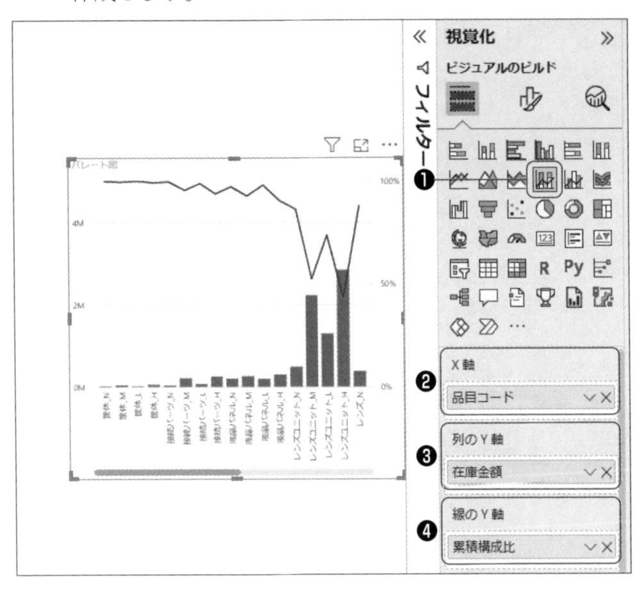

❶ビジュアルを選択
❷X 軸に「品目コード」をセット
❸棒グラフ用に「在庫金額」をセット
❹折れ線グラフ用に「累積構成比」をセット

2 品目グラフの並び順を変更する

在庫金額順に品目コードが並ぶように、軸の並べ替えの基準を変更します。

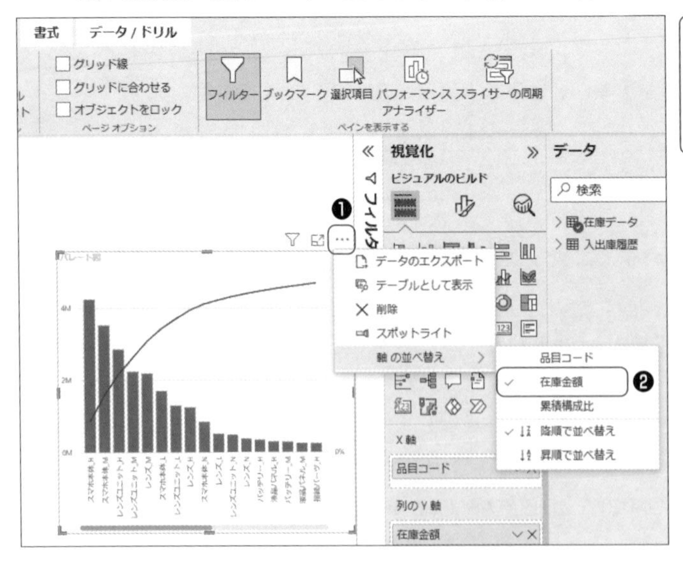

❶「その他オプション」を選択
❷「軸の並べ替え」から「在庫金額」を選択

演習3：簡易的なパレート図を作成する

DAX式で「累積構成比」を作成するのはかなり大変な作業でした。ここではDAX式を使わないで対応できる、ウォーターフォール図を使った方法を紹介します。ウォーターフォール図は、前の項目に増減を積み上げて表すビジュアルです。

1　ウォーターフォール図を作成する

在庫金額を使用したウォーターフォール図を作成したあと、在庫金額順に並べ替えます。この図が、累積構成比を表示した線グラフの代わりとなります。

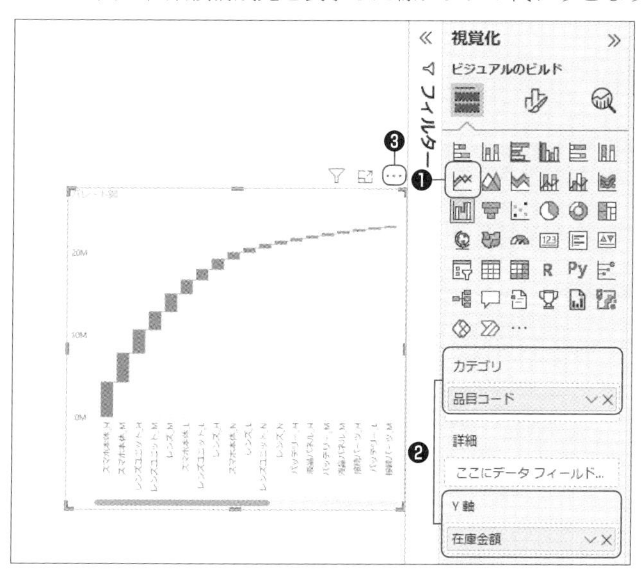

❶「ウォーターフォール図」を選択
❷カテゴリに「品目コード」、Y軸に「在庫金額」をセット
❸「その他のオプション」の「軸の並べ替え」から在庫金額順に並べ替える

2　書式からY軸の表示をオフにして、背景をオフにします

パレート図に必要な棒グラフを追加する準備をします。ウォーターフォール図には棒グラフを追加できないので、棒グラフを重ね合わせることで対応します。まず、重ねて表示できるように背景をオフにします。またY軸の数値単位は2つのビジュアルで異なるので、Y軸の表示はオフにします。重ね合わせ方の詳細は「2.3.6 ビジュアルを組み合わせてみよう」を参照してください。

3　2をコピー＆ペーストで複製、元のグラフの「グラフの種類」を「縦棒グラフ」に変更する

実際に在庫金額順に並べた縦棒グラフを作成します。重ね合わせたときに、きれいに重なるように新規に作成するのではなく、ウォーターフォール図をコピー＆ペーストで作成します。ビジュアルの設定変更はグラフの種類を「縦棒グラフ」に変更するだけで大丈夫です。

4　2のウォーターフォール図と3の棒グラフを重ね合わせる

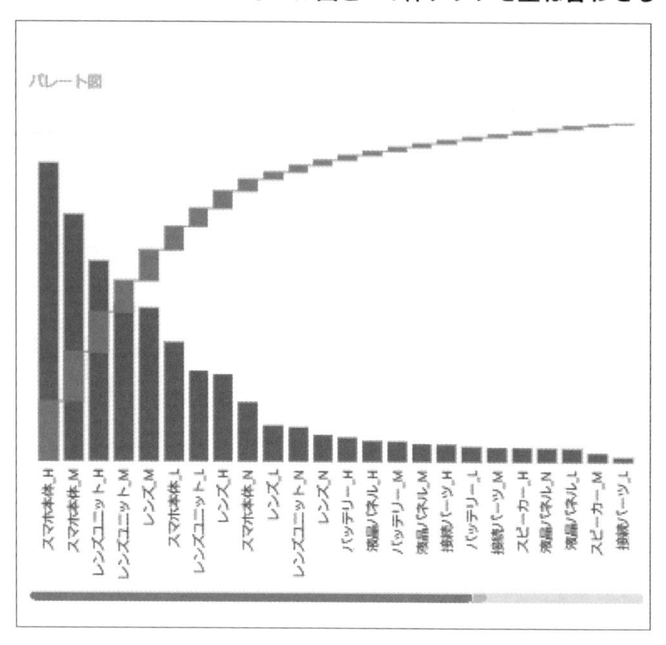

グラフを重ね合わせるのがポイントです。以上で、簡易的なパレート図が完成しました。

ワンポイント　ウォーターフォール図はどのようなときに使うの？

　ウォーターフォール図は、損益計算書のグラフとしてよく使われます。損益計算書では、売上から原価を引いて、次に販売管理費を引く、といった形で前の数字に対して増減を追加します。棒グラフでも似たようなグラフを作成できますが、マイナス値は表現できません。マイナス値があるグラフを描きたいときにウォーターフォール図が役に立ちます。

5.1.2 ABC分析はツリーマップでも可能？

前項でパレート図を作成しましたが、Power BIでは同じような意味を持つグラフが使えます。それはツリーマップです。ツリーマップとパレート図は異なるグラフに見えますが、「対象品目の重要度を表すグラフ」という意味では同じです。

パレート図では、品目ごとの在庫金額とその累積構成比がわかります。ツリーマップでも、品目ごとの在庫金額と、累積ではないものの品目の構成比がわかります。

2つのグラフの大きな違いは、パレート図が数値を正確に比較しやすいのに対し、ツリーマップは直感的なグラフだということです。

ツリーマップについて

Power BIではツリーマップがよく利用されます。その理由は、クリックできる範囲が広いため、ドリルダウンや相互作用の機能との相性がよいためです。気になった重要品目を次々とクリックすることで、容易に詳細分析ができます。パレート図は静的表現に優れている、ツリーマップは動的表現に優れている、と位置づけるとよいでしょう。

▼パレート図(上)とツリーマップ(下)の特徴

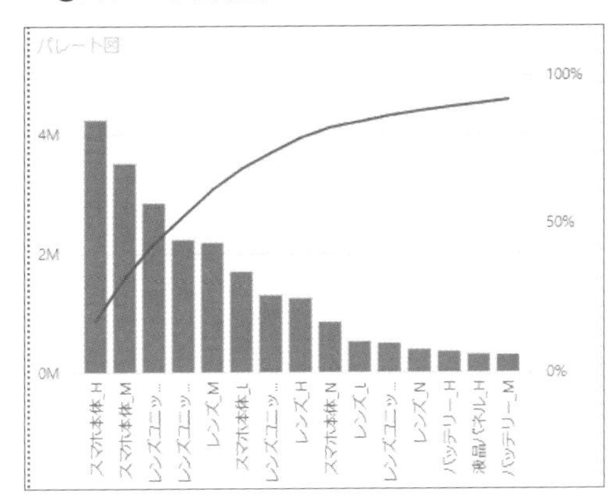

在庫金額：棒グラフの高さで表現
構成比率：累積構成比を線の高さで表現
メリット：グラフが見やすい。累積構成比がわかりやすい

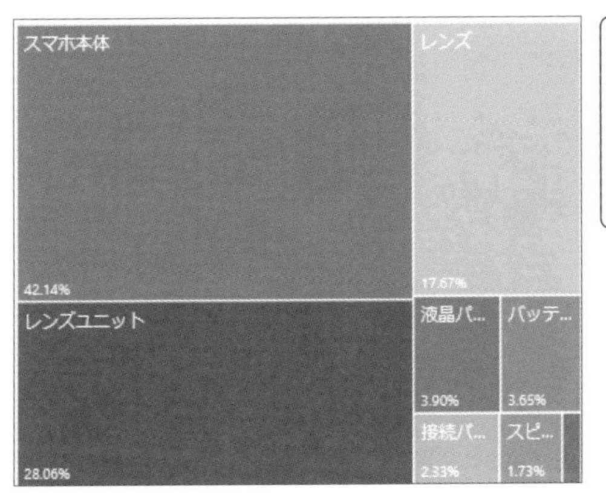

在庫金額：面積で表現
構成比率：品目ごとの構成比を面積で表現
メリット：品目をクリックしやすい。ドリルダウンが簡単➡品目の切り替えがしやすい

演習：ツリーマップを作成する

ここでは、ツリーマップを作成する演習をします。ABC分析ということで、構成比をデータラベルで出力するように設定してみます。

1 ツリーマップの作成

在庫金額の構成比を出すため、値の計算方法を変えているのがポイントです。

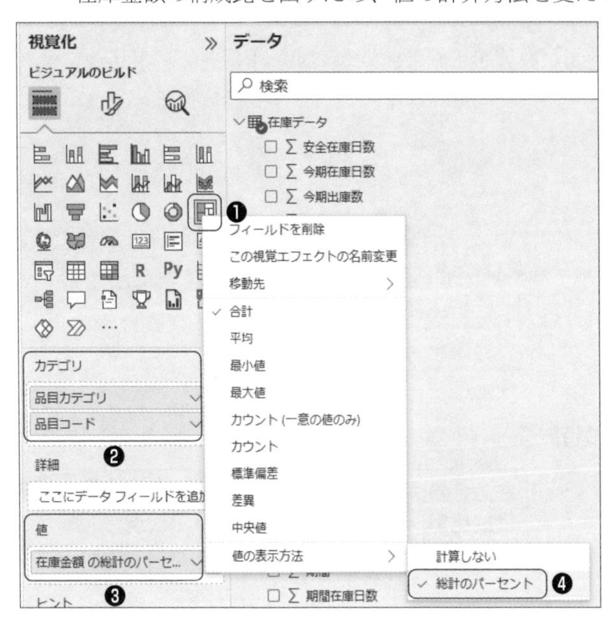

❶「ツリーマップ」を選択
❷カテゴリに「品目カテゴリ」と「品目コード」を設定
❸値に「在庫金額」を設定
❹値をクリックし、「値の表示方法」を「総計のパーセント」に変更

2 構成比を出力

「データラベル」をオンにして構成比を出力します。

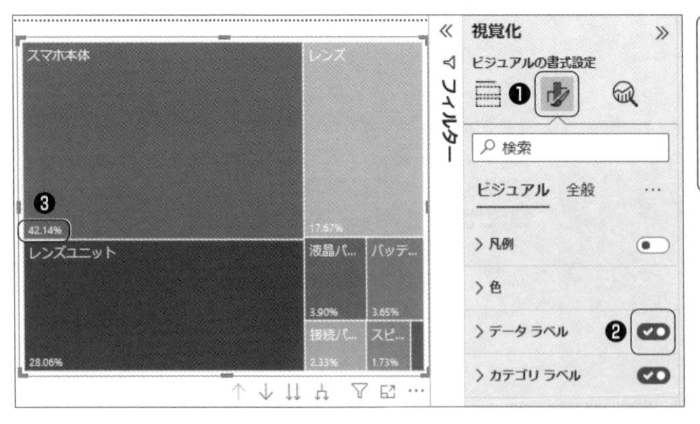

❶書式を選択
❷「データラベル」をオンに変更
❸構成比が表示されていることを確認

5.2 需要予測レポートの作成

5.2.1 需要予測におけるPower BIの役割

データ分析の威力が大いに期待されている応用分野の1つに、需要予測があります。「来年の売上はどれくらいになりそうか？」といった分析のことです。この節では、需要予測に役立つ機能について解説・演習します。

Power BIの効果的な使い道を理解するために、ここではまず、需要予測のプロセスを確認しましょう。需要予測では、次のようなプロセスを経て徐々に精度を高めていきます。

1　相関パラメータを探す

需要に関係するパラメータを探します。現場での勘や論理的な考察をもとにして、導き出したパラメータを使用します。近年はAIの発達により、総あたりで候補を見つける手法も多く使われます。

2　データを集める

データを集めることが、分析において一番大切であり、大変な部分でもあります。

3　分析する、参照する

グラフや回帰分析・機械学習の手法で分析します。Power BIは、この作業にとても役立ちます。

次の図は、需要予測をするときの作業量のイメージです。三角形の各部分の面積が、かかる時間の多さを表しています。最初の「相関のパラメータを探す」から「データを集める」までのプロセスに、多くの時間がかかります。

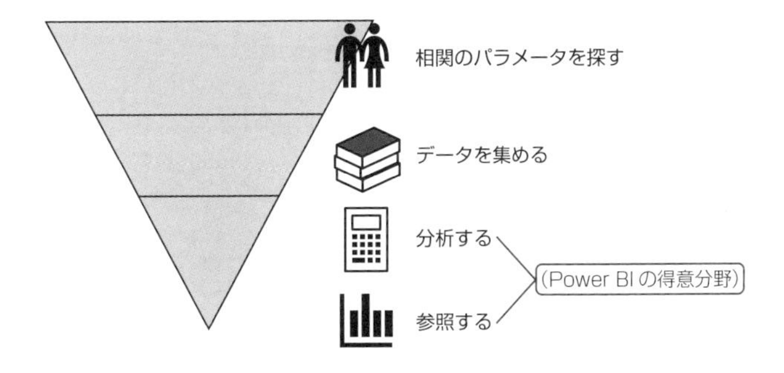

Power BIで需要予測のデータ分析をする——というと、「Power BIを使えば新しい発見ができるんだね！」と誤解されがちですが、Power BIは「分析されたデータをわかりやすく表現する」ためのツールです。「数十個もある需要に関係する要因から、影響の大きな数個の要因をPower BIのレポートで表現する」といった使い方になります。

5.2.2 売上予測についての演習内容

次項から、2つのレポートページを作成しながら、折れ線グラフと散布図について演習していきます。

1　折れ線グラフを自由自在に使いこなせるようにする

折れ線グラフを使いこなすことが、予測の第一歩です。折れ線グラフの使い方によって、予測の精度が大きく変わってきます。予測がしやすくなる折れ線グラフの作り方ついて演習していきます。

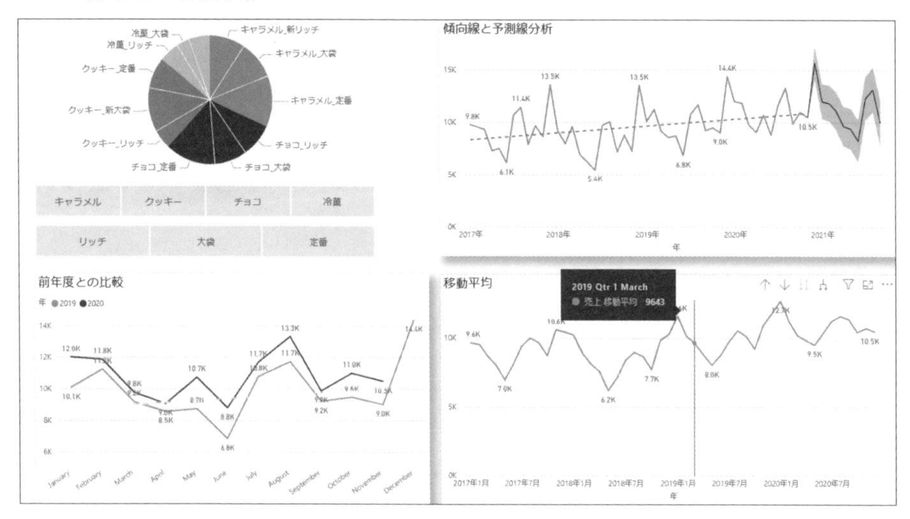

2　散布図の機能を学ぶ

散布図によって相関関係を視覚化します。さらに、傾向を表す数値(指標)を使うことで、2つの項目の間に関係性があるかどうかを客観的に判断することができます。品目ごとに相関関係を調べられるページを、演習で作成します。

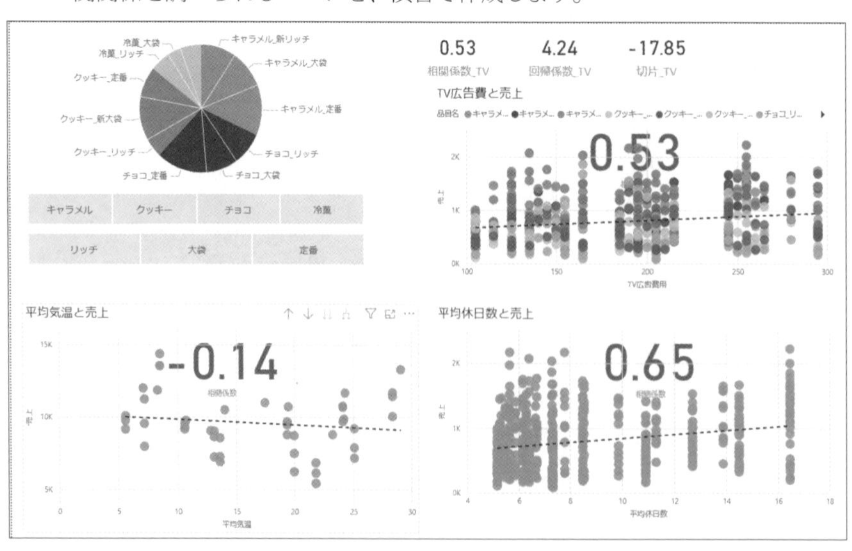

5.2.3 前年との比較で分析

折れ線グラフをどのように作るかによって、予測がしやすくなったり難しくなったりします。予測をしやすくする方法の1つとして、「季節変動を考慮して複数の折れ線グラフを引く」方法があります。

販売関連のデータの多くは、季節変動の波を持っています。例えば、衣類のコートの売上を考えてみると、夏の売上が小さい一方、冬の売上は大きくなります。この場合、年ごとに折れ線グラフを引けば、夏同士や冬同士で比べられるので、予測しやすくなります。

それではまず、翌月にあたる12月の売上予測をしてみてください。

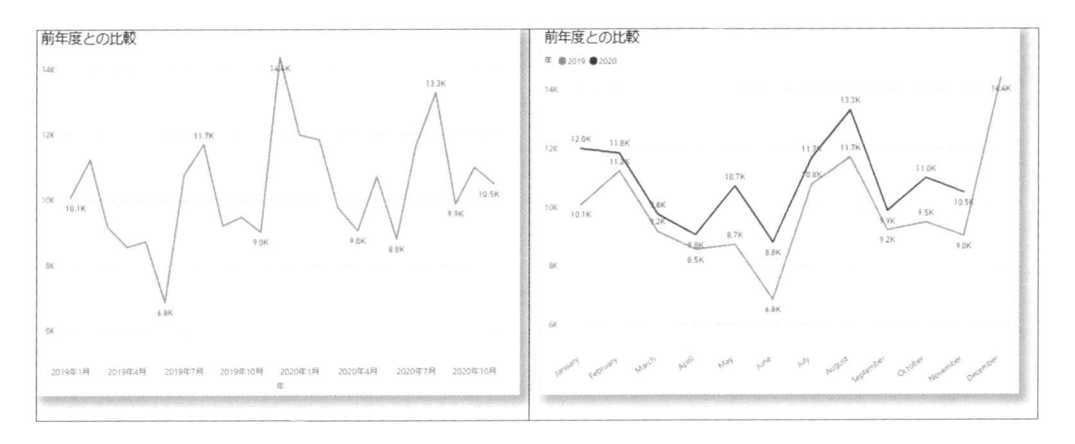

右のグラフの方が、予測がしやすくなったのではないでしょうか。このように、季節変動のあるデータは変動周期の単位で線を分けると見やすくなります。季節変動は、いくつかある変動要因の中でも把握しやすく、需要予測で最もよく利用される分析パターンの1つです。製品によっては影響が少ないものもありますが、影響が大きいものでは積極的に取り入れていく必要があります。このような、季節変動を考慮した折れ線グラフを、このあとの演習で作成していきます。

ワンポイント AIと予測の関係

この節で予測に使う回帰分析などの知識は、機械学習（AI）の基礎教養となっています。AIでは文字や画像をいったん数値に変換して、その数値を予測しているのです。分析手法は異なりますが、実は「数値予測」という考え方は同じなのです。

演習：年で比較するグラフを作成する

折れ線グラフを作成します。今回の演習のポイントは、「凡例の設定をうまく使って、年ごとの折れ線グラフを引く」ことです。

1　年ごとの折れ線グラフを作成する

視覚化ウィンドウで「折れ線グラフ」を選択したあと、「X軸」に「月」、「凡例」に「年」を設定します。

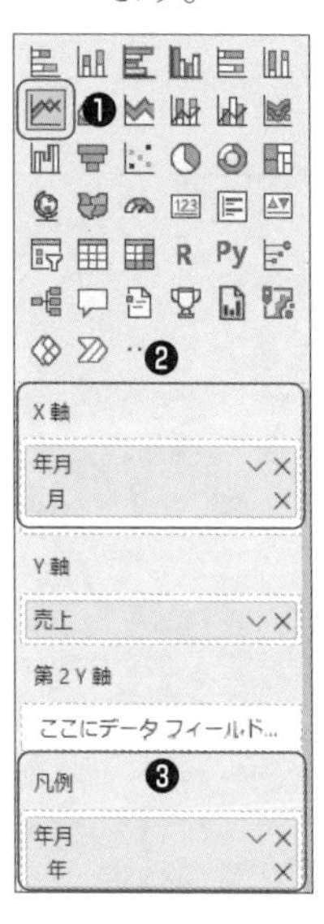

❶「折れ線グラフ」を選択
❷「X軸」に「月」を設定。X軸は1月から12月の表示となる
❸「凡例」に「年」を設定。年ごとに線が引かれる

2　結果の確認

折れ線グラフが年単位で引かれていることを確認してください。

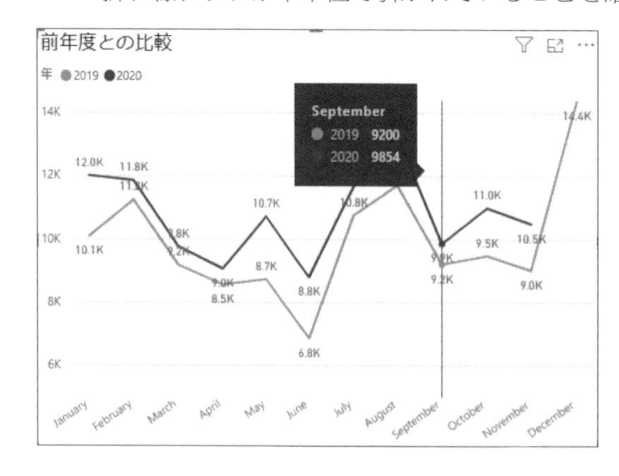

5.2.4 移動平均線を使った分析

移動平均線の効果

売上の変動が大きかったり、1件あたりの受注額が大きい業態は、季節変動によらなくても変動の波が邪魔をして、売上の傾向がわかりにくくなることがあります。そこで便利なのが、一定期間でならした移動平均です。

移動平均とは、各月の値として「その月を含む一定期間の平均値」を使用する方法です。季節変動を含む様々な変動を抑える効果があります。

移動平均はクイックメジャーでお手軽に設定できるので、作成してみましょう。

次の図では、点線の線グラフが売上、実線が3カ月の移動平均です。移動平均を使うとグラフがなめらかになって、傾向がつかみやすくなるのがわかります。

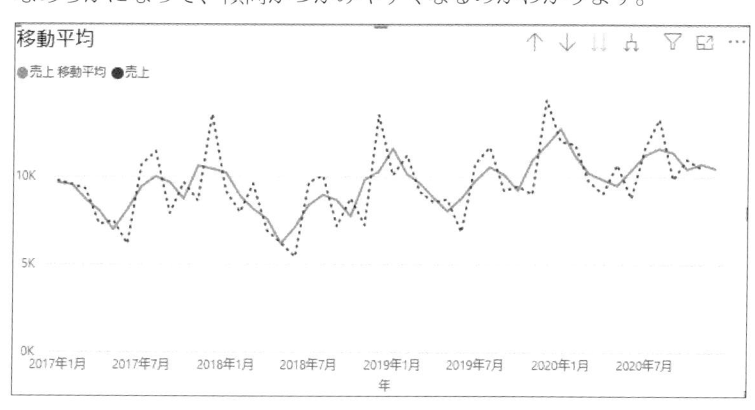

●移動平均をとる期間

移動平均をとる期間は、季節変動のサイクルが望ましいです。平日と休日で変動する場合は週、「四半期末にノルマ達成のため売上が増える」といったときは3カ月です。ただし、期間を長くとると「直前の変化が平準化されて、異変に気づきにくくなる」というデメリットがあるので注意しましょう。

▼3カ月(点線)と12カ月(実線)の移動平均

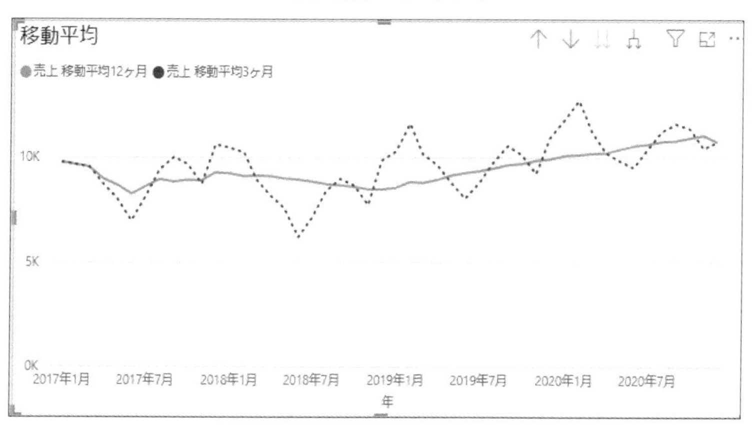

5

演習：移動平均を利用した線グラフを作成する

移動平均は、クイックメジャーで作成することができます。作成したメジャーを線グラフに値として設定し、移動平均の線グラフを作成します。

1　移動平均のメジャーを作成する

移動平均に使う列の「売上推移」の「売上」を右クリックして「新しいクイックメジャー」を作成します。

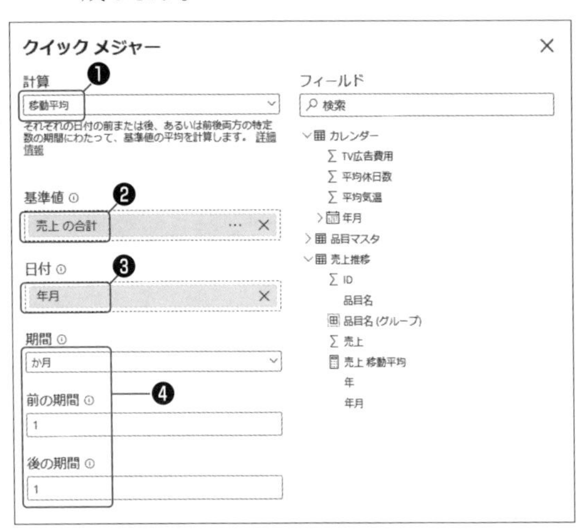

❶**計算**：「移動平均」
❷**基準値**：「売上 の合計」
❸**日付**：「年月」
❹**期間**：「か月」
前の期間、後の期間：共に「1」
※前後の月を含めて 3 カ月間の平均がとられる

2　折れ線グラフを作成する

「折れ線グラフ」を選択したあと、作成した移動平均のメジャーと、移動平均に使った元の列を「Y軸」にセットします。

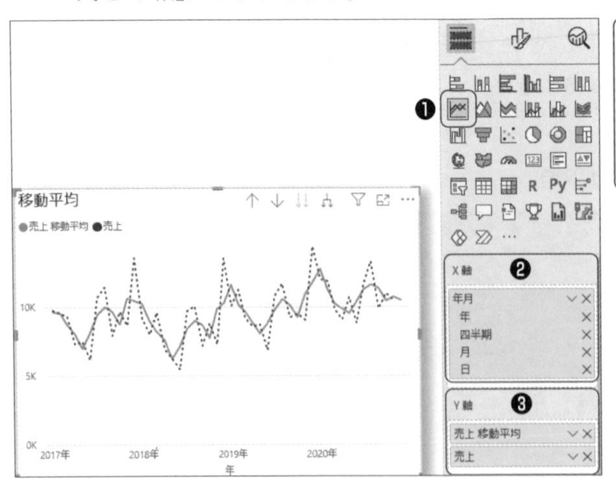

❶「折れ線グラフ」を選択
❷「X 軸」に日付列をセット
❸「Y 軸」に移動平均のメジャーと移動平均に使用した列をセット

図中のなだらかな線が移動平均です。比較してみると、移動平均のほうが傾向をつかみやすいことがわかります。

5.2.5 傾向線と予測線の追加

Power BIでは、傾向と予測の線を引くことができます。傾向線と予測線は、統計学に基づいた計算をもとに引いた折れ線グラフのことです。ここでは、それぞれの意味と特徴について確認していきましょう。

傾向線の特徴

傾向線は、データの傾向を直線で示したものです。傾向線は統計学の単回帰分析で、データの各値との差の2乗の和が一番小さくなる形で引かれた直線です。

Power BIでは、傾向線を簡単に追加できますが、傾向線をそのまま信じると誤った予測をしてしまうことがあります。次の2点に注意してください。

1点目は異常値です。データの中に極端に大きな値や小さな値があると、それにつられて予測が大きく変化してしまいます。分析するときは異常値がないかどうかチェックし、異常値がある場合は取り除いてください。

2点目は、傾向線はあくまで「過去の推移をもとに引いた直線」にすぎないということです。傾向は直線で表せないこともあり、傾向が特定の時期を境に突然変わることもあります。

予測線の特徴

予測線は将来の予測を表示したもので、統計学的には回帰分析結果に季節変動係数を付け加えた分析です。実線が予測値、その上下のグレーの部分が予測の信頼区間です。信頼区間は、例えば「97.5%の確率で収まる範囲」を表示しています。予測線の注意点も傾向線と同様です。異常値がないか、設定期間が適切か、などに注意しつつ利用しましょう。

▼予測線と傾向線を追加した折れ線グラフ

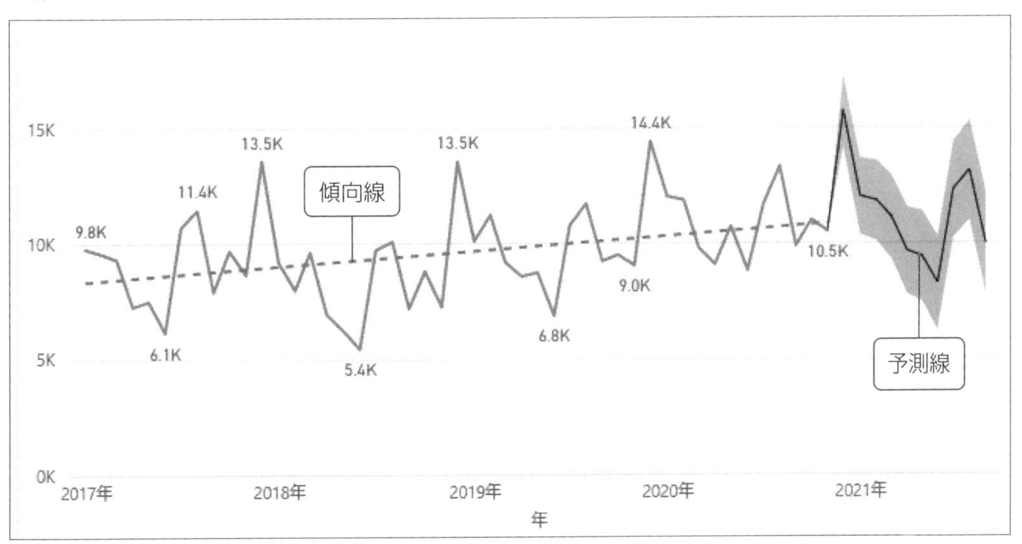

演習：線グラフを作成し、傾向線と予測線を追加する

傾向線と予測線を追加した折れ線グラフを作成します。

1　折れ線グラフを作成する

ビジュアルから折れ線グラフを選択して、ベースとなる折れ線グラフを作成します。

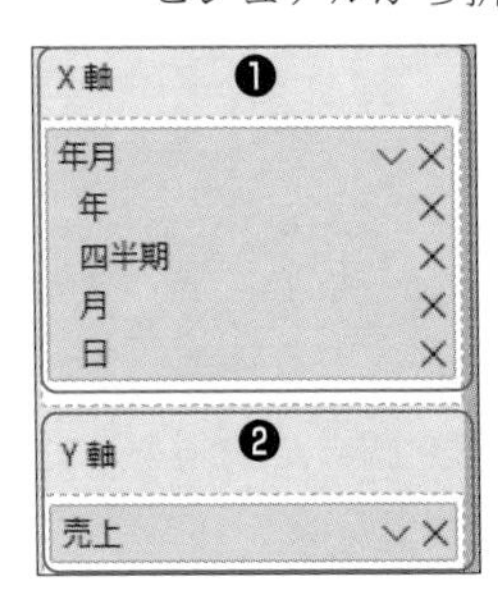

❶「X軸」に日付の列を設定
❷「Y軸」に分析対象とする値を設定

2　傾向線の作成

「分析」のタブを開いて、「傾向線」にチェックを入れます。

❶「分析」タブを選択
❷「傾向線」にチェックを入れる

3　予測線の作成

「予測の長さ」の指定と「信頼区間」の設定をします。「分析」タブの中にある「予測」で設定します。「信頼区間」は、統計学的には95%以上を設定することが多いです。

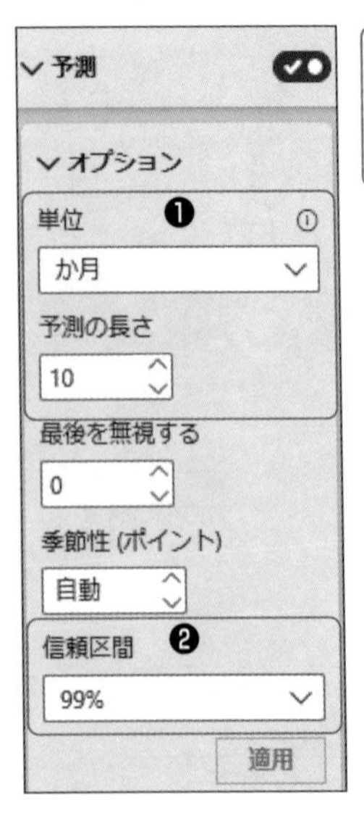

❶「予測の長さ」を指定
❷グラフの中、グレーで範囲表示される「信頼区間」を設定

5.2.6 散布図の演習

ここでは散布図について紹介します。**散布図**は、2つのデータの関係性を表現するグラフです。例えば、販売数量と単価の関係を散布図で表すことで、「販売数量と単価の間に関係性はあるか？」、「単価を100円下げたら販売数量が何個増えるか？」といった情報を視覚化します。

散布図とは

散布図とは、X軸とY軸に別の量をとり、データの当てはまる位置に点を打って作成されるグラフです。それらの点の分布により、X軸とY軸の2つの量の間に相関関係があるかどうかがわかります。それでは、散布図を見るときにどのような点に着目して判断すればよいのでしょうか？ポイントは2つあります。

1　変数間の相関関係の確認

散布図は、2つの変数の関係性を可視化するために使われるグラフです。そのため、変数間の相関関係を確認することが重要です。

散布図の点が左下から右上に向かって傾斜するように分布している場合、「正の相関がある」と判断できます。一方、右下から左上に向かって傾斜するように点が分布している場合は、「負の相関がある」と判断できます。また、そういった傾向があまり見られず、点が散らばっている場合には、「相関が弱い」あるいは「相関がない」と判断できます。

2　外れ値の確認

散布図を使うと、変数間の分布の傾向だけではなく、外れ値も確認することができます。

外れ値は、他の観測値から大きく外れた値であり、データの分析結果に影響を与える可能性があるため、通常は取り除きます。しかし、外れ値はときに貴重なデータである場合があります。その理由は、新しい傾向を発見できる可能性があるためです。

商品別に単価と販売数量を比較したとき、特定の商品だけ販売数量が傾向から外れていた場合、その商品はほかにない魅力や特徴を持っている可能性があります。そのため、外れ値がある場合は、機械的に取り除くのではなく、その理由を考えるといいでしょう。

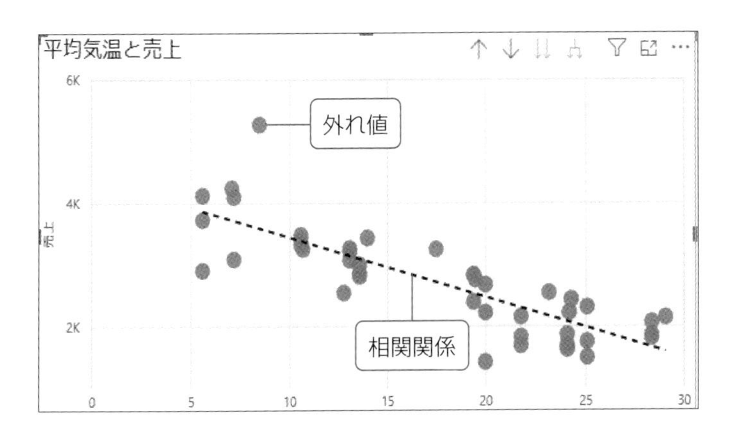

演習：散布図を作成する

ここでは、平均気温と売上の相関関係を表す散布図を作成します。日付単位で点を作成します。

1　散布図を作成する

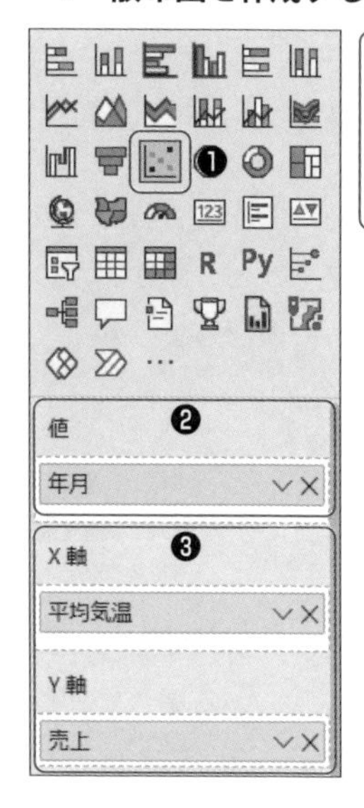

❶ビジュアルから散布図を選択
❷「値」に日付をセットする
❸「X 軸」と「Y 軸」に「平均気温」と「売上」をセットする（単体の値でなく集計値を用いる）

2　グラフの確認・分析用に円グラフを追加する

散布図の作成ができました。品目カテゴリの円グラフを追加すると、品目カテゴリごとに相関関係の違いが確認できるようになります。ぜひ、追加して試してみましょう。

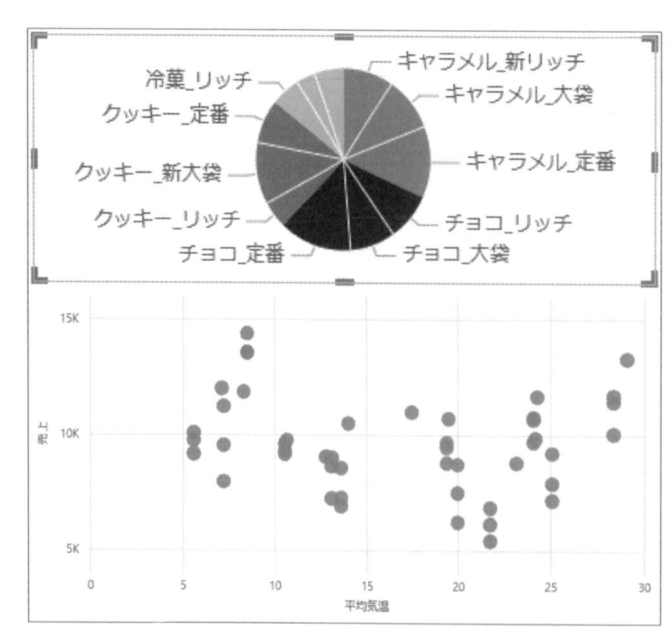

5.2.7 散布図の指標

このレポートでは、相関関係を確認するために散布図を使用しています。しかし、散布図を見れば「なんとなく関係がありそうだ」とはわかっても、分布の様子だけで客観的に判定するのは難しいものです。そこで、散布図の状況を数値で表現していきましょう。

●相関係数

「傾向線がどれくらい信頼できるのか」を示した数値です。相関係数が−1や1に近いほど、相関関係が強く、信頼できる傾向線だといえます。

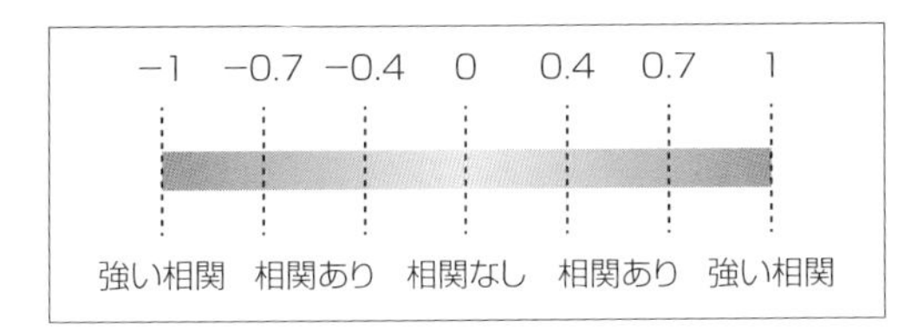

●回帰係数

回帰係数は傾向線の傾きです。「X軸の値が1増えると、Y軸の値がいくつ増えるか」を示しています。

●切片

切片は、X軸が0のときのY軸の値です。

次の図は、平均気温(単位：℃)と売上(単位：万円)の関係を表しています。ここでは相関係数が0.78となっているので、平均気温と売上の間に関係性があるといえます。切片は83.80なので、「気温が0度のときの売上は83.80万円」だと予測できることになります。回帰係数は26.67なので、「気温が1度上がるたびに、26.67万円ほど売上が伸びる」という予測になります。

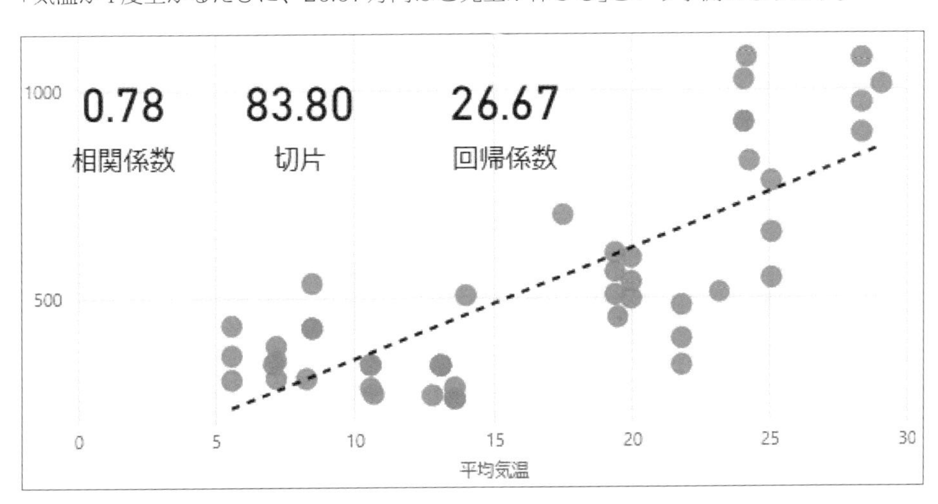

演習：TV広告費と売上の指標を作成する

前回の演習で作成した散布図に、回帰直線を引いてみます。また、相関係数を出力して、回帰直線の信頼度を確認します。

1　相関直線を引く

散布図のビジュアルをクリックして、「分析」タブから「傾向線」にチェックを入れることで、回帰直線を引くことができます。

❶「分析」タブを選択
❷「傾向線」にチェックを入れる

2　相関係数の作成

相関係数は、クイックメジャーから作成できます。作成したらカードに表示して、結果を確認しましょう。

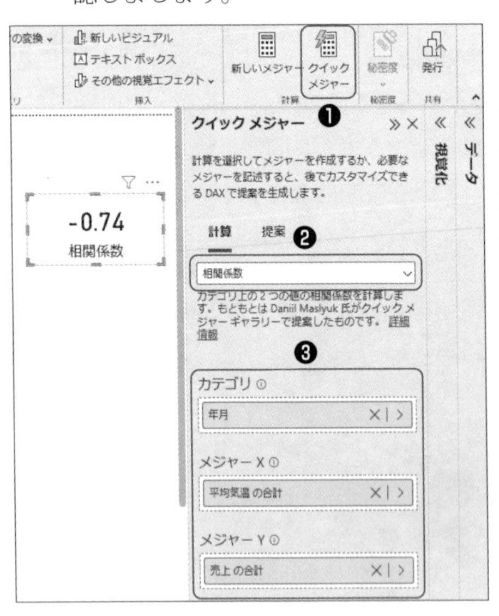

❶「クイックメジャー」を選択
❷「相関係数」を選択
❸「カテゴリ」「メジャー X」「メジャー Y」には、散布図にセットしたのと同じパラメータをセットする

以上で散布図の作成は完了です。2つの列の関係性をビジュアルで表示して、関係性の確からしさを数字で確認できることを学びました。

5.3 レポートの論理的な設計・作成手法

この節では、レポートの論理的な設計手法について解説します。レポートは、芸術作品のように感性にまかせて作成すると思っておられないでしょうか？　芸術である絵画や楽曲の制作においても論理パターンが研究され、試行されてきたように、レポートの設計・作成にも論理パターンが存在します。そのパターンを学ぶことで、どなたでも一定水準以上のレポートを作成できるようになるのです。

5.3.1　論理的にPower BIレポートを作成する

一般的に、レポートは利用者の要望に基づいて作りますが、作成するにあたって次のような問題が生じます。

- **ユーザーの意見をもとに作るため、正解というものがなく、作成に時間がかかる**
- **要望に基づいて作るので、似たようなレポートが多くなり、レポートの情報に偏りが出る**

こういった問題に対処するため、論理的なパターンを使ってレポートを作成します。ユーザーの意見を聞く場合でも、ゼロから確認するのではなく、テンプレートから作成したレポートをもとに確認するようにすると、レポートの作成スピードが格段に向上します。論理的なレポート作りの知識があれば、レポートに足りない要素がないかどうか、事前に確認して提案することもできます。

論理的なレポート作りのスキルを身につけることができれば、「レポートを作成する作業者」から「レポートを設計できる技術者」になることができます。Power BIのレポートを作成するための技術的な知識を身につけたい方には、少し退屈な内容になってしまうかもしれませんが、自分のスキルアップにもつながる重要な考え方なので、ぜひ読んでみてください。

1. 担当者の要望でレポートを作る

情報

レポート

レポート

レポート

レポート

どのレポートを
使えばいいんだろう？

知りたい情報の
レポートがない

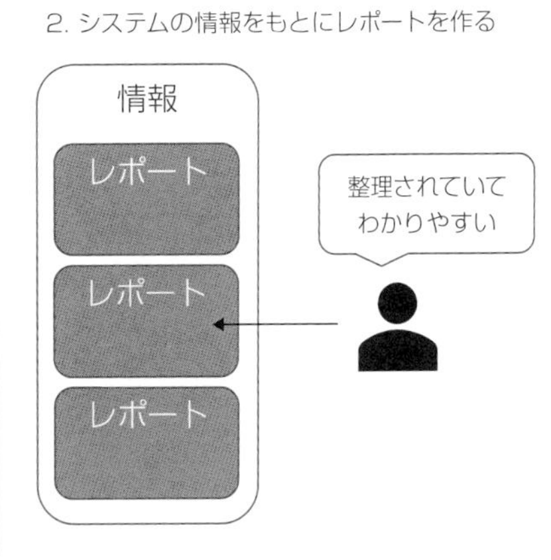

5.3.2 データの流れと時間軸から、必要なレポートを考える

レポートの種類を考える

最初の作業として、分析したい対象の業務を考えてください。売上でも、経費でも、購買情報でもよいです。その業務に関するレポートの種類を、次の2つの手順に従って考えていきます。

1　データの流れから、3つの種類のデータをリストアップする

分析対象の業務プロセスを考えてみると、「入力→仕掛り→完了」となっていないでしょうか？

業務のプロセスは、必ずこの3つのステップに分解できます。

例えば、料理で考えてみると、「入力」は材料にあたります。「仕掛り」は、その材料をもとに料理をする作業にあたります。そして、できた料理が「完了」となります。このように、まずは対象業務について、「入力情報は何か？」「仕掛り情報は何か？」、そして「完了データは何か？」ということを考えていきます。

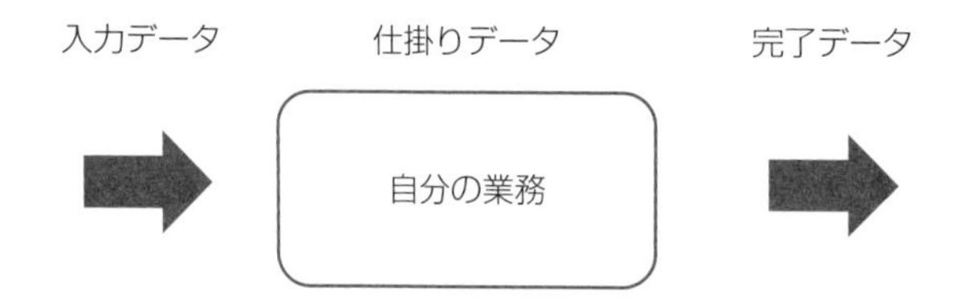

2　過去・現在・将来の視点から、必要なレポートをリストアップする

業務を3つのプロセスに分解できたら、次は各プロセスの時間軸を過去・現在・将来の3つに分解します。ここでは先ほどの料理の例で考えてみましょう。

まずは「入力」のプロセスの材料について考えてみます。材料の過去情報といえば、これまでの材料の購入数量の履歴が考えられます。現在の情報は材料の現在庫です。そして、材料の将来の情報といえば、材料の購入予定の情報となります。

このように過去・現在・将来に分解することで、必要なレポートを漏れなくリストアップすることができます。

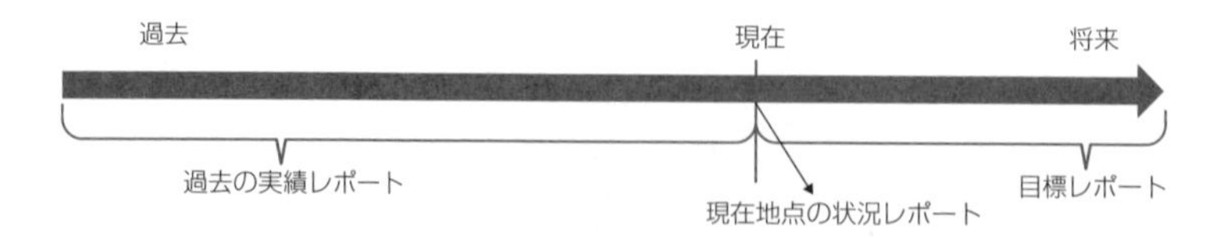

料理を例として、業務プロセスと時間軸から考えると、次の表の7つのレポートが考えられます。ここで、「現在」の欄の「入力」と「完了」は仕掛りと同じ内容なので、省略しています。

	入力	仕掛り	完了
過去	材料の購入履歴	料理の各手順の作業時間の実績	今まで作成した料理の一覧
現在		冷蔵庫にある材料。作業中の料理の進捗具合	
将来	材料の購入予定情報	料理の作業手順と進捗目標	明日以降の献立

5.3.3 分析レポートで使う項目を決定する

出力する項目を考える

作成するレポートの種類が決まったので、次に、レポートに出力する項目を考えます。3.2節の分析用データの持ち方の説明に出てきたスタースキーマは覚えておられるでしょうか。

ファクト(実績)テーブルを中心とし、その周辺にディメンション(分析軸)テーブルを持つ構造です。これはファクトテーブル内のメジャー(数値項目)を分析するのに効率的な構造です。この考えに沿って、必要な項目を考えます。

- **分析対象のメジャーの項目を1つ**
- **分析軸となる項目を3つ以下**

メジャーを分析する上で、分析したい分析軸はたくさんあるでしょう。

例えば、4つの分析軸を2次元のグラフに変換し、すべてのパターンを分析するには、6つのグラフが必要になります。多すぎると分析の焦点がぼやけてしまうので、まずは3つ以下に絞りましょう。

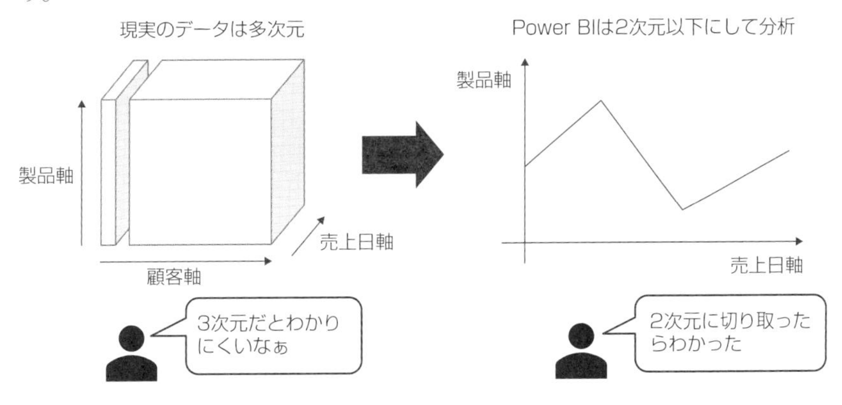

演習：メジャーと分析軸を定義する

それでは、実際に前項で業務プロセスと時間軸からリストアップした各レポートに対して、メジャーと分析軸の列を考えましょう。

メジャーをリストアップするときのポイントは、「何を改善したいか」を考えることです。思い浮かばないときは、製造業でよく使うQCD(品質、コスト、納期)を考えると、候補が浮かびやすくなります。

料理の材料の購入履歴でメジャーを考えてみると次のようになります。

①品質：不良数　②コスト：原材料費　③納期：納期遅延日数

次に分析軸を考えます。分析軸は、5W1Hのうちの4W、すなわちWho、When、What、Whereの項目から1つずつを選ぶと、バランスがよくなります。

料理の材料を例にすると、次のようになります。

①Who：材料名　②When：購入日　③What：購入金額　④Where：購入店

5.3.4　分析軸の階層を決める

分析軸の階層を決める

次に、分析軸に対して階層を決めます。この階層は、スタースキーマのディメンションテーブルに保存する情報です。前項で決めた分析軸に対して、「どのようなカテゴリで、何階層のデータを作るか」を決めます。この設定は、Power BIのレポートで分析する際、詳細を確認したい数値をドリルダウンするときに使います。

階層を考える

階層を考えるときに参考にするといいのが、職責の階層です。自分が一番知りたい情報、および上司と部下がそれぞれ一番知りたい情報、という3つを考えます。分析するときに俯瞰(ふかん)の視点で見ることが重要なので、特に上司の視点で見た階層を用意することが大切です。2階層上の上司視点を入れるのも有効です。

例えば、情報システムの課長である場合、表現する階層は次のようになります。

▼表現する階層

上位階層(部長視点)	自分の部の課単位の進捗実績 自分の課を高い視点から状況確認するため
管理階層(自分視点)	自分の課のグループ単位の実績 自分の管理対象
下位階層(部下視点)	個人単位の実績 報告内容の詳細を確認するときのため

演習：分析軸の階層を定義する

ここでは、前項で考えた料理材料の「購入日」「材料名」「購入店」の分析軸について考えます。

購入日：年 - 月 - 日

購入日は、給与の支払い単位である月を基本として、その上位である年と下位である日を対象としています。

材料名：嗜好(しこう)品カテゴリ - 食品カテゴリ(肉・野菜、飲料、惣菜レベル) - 食品名

材料名のカテゴリは、栄養素別や地域別などのように目的によって変わります。ここでは、「栄養バランスの偏りがないかどうか」および「嗜好品の購入割合」を確認する目的で設定しています。

購入店：ネット or 店舗 - 店舗名

このように、分析軸の項目に対して1つずつ分析目的を考えて、階層を定義していきます。

5.3.5 将来の目標値を設定しよう

目標値を設定する

最後にもう1つ用意するデータがあります。それは**目標値**です。時間軸でリストアップした「将来」にあたるレポートには、「売上目標」や「経費の上限」といった目標値を用意します。そして、実績と目標値を比べる予実管理レポートも作成するのが定番になっています。

目標値を設定する理由は、**PDCAサイクル**の「P:計画」を行うためです。Power BIで作成するレポートは「C:評価」のレポートにあたります。つまり、計画を立て、「D:実行」の結果をPower BIのレポートで分析すれば、あとは「A：改善」を実施するだけで、PDCAサイクルがひと回りします。そのためにも、目標値を設定しましょう。

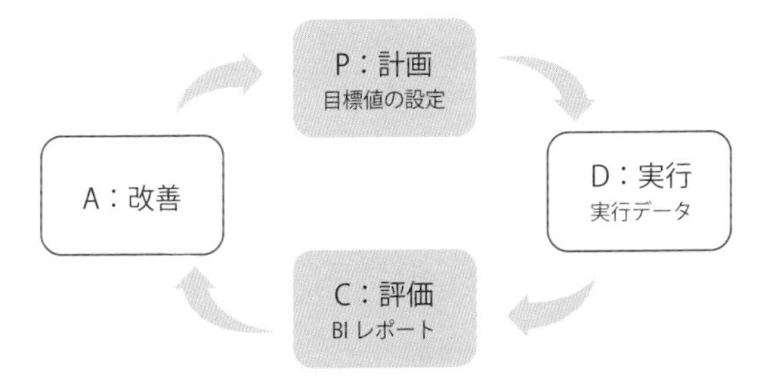

演習：作業依頼のメジャーに対して目標値を設定する

これから料理の原材料費の目標設定をします。

目標値は、分析軸単位にメジャーの列の目標値を用意します。例えば、明日以降の料理に関するレポートを作成するとしましょう。そのとき、メジャーと分析軸を次のように設定したとします。

メジャー　：料理の原材料費
分析軸　：
　購入日：年 - 月 - 日
　材料名：嗜好品カテゴリ - 食品カテゴリ（肉・野菜、飲料、惣菜レベル） - 食品名
　購入店：ネット or 店舗 - 店舗名

そのとき、次のような目標データを用意します。分析軸のカテゴリに関しては、一番詳細なカテゴリでは用意が大変になってしまうため、上位階層の列単位に設定することがよくあります。

料理の原材料費目標値	購入月	食材カテゴリ	ネット or 店舗
18,000	2023年4月	肉・魚介類	店舗
6,000	2023年4月	菓子・スイーツ	店舗
4,000	2023年4月	肉・魚介類	ネット
3,000	2023年4月	菓子・スイーツ	ネット

5.3.6 レポートの設計のまとめ

レポートの設計作業は以上です。このあと、レポートの作成作業に入ります。

これまで、4つの課題に対する設定をすることで、レポートを設計してきました。これまでの作業をまとめると次のとおりです。

1　必要なレポートをリストアップする

・データの流れをもとに入力／仕掛り／出力の3つのデータを定義する

・時間軸から過去・現在・将来の3つのレポートを用意する

このデータの流れと時間軸の組み合わせから、7つのレポートを定義しました。

2　レポートに必要な項目を決める

・メジャーの数値項目を決める

・ディメンションの分析軸を決める

3　分析軸の階層を決める

4　目標値を設定する

上記の1から3までをまとめた設計シートが下記のテンプレートです。

この設計シートは、ユーザーの要望でレポートを作成するときにも使えます。

要望を聞きながら、このテンプレートをもとに不足している情報を確認していくと、設計がスムーズに進むので、ぜひ使ってみてください。

▼テンプレート.xlsxの設計シート

設定項目一覧

業務名	

レポート名

	入力	仕掛かり	完了
過去			
現在			
将来			

メジャー	

	階層3	階層2	階層1
分析軸1			
分析軸2			
分析軸3			

コラム 残業分析

　残業規制が20時間のとき、毎月残業が多い人にはどのような対策をとればいいでしょうか？　「仕事を減らす」という回答が多いと思います。データ分析をしていると、見方がちょっと変わります。

　残業傾向を見ると、

- **残業が常に0時間の人**
- **残業が常に20時間の人**
- **残業が20時間以内で規則性がない人**
- **規制に何も影響を受けない人**

などに分類できます。

　それでは、残業20時間となるように残業時間を調整している人の仕事を減らしたらどうなるでしょうか？

　そうです。仕事を減らしても結局20時間残業をしてしまいます。そのため単純に仕事を減らしただけでは解決にならないことがわかります。

　20時間の残業調整をしているか確認するために、標準偏差を使っています。標準偏差は、数値が低いと「毎月の残業時間の変動が少ない」ことを意味します。これを表示したグラフが真ん中上の散布図です。横のX軸に残業時間の平均を表示し、縦のY軸に標準偏差を表示しています。同じ平均残業時間が20時間の人でも、Y軸の標準偏差が大きな人は、たまたま平均残業時間が20時間になった可能性が高いと考えられます。

　このようにグラフ化することで、残業時間が0時間だったら「自分のライフスタイルを重視したいグループなのかな」とか、20時間だったら「収入重視なのかな」、時間のばらつきが大きい人は「仕事重視なのかな」というように、データから社員の性格まで想像できるところが、データ分析のおもしろさだといえます。

▼残業分析グラフ

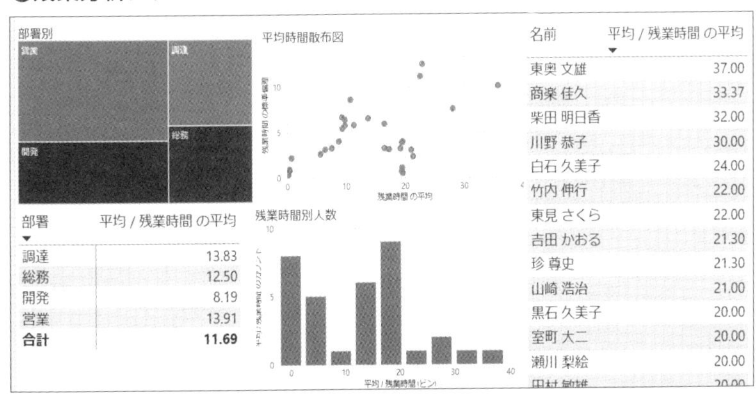

5.3.7　分析用レポートの作成作業を行う

データを準備する

ここまでで設計が終わりました。次はレポート作成に移ります。ここでは、テンプレートに従って機械的に作成する方法を紹介します。

●データの準備

レポート用のテーブルを用意します。設計段階で作成したスタースキーマは、次の図のようになります。メジャーテーブルには、各分析軸の主キー情報にあたる小分類の列を持たせるのがポイントです。

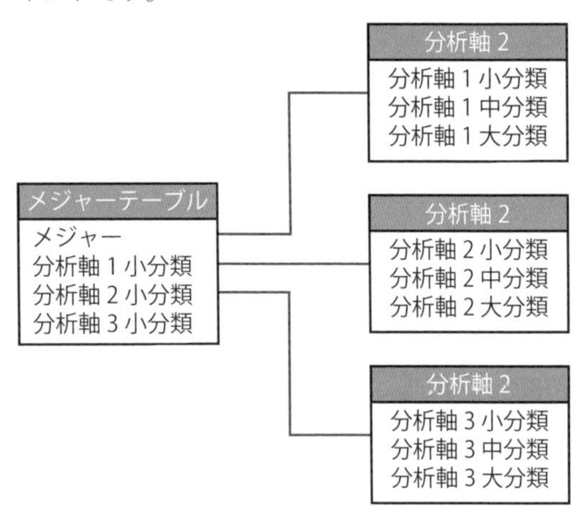

演習：テーブル設計とデータ準備

テーブルを用意してデータを準備します。上の図のスタースキーマを実際の料理の例としてテーブルに変換すると、次の図のようになります。購入日テーブルはPower BIのデフォルト機能の日付階層をそのまま使うので、今回は購入日テーブルを用意しません。

このように、分析に必要なテーブル構造は、設計が終わると自動的に用意できます。

▼メジャーテーブル

食品購入履歴テーブル

購入金額	購入日	食品名	店舗名
400	4/3/23	豚肉	ABCスーパー
800	4/3/23	パスタ	ABCスーパー
1,200	4/5/23	ビール	XYZ商店

分析軸１

購入日テーブル

Power BIデフォルトの日付階層を使うので省略

分析軸２

食品名テーブル

食品名	食品カテゴリ	嗜好品カテゴリ
豚肉	肉・野菜	生活必需品
パスタ	穀物	生活必需品
ビール	飲料	嗜好品

分析軸３

購入店テーブル

店舗名	ネットor店舗
ABCスーパー	店舗
XYZ商店	店舗

Power BIのレポート作成

データの準備が終わったら、Power BIのレポート作成に移ります。

1 データをインポートする

準備したデータをインポートします。

2 データビューを設定する

スタースキーマの形でデータを準備しているので、テーブルのリレーションシップは自動設定されているでしょう。設定されていない場合は、メジャーテーブルの分析軸の列名が分析軸テーブルの列名と一致しているかどうかを確認してください。

3 レポートビューのテンプレートを作成する

レポート作成の手順として、まずは全パターンのグラフを用意することをおすすめします。次の9つのビジュアルを用意することで、全パターンのビジュアルが用意できます。

▼用意するビジュアル

各分析軸のスライサー	3つ
各分析軸の列単体のビジュアル	3つ
2つの分析軸をもとに作成したビジュアル	3つ

4 レポートビューを修正する

テンプレートをもとにビジュアルの取捨選択をしたり、ビジュアルのサイズを変更したりします。手順の3で全パターンのビジュアルを用意するのは、無駄のように思えるかもしれません。しかし、ビジュアルを見ることで、作成したいレポートのイメージが湧くことも多いのです。

▼レポートビューのテンプレート例

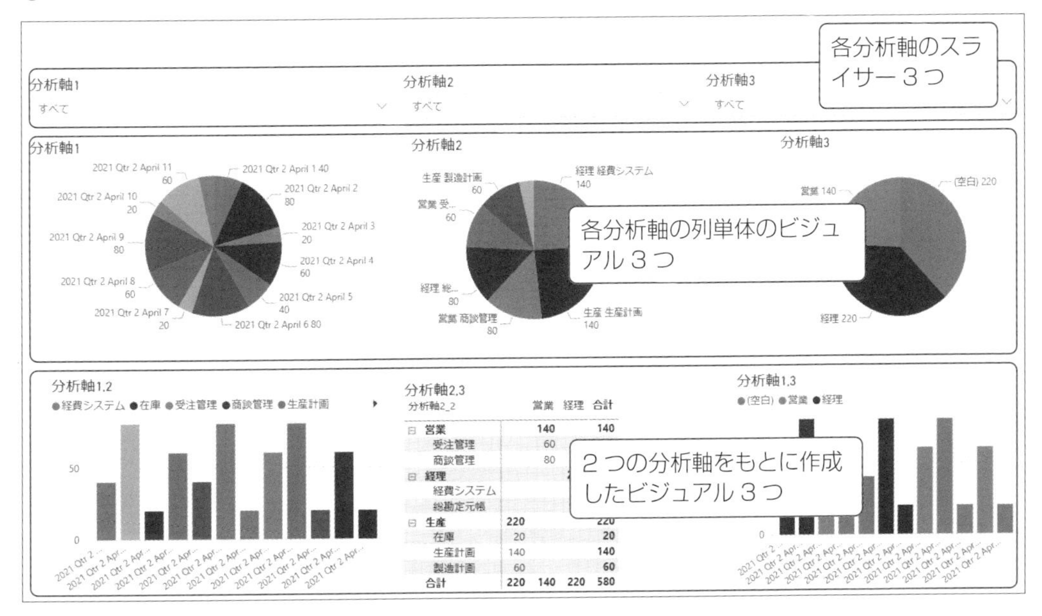

5.3.8 レポートのレイアウトを改善する

できあがったレポートを見てどう感じましたか？

「知りたい情報が表示できていない」、「私のほうがもっと見やすくできる」という感想ではないでしょうか？

このレポートをそのまま使うことは想定していません。これをたたき台にして、ユーザーの方が自分なりに改良して使うことを前提としています。それこそ、「自分で手直しすればずっとよくなる」と思ってもらえたら狙いどおりです。

サッカーでたとえると、作成者がゴールを決めることを目指していません。決まったパターンでスペースにボールを出すという、アシストに専念する考えです。ボールを受け取ったユーザーの方が自分なりに改良し、最後にゴールを決めるというシナリオです。

たたき台として全パターンを表示しておけば、先入観によって重要な視点の分析が漏れることがありません。

依頼者の要望に沿ってレポートを作るときでも、はじめにサンプルがあると進み方が全然違います。まずはサンプルとなるレポートを、今回の設計手順で用意することをおすすめします。

▼レポートを作る2つの方法

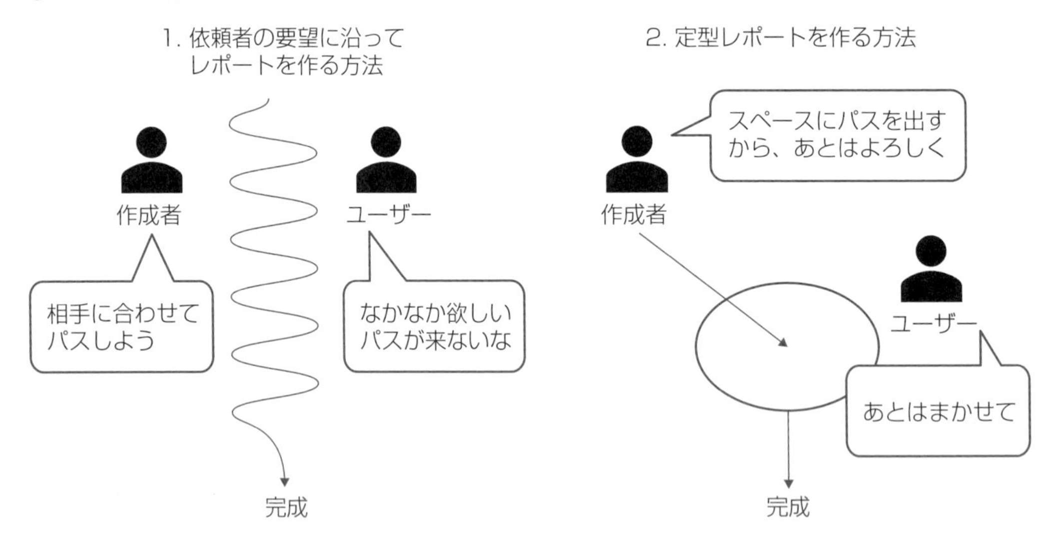

5.3.9 組織での分析レポート開発への展開

論理的なレポート作成の方法は、組織で広範囲のレポートを用意するときに効果的です。

- **レポートの作成工数が劇的に下がる**
- **レポートを探す工数も劇的に下がる**

という効果があります。

今回のサンプルでは1つの業務だけを考えましたが、実際の業務システムでは多くの業務が連結しています。同じ形式ですべてのレポートのテンプレートが用意されていたら、欲しいデータが必ず手に入ります。例えば、売掛分析をしたいと考えたときに、「業務：売掛、データの流れ：仕掛り、時系列：現在」というキーワードで探せば、すぐにレポートが見つかり、分析を始められます。

「開発するから1週間待って！」という時間のロスがなくなります。データを取得するのに時間がかかると、データを見ずに、経験に頼った勘(感覚)で判断するようになります。このように、時間のロスは判断の間違いにつながりやすくなります。

また、レポートの形式が同じなら、どの業務データも自分なりのアレンジが簡単にできます。

組織でPower BIのレポートを導入するときは、依頼者の要望に沿ってレポートを作成するアプローチと、今回紹介した情報全体を網羅するアプローチの両方からレポートを用意していくと、組織にとって有益だといえます。

▼業務システムのデータ連携図

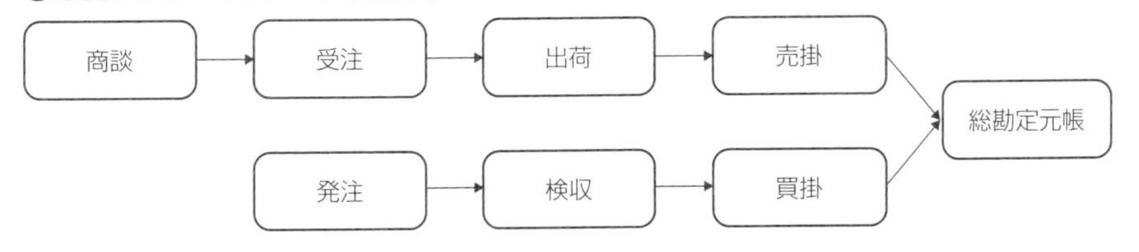

> **ワンポイント　入力/仕掛り/完了の単位にレポートを作成する考え方について**
>
> システム開発の詳細設計では、IPO(入力：Input、処理：Process、出力：Output)という考え方があります。システム作成時に業務をこの3つに分割することで、データの流れと処理を整理して開発する手法です。レポート開発で「入力/仕掛り/完了」の3つに分割したのも、このIPOの考え方がベースになっています。

コラム 自分の作業を見える化して表現する

なにげない報告でも、グラフを見せるとインパクトが全然違います。自分がしている作業の見える化ができるように、常に考えておくのがおすすめです。

筆者も、サーバーの入れ替えをしたときに、「月末の処理時間が劇的に改善した」とグラフで紹介しました。そのときのマネージャーの食い付き具合が普通ではなく、驚いた記憶があります。というのも、事前に同じ内容をメールで報告していて、そのときは反応が薄かったためです。違いはグラフを提示したか、提示しないかでした。

サーバー移行は、大きなお金が動く割には効果がはっきり見えない、というマネージャー層の悩みがあります。そんなときに、ひと目でわかるグラフを提示したことによって、周囲に強い印象を与えることができました。

グラフ入りのレポートを提示できたことが、「思いつきで提案しているのでは？」から「きちんと計画を練っているな」というように、相手の印象を変えることができます。

効果が大きいので、Power BIを使って自分の仕事の見える化をするのがおすすめです。

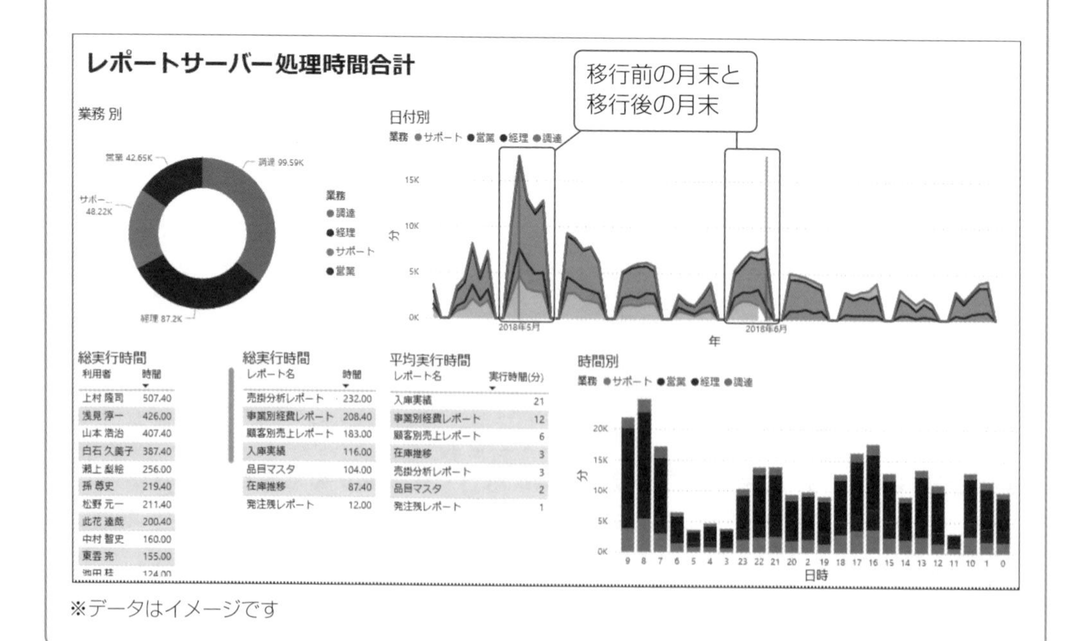

※データはイメージです

見て学ぶレポート学習

6章では、4つの業務レポートを紹介します。
自分の業務とは無関係と思われるレポートであっても、それぞれに現場の考え方とPower BIの特長を活かした工夫が加えられています。
みなさんがPower BIを使ってレポートを作成する際の参考になればと思います。

6.1 レポートのサンプル紹介

この章では、実務で役立つサンプルとして、4つのレポートを紹介します。これらのレポートは、レポートを作成するにあたって必要な考え方や、目的に合ったグラフを作成するテクニックなどを取り入れています。ご自分でレポートを作成する際の参考用として、ぜひご活用ください。

レポートのサンプル

1. **人事**：人員計画レポート
2. **経理**：貸借対照表のレポート
3. **営業**：営業活動レポート
4. **製造**：工程管理レポート

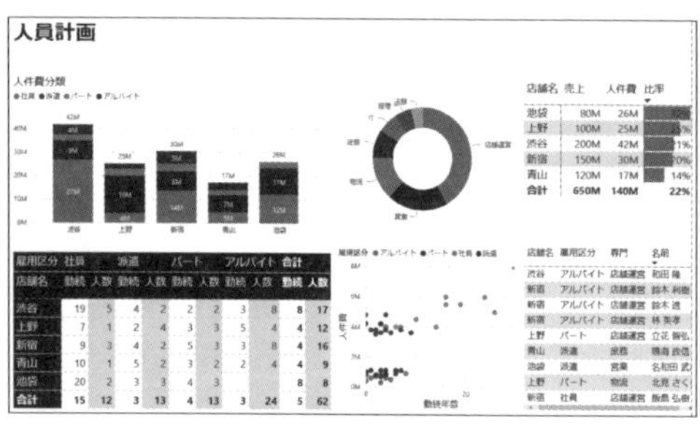

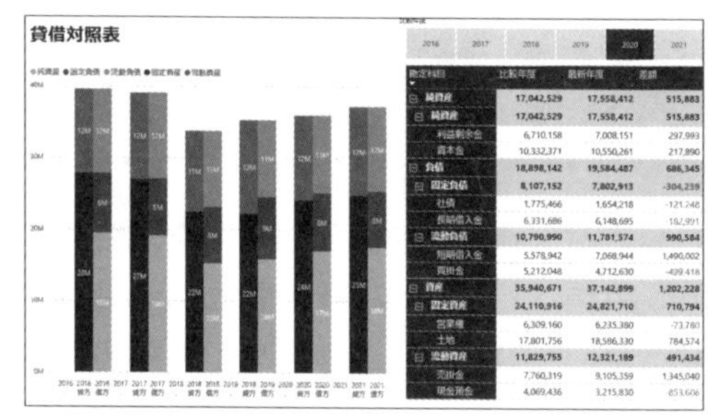

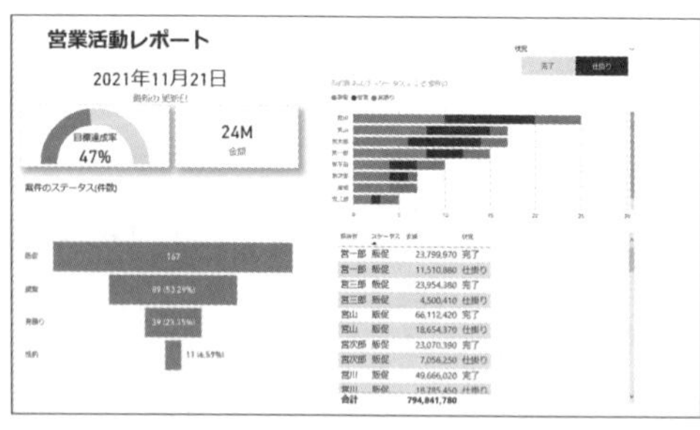

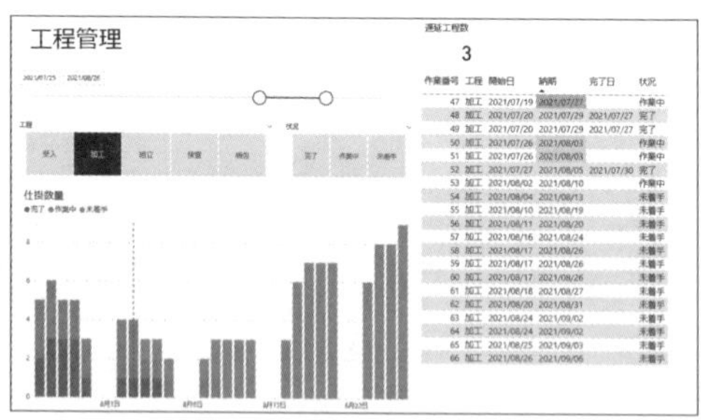

6.2 人員計画レポート

人員計画に関するレポートを紹介します。各部署や店舗を運営する上では、人員リソースの把握が欠かせません。しかし、全体を把握することなく、現場からの要望に基づき、たんに人員を補充する対応だけの会社もあることでしょう。今回は、長期的な人員戦略にも役立つレポートを紹介します。

人員計画レポートの目的とは

現場の採用担当者と管理者は、自分たちの職場で働いている人々の情報を必要としています。具体的には、「どのようなスキルを持った人材がどれくらいいて、どのような形態で働いているか」という情報です。これらの情報は、現場の業務をスムーズに進めるために不可欠です。最終的な目的としては、現場に必要な人材を確保し、業務を効率的かつ円滑に進めることにあります。

この目的の達成に役立つ内容にできれば、現場の採用担当者と管理者に満足してもらえるレポートとなります。

レポートで改善可能なこと

レポートを作成するときは、現場の依頼者より一段上の役職者の要望を取り入れると、さらによいレポートになります。例えば、「人員コストをもっと削減できないか？」、「将来性のある新事業の人員比率を増やしたい」といった要望を上位役職の人が持っていたら、その判断に役立つ情報をレポートに取り入れます。

忙しければ忙しいほど、採用を急ぐあまり、狭い視点で判断しがちになります。そんなときに、上位役職者の視点から判断できる人員計画レポートがあると、きっと役に立つことでしょう。

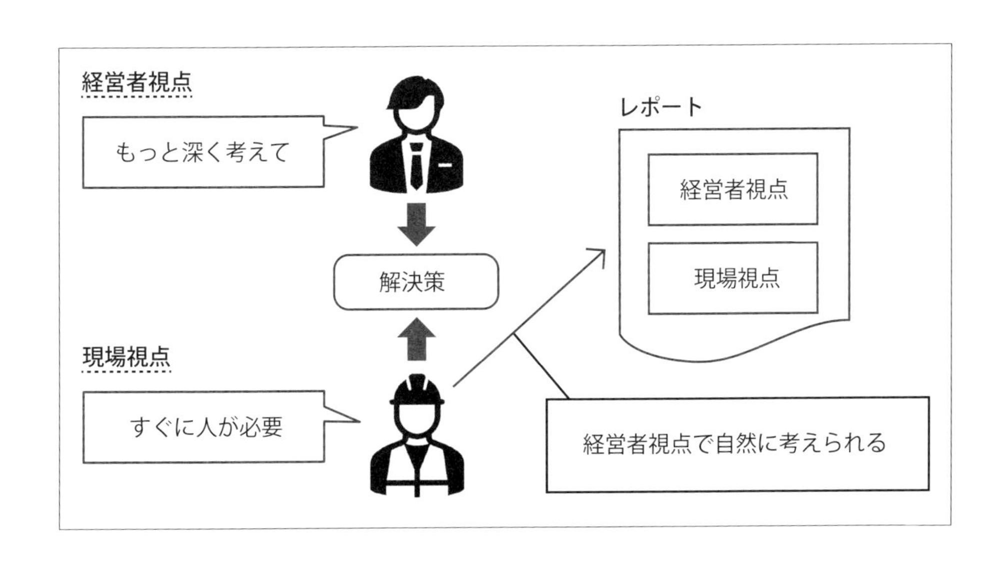

6.2.1 レポートの概要

人員計画レポートのポイントは、上位役職者視点のグラフを取り入れることです。それによって、各店舗の採用担当者が自律的な判断のもとで採用業務を改善することを目的としています。

上位役職者視点のグラフ

レポートの上半分に、上位役職者視点のレポートを追加しています。

●同一業界の一般的な人件費

ライバルや同一業界内の数字と比較することで、人件費を分析するときの参考にします。売上に対する人件費の割合というような数字です。これは収集することが難しい数字ですが、有益な情報です。今回のレポートでは、社内の別店舗と比較した表を載せています。

●自社の売上と比較した人件費／売上の将来計画

経営者視点では、売上に対する人件費の割合、将来の事業計画の展望などが、人員計画と密接に関わってきます。その比較表を載せています。

担当者視点のグラフ

各店舗の人員詳細を表示します。ここに表示するグラフは、担当者が判断をするのに役立つものを載せています。

今回の人員計画に関するレポートでは、技術面ではなく、「上位役職者視点を入れる」、「会社として目指す指標を入れる」といった、レポート構成の考え方について紹介しました。レポートを提供する場合は、直接的な要望に応えるだけでなく、もう一歩踏み込んで考え、提案してみるのもいいでしょう。

▼人員計画レポートのイメージ

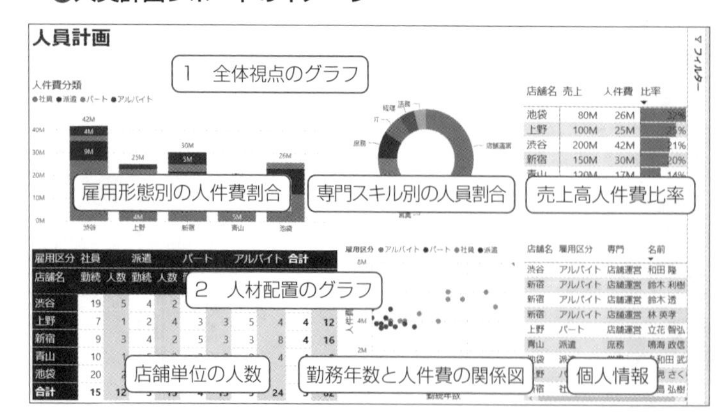

6.3 貸借対照表のレポート

貸借対照表は、どの会社でも作成する資料です。関心度の高いレポートなので、Power BIの認知と普及にも役立つでしょう。
Power BIのレポートから、関連したデータをリンクで参照できるようにしていくことで、貸借対照表を分析レポートの中心として活用することができます。
ここでは、貸借対照表をPower BIのレポートとして作成してみましょう。

6.3.1 Power BIで貸借対照表のレポートを作成する目的とは

貸借対照表のレポートは、すでに会社にあるので、わざわざPower BIで作る必要はないのでは？と思う方が多いでしょう。その考えはごもっともなのですが、Power BIで貸借対照表を作成することにもメリットはあります。特に、これからPower BIを導入しようと考えている組織にはおすすめです。それはなぜでしょうか？

Power BIの導入を検討中の組織で、貸借対照表の作成をおすすめする理由は次の3つです。

- **知っている内容のレポートなので、作成の敷居が低い**
- **過去の分も含めて、データとして存在している**
- **次のレポート開発のきっかけになりやすい**

「次のレポートのきっかけ」というのは、貸借対照表は要約レポートなので、数字を見ていると自然に各科目の詳細を知りたくなってきます。例えば、貸借対照表を見て売掛金が増えていたとします。そうすると、「回収が遅れている顧客があるのか？」、「そもそも支払期限の設定が不適切だったのか？」というように、売掛金が増えた原因についても知りたくなります。

このように、貸借対照表を中心にして、各項目の分析レポートのニーズが生まれ、それらの作成につながり、「有益なレポートシステムがPower BIで作成できる」ということの理解が社内で急速に進むと期待できるのです。

▼貸借対照表と分析レポート

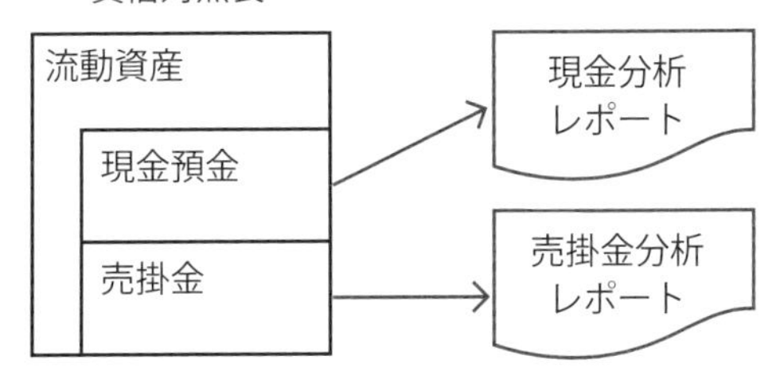

6.3.2 レポートの概要

貸借対照表のサンプルレポートの作成で鍵となるポイントを紹介します。レポートは2つのグラフをメインにしており、左側に年次の推移のグラフを出力し、右側で年度単位の詳細を確認できるようにしています。

1. **貸借対照表のバランス図の推移(左)**
   貸借対照表でよく使われる図で表現しています。左側に貸方、右側に借方を表示したグラフです。そのグラフを年度ごとに出力することで、年推移を確認できるようになっています。
2. **最新と指定年度の比較(右)**
   最新年度と指定年度の詳細情報を出力しています。上端のスライサーで対象年度をクリックすると、その年度の数字を参照できます。また、最新年度と比較して、増減の金額を確認できます。

貸借対照表のレポート作成で難しい点は、レイアウトが決まっている点です。そのレイアウトに従ってビジュアルを作成しなければなりません。下図に示したレポートを見ると、問題なく表示しているように見えますが、貸借対照表を作るにはいくつかのテクニックを駆使する必要があります。

次項では、貸借対照表を作成する上でのテクニックを紹介します。

▼Power BIによる貸借対照表

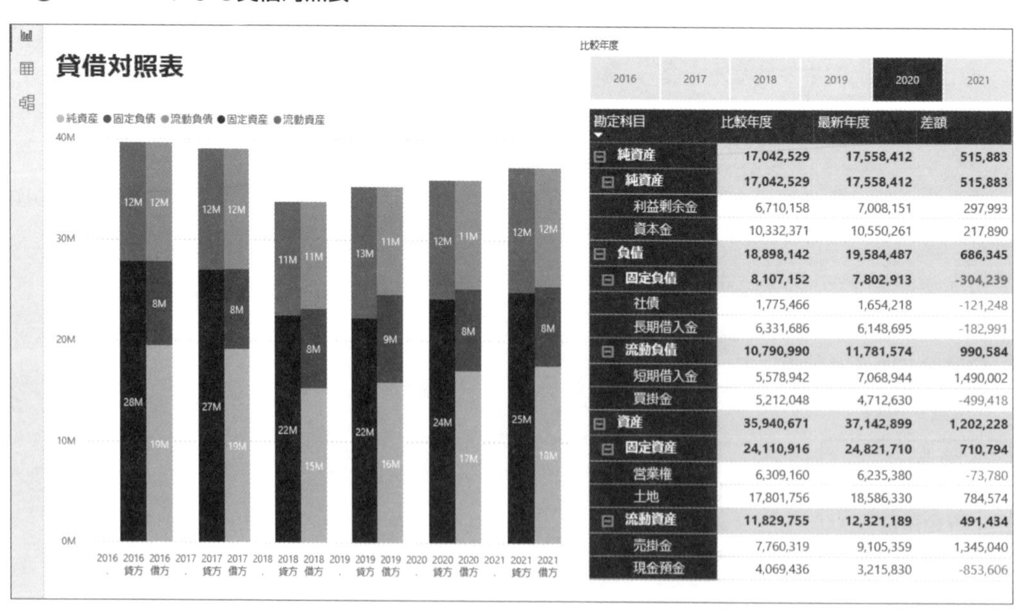

勘定科目	比較年度	最新年度	差額
純資産	17,042,529	17,558,412	515,883
純資産	17,042,529	17,558,412	515,883
利益剰余金	6,710,158	7,008,151	297,993
資本金	10,332,371	10,550,261	217,890
負債	18,898,142	19,584,487	686,345
固定負債	8,107,152	7,802,913	-304,239
社債	1,775,466	1,654,218	-121,248
長期借入金	6,331,686	6,148,695	-182,991
流動負債	10,790,990	11,781,574	990,584
短期借入金	5,578,942	7,068,944	1,490,002
買掛金	5,212,048	4,712,630	-499,418
資産	35,940,671	37,142,899	1,202,228
固定資産	24,110,916	24,821,710	710,794
営業権	6,309,160	6,235,380	-73,780
土地	17,801,756	18,586,330	784,574
流動資産	11,829,755	12,321,189	491,434
売掛金	7,760,319	9,105,359	1,345,040
現金預金	4,069,436	3,215,830	-853,606

6.3.3 貸借対照表作成のポイント

貸借対照表のバランス図の年次推移

貸借対照表のバランス図は、Power BIのデフォルト機能での作成が困難です。その理由は、2本がセットになった棒グラフを作成することができないためです。

ここでは、次の手順によってバランス図のグラフを作成します。それではさっそく作り方を見ていきましょう。

▼貸借対照表のバランス図の作成手順

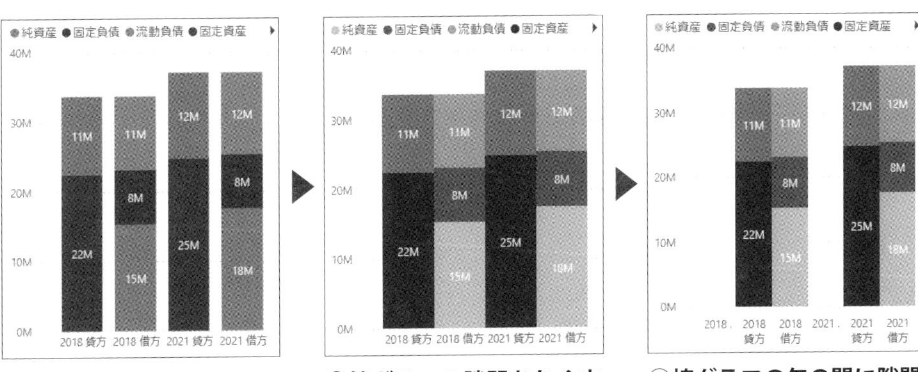

棒グラフの作成のポイント

ここでは、貸借対照表の棒グラフの作成について、ポイントのみを紹介します。

1　棒グラフ間の隙間を削除する

積み上げ棒グラフを作成したあと、書式設定から棒グラフ間の隙間の幅を0にします。

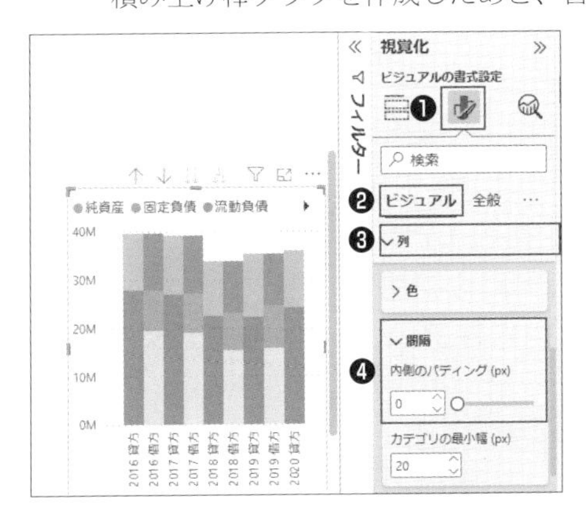

2　年度の間にスペースを追加する

できあがったグラフは、年と年の間にスペースがなく、見にくい状態です。そのため、年と年の間にスペースを追加します。スペースの追加は書式設定では対応できないので、ダミーのデータを登録します。

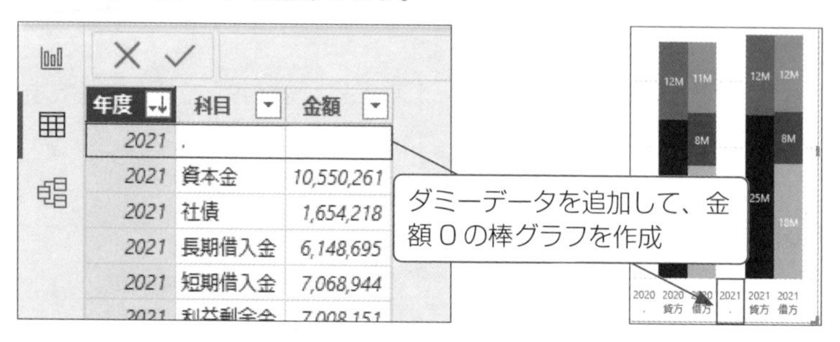

3　X軸に対して「データのない項目を表示する」を設定する

ダミーデータを追加しただけでは、スペースは表示はされません。なぜならば、データのない（ブランクの）項目は、デフォルトでは表示されないためです。

そこで、「データのない項目を表示する」の設定をすることで、表示されるようにします。

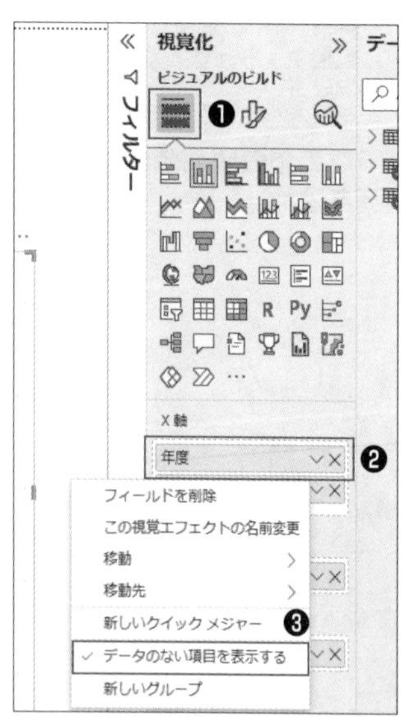

最新年度と指定年度の比較

次に、貸借対照表の最新年度のデータを、スライサーで指定した年度と比較するレポートを作成します。

これによって、「どの科目がどれくらい変動したか」を確認できます。今回のサンプルは年度単位の比較ですが、四半期単位で比較できるようにするのもいいでしょう。

それでは、このビジュアルの作成ポイントについて解説していきます。

最新と指定年度のグラフ

1　最新年度を表示する列を作成する

最新年度のみのデータでフィルターしたメジャーを作成します。クイックメジャーを利用して作成します。クイックメジャーを選択したあと、計算項目で「フィルターされた値」を選択してください。

2　比較年度を表示する列を作成する

比較する年度は、貸借対照表の「金額」列をそのまま使用します。他の年度の「金額」を集計しないように、スライサーを設置して、単一年度のみ表示するようにします。

3　差額を表示する列を作成する

差額の表示は、手順の1で作成した「最新年度」の列と「比較年度」の列の差異です。この計算はクイックメジャーから作成できます。クイックメジャーを選択後、計算項目に「フィルターされた値からの差異」を選択します。

4　差額がマイナスの場合は赤文字で表示する

これまでの作業で作成してきた「最新年度」「差額」「比較年度」について、マトリックスビューを使って表示すれば、貸借対照表の明細レポートが完成します。

最後の仕上げとして、マイナス金額のときにフォントの色を赤に変更します。変更は「書式」の「条件付き書式」から設定します。

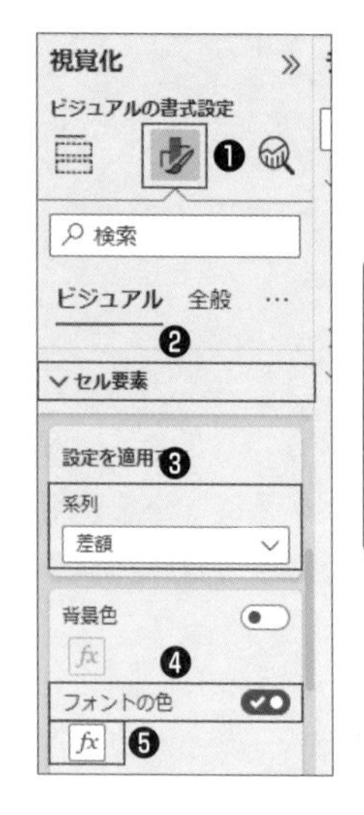

❶「書式」を選択
❷「セル要素」を開く
❸「系統」から「差額」を選択
❹「フォントの色」にチェック
❺「条件付き書式」のアイコンをクリック

「データ形式スタイル」に「ルール」を使用します。「0以上のときに結果を黒文字で表示し、0未満のときに赤文字で表示する」ようにルールで設定します。

以上で貸借対照表の作成ポイントの説明は終了です。貸借対照表は規定フォーマットなので、細かい設定が多いですが、ここで述べた作成ポイントを参考にして作成しましょう。

6.4 営業活動レポート

続いては、日々の営業活動レポートの例を紹介します。今回紹介するレポートは、営業担当者の活動内容を課で定期的に共有し、誰が何の作業を行っているかを可視化するものです。

6.4.1 営業活動レポートを作成する

営業活動で役に立つビジュアルを3つ紹介します。

1 目標達成率のビジュアル

今期の受注目標と、その達成率を表示します。目標と達成率の表示にはゲージのビジュアルをよく使うので、その使い方を紹介します。

2 プロセス別成約率のビジュアル

ファネルというビジュアルを紹介します。このグラフは、契約の次のステップに行く確率を見た目で表現できます。例えば、100件販促したら20件反応があって、次の提案ステップに行くと、次は5件の見積りステップに進めた、というような情報を視覚化できます。

3 担当者別案件数のビジュアル

営業マンごとに、「現在、どのプロセスの案件を何件持っているか」を表示します。基本的な情報ですが、重要なビジュアルです。

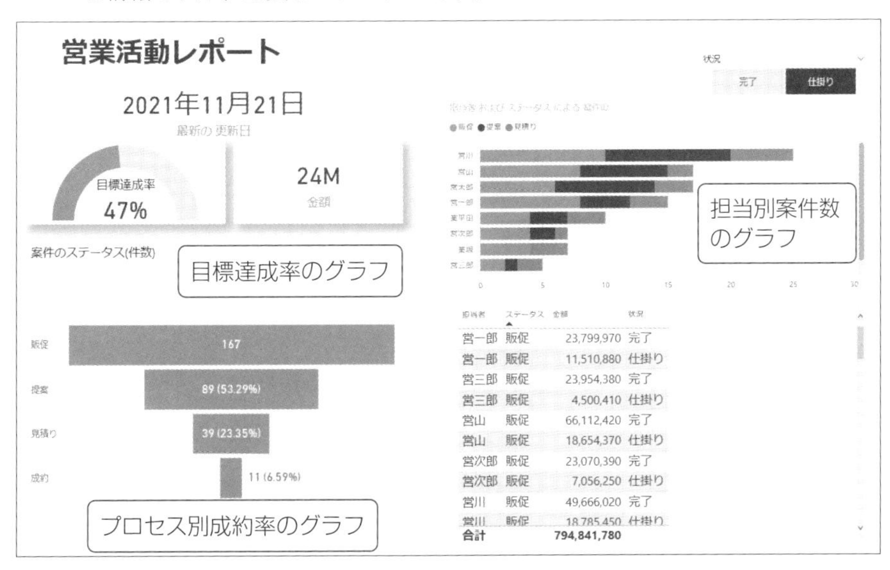

目標達成率のビジュアル

目標達成率と現在の数値が、ひと目でわかるようにビジュアルを作成します。

1　ゲージを作成する

「値」に実績値をセットします。この値が「ゲージで色が塗られる部分」になります。「最大値」には目標値をセットします。また、書式設定から「吹き出しの値」をオンにすることで、ビジュアルの真ん中に数字が表示されます。

今回はデフォルトの吹き出しを使用しましたが、カードのビジュアルを組み合わせて、より表現力を豊かにする方法もおすすめです。

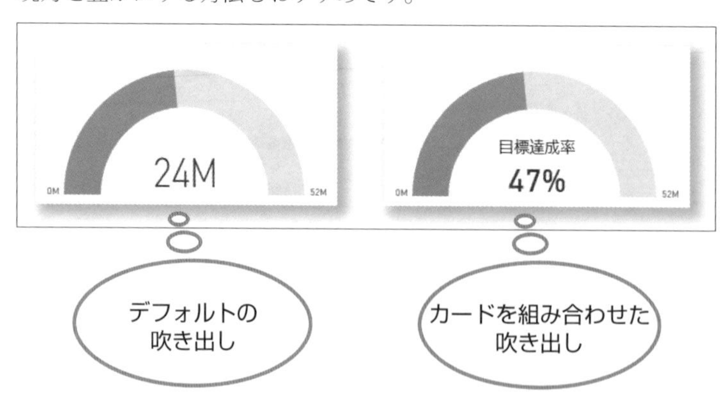

プロセス別成約率

ファネルのビジュアルを使うことにより、「どの契約ステップで、どれくらいの離脱が発生しているか」を確認できます。これによって、「販促をかけた場合、1件あたり何%くらいが成約に結び付くのか」がわかります。また、「営業プロセスのうち、どの段階での離脱が多いか」が一目瞭然であるため、プロセスの改善に役立ちます。

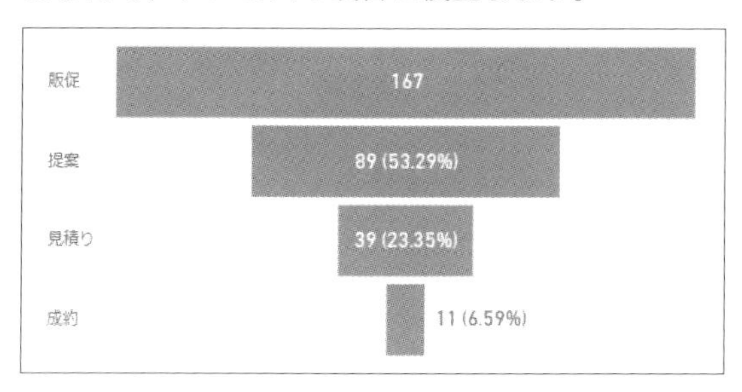

●作成のポイント

このフィルターのグラフは、最上段や上段の値に対する割合を表示します。書式設定を変更して、その割合をグラフ上にわかりやすく表示するようにします。

▼フィルターのグラフ作成

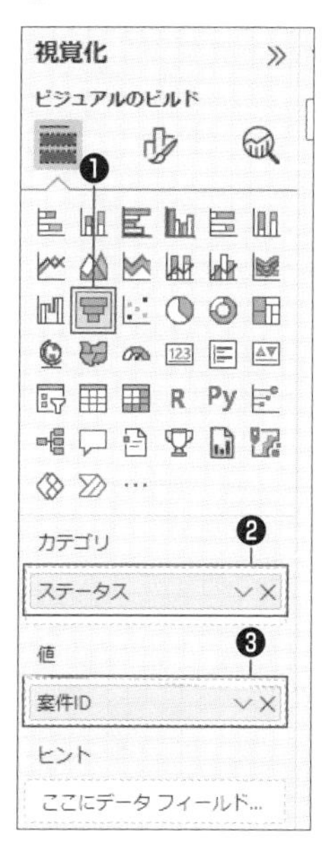

❶フィルターを選択
❷「カテゴリ」に「ステータス」を選択
❸「値」に「案件ID」を選択

▼書式設定

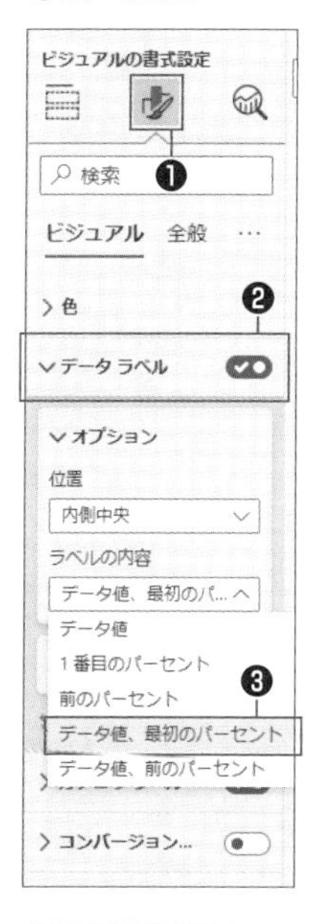

❶「書式」タブに切り替える
❷「データラベル」を展開する
❸「ラベルの内容」から「データ値、最初のパーセント」を選択する

担当者別案件数と案件リスト

案件リストで、営業担当者が持っている仕掛り中の案件の情報が確認できます。営業担当者をクリックすることで、プロセス別成約率のグラフから、過去の成約率がわかります。これを見ることで、「全体平均に比べて、どのステップが得意で、どのステップが苦手であるのか」がわかります。

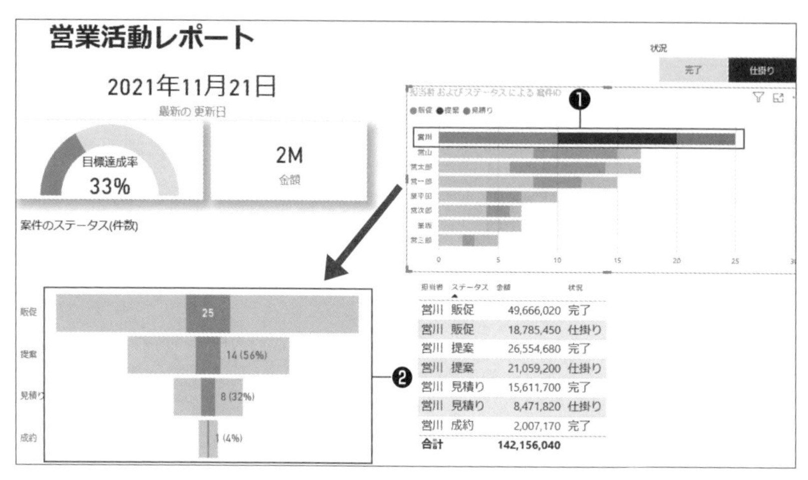

❶営業担当者をクリック
❷選択した営業担当者の過去のプロセス単位の進捗度を確認できる

●作成のポイント

普通に作ってしまうと、凡例の並び方がプロセス順にはなりません。これだと見たときにわかりにくいです。プロセス順になるように並べ替えも設定するのが、作成のポイントです。

1　担当者別案件数のグラフを作成する

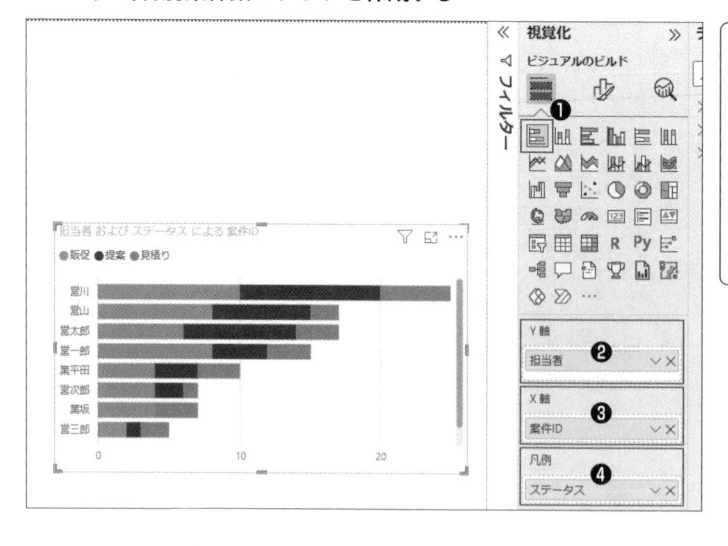

❶「積み上げ横棒グラフ」を選択
❷Y 軸に「担当者」を選択
❸X 軸には案件の件数を表示するために、「案件 ID」の列を設定後、集計方式をカウントに変更
❹「ステータス」を選択

2 凡例を並べ替える

指定の並べ方どおりに設定するには、「値の列」と「値の並び順を指定した列」を持った専用テーブルを用意する必要があります。

もっと簡単に並べ替えたいときは、ステータスの名前を「1 販促」「2 提案」のようにして（つまり、値を直接変更することによって）、希望どおりの順番に並ぶようにしましょう。

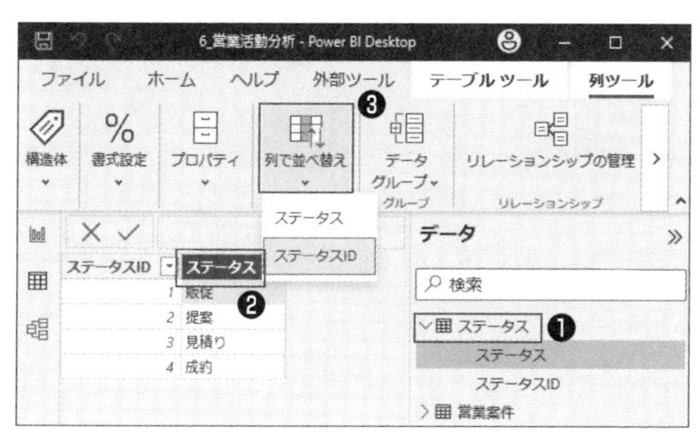

フィルター設定

このレポートでは、画面の左側に完了した案件を表示して、画面の右側に仕掛り中の案件を表示しています。このとき、画面の右側の営業担当者の名前をクリックすると、画面の左側は非表示になります。

これは、ビジュアルに設定している抽出条件が相互作用に適用されてしまうためです。この場合、「クリックした営業担当者」かつ「仕掛り案件」という条件が、他のビジュアルに適用されます。

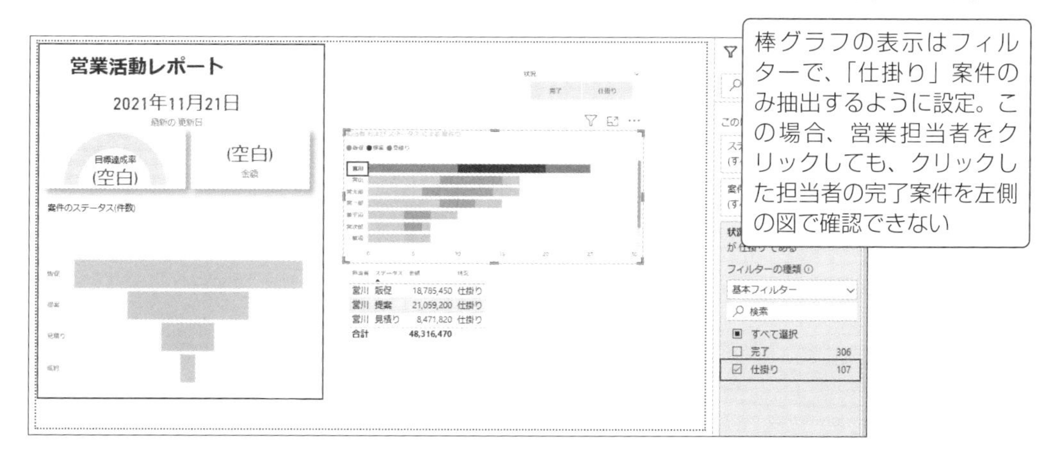

次に、これを回避するテクニックを紹介します。それは、「仕掛り案件」という条件はスライサーで画面の右側のビジュアルにのみ相互作用で適用することです。

スライサーで設定した抽出条件は、クリックしたときの抽出条件としてカウントされません。そのため、「仕掛り案件」という抽出条件を使えば、左側のビジュアルに適用しないようにすることができます。

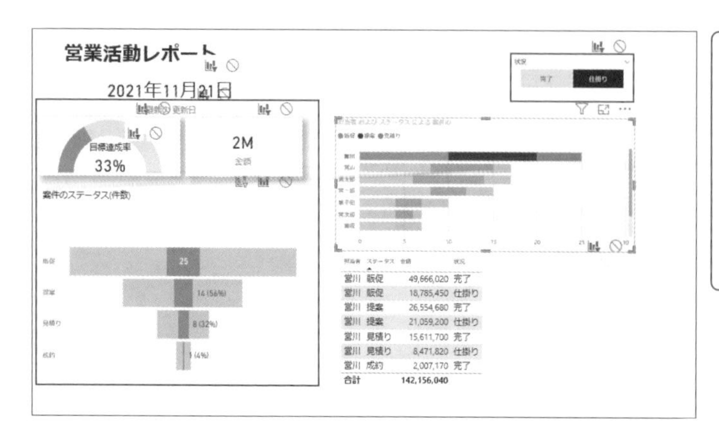

棒グラフには、フィルターで抽出条件を設定しない。代わりに状況のスライサーが棒グラフのみに適用されるように相互作用を設定する。このとき営業担当者をクリックすると左側に担当者の完了案件を表示できる

これで営業活動レポートの作成は終了です。プロセス単位での実績表示におけるグラフの作成は簡単ですが、実際にプロセスを定義したり、情報を取得したりするのは大変です。ですが、活動の改善につながりやすい方法なので、一度試してみる価値はある内容です。

ワンポイント **ファネルとは？**

「ファネル」はマーケティング用語として使われています。日本語では「じょうご」のことです。流れた液体が細い出口に絞られる形が似ていることから名づけられています。Web広告の例では次のようになります。

広告表示された➡広告をクリックした➡購入画面に進んだ➡購入した

Web販売ではデータを集めやすいので、特におすすめです。

6.5 工程管理レポート

ここでは工程管理レポートのサンプルを紹介します。工程管理のレポートには、

- **1つの製品に対して材料受入から製品出荷までの流れを管理する**
- **工程単位に切り分けて、各工程の負荷状況を管理する**

の2とおりありますが、今回は工程単位のレポートを紹介します。

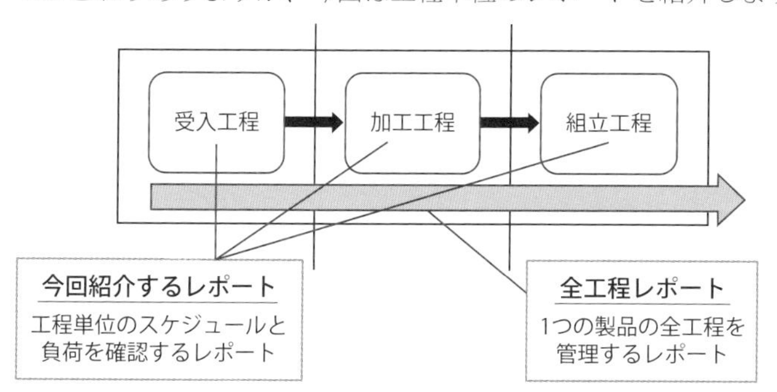

今回紹介する工程管理のレポートでは、「工程ごとの負荷が目に見えるグラフ」を作成します。工程単位で作業担当者が異なる場合は、各工程での仕事量の調整が必要です。ある工程の担当者の仕事が早く終わっても、次の工程の人の仕事量が多くて止まっていたら、最終的に製品はできあがりません。ボトルネックとなっている工程を把握すること、さらにはボトルネックとなりそうな工程を事前に把握することが大切です。今回のレポートでは、将来のボトルネックとなる工程の情報も見えるグラフとなっています。

工程管理のデータは、工程ごとに開始日と完了予定日を入れた情報になっているのが一般的です。そのデータから、工程の進捗と予定がわかるガントチャートを作っている人も多いでしょう。ガントチャートは、1つの製品に焦点をあてたレポートです。今回は、同じ情報を使って、工程単位の仕事に焦点をあてたグラフを作成していきます。製品と工程の両方の視点から見ることで、より精度の高い管理ができるようになるでしょう。

他の業務にも応用できる工程管理レポート

「私は工場の工程管理の担当ではないから、このレポートは自分の業務には使えない」とは思わないでください。事務仕事はすべて工程管理の対象となります。次の例のように、その他の業務にも応用できるので、ぜひ参考にしてください。

- **IT部門がシステム改善依頼を受けたときの工程管理**

  設計➡開発➡テスト➡リリース

- **営業担当者が顧客に見積りを提出するときの工程管理**

  設計部門確認➡原価確認➡受注価格の承認

レポートの概要

紹介するレポートでは、次の内容を確認できます。

- **納期が遅延している作業**
- **工程ごとの負荷と将来の予定作業数**

これらの情報をもとにして、遅延している作業を確認したり、今日納期の作業の状況を確認してフォローすることができます。また、将来の作業量の予測もできるため、スケジュールを変えてリソースの調整をすることにも使えます。

レポートは、画面の左部に工程単位の仕掛り数のグラフを表示し、右部に作業明細の情報を表示しています。

1　工程単位の仕掛り数

日付単位で、何件の作業があるかを表示しています。工程の処理能力を超えていないかどうか確認できます。

また、仕掛り中の作業と未着手の作業は棒グラフの色が違います。棒グラフの色から、ひと目で作業の進捗状況を確認できます。

2　作業明細

指定範囲の作業の一覧が表示されます。「納期が過ぎた作業」や「今日納期の作業」が色分けされてわかりやすくなっています。

また、気になった作業のレコードをクリックすると、画面左部の工程の仕掛り数のグラフで強調表示されます。これによって、「同じ期間に他の作業は少ないから、予定どおりに進みそうだな」といった感じでスケジュールの確認ができます。

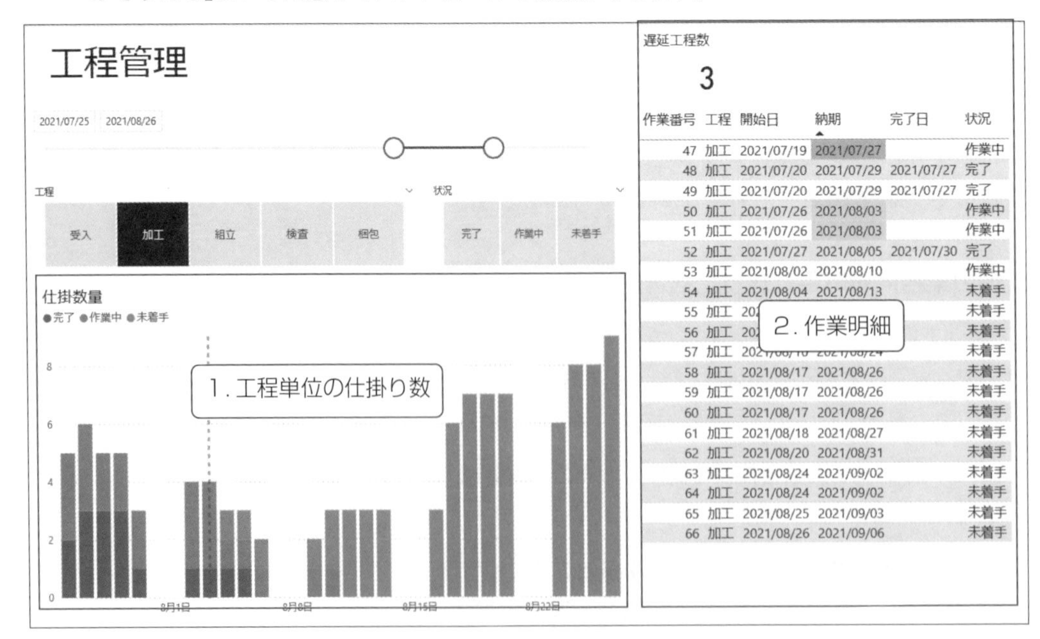

6.5.1 工程単位の仕掛り数について

ここでは、先ほど紹介した「工程単位の仕掛り数」のビジュアルを作成する上での重要ポイントを紹介します。

このグラフは、1日あたりの作業件数および未着手や仕掛り中の状況を確認できるグラフです。棒グラフの高さが作業の件数になり、内訳を見ることで「未着手なのか、仕掛り中なのか」がわかります。

グラフを作成する上で難しい点は、例えば8月1日から8月3日までの作業の場合、8月1日、2日、3日のそれぞれに作業の数量を1つ追加しなければならないことです。このデータの作り方について解説していきます。

●作成ポイント

DAX関数を使って、開始日から納期までの期間に対して、1日あたり1行のデータを生成します。

▼元データ

作業番号	開始日	納期
48	2021/8/1	2021/8/3

▼作成するデータ

作業番号	開始日	納期	作業日
48	2021/8/1	2021/8/3	2021/8/1
48	2021/8/1	2021/8/3	2021/8/2
48	2021/8/1	2021/8/3	2021/8/3

1　DAX関数を利用して、テーブルを作成する

DAX関数は難しいので、そのまま利用してください。ここでは、「DAX関数でテーブルも作成できる」と覚えておけば大丈夫です。

```
工程表 = VAR __workProcess = GENERATE('工程明細', GENERATESERIES(0,
        '工程明細'[納期] - '工程明細'[開始日]))
RETURN __workProcess
```

・関数の内容説明

GENERATESERIESは、開始値から終了値までの数字を持つテーブルを生成する関数です。そしてGENERATE関数は、2つのテーブルを組み合わせる関数です。GENERATESERIESで工程明細テーブルの行単位ごとに作業日数分の行を作成したあと、GENERATE関数で工程明細テーブルと組み合わせています。各関数でセットしているパラメータは次のとおりです。

▼関数の構文：GENERATESERIES（開始値，終了値）

パラメータ名	値
開始値	0
終了値	「納期－開始日」で 計算した作業日数

▼関数の構文：GENERATE（テーブル1，テーブル2）

パラメータ名	値
テーブル1	工程明細テーブル
テーブル2	GENERATESERIESで 作成したテーブル

2　棒グラフを作成する

Y軸に作業件数を表示するため、カウントをセットします。

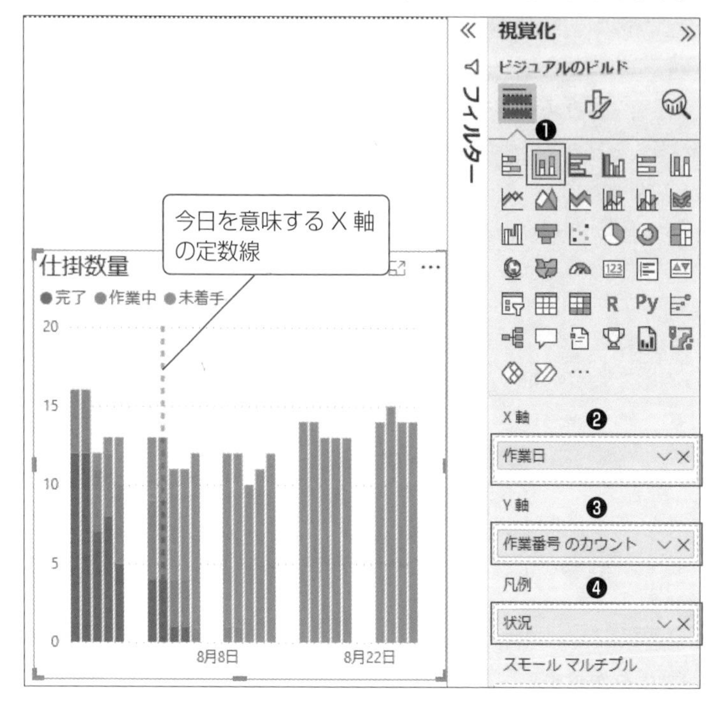

❶積み上げ縦棒グラフを選択
❷「X軸」に日付列を選択
❸「Y軸」に作業件数のカウントを選択
❹「凡例」は内訳表示のため、作業工程の状況を表す列を選択

3　定数線を追加する

グラフ上で今日の時点がすぐにわかるように、今日の日付に縦の線を追加します。

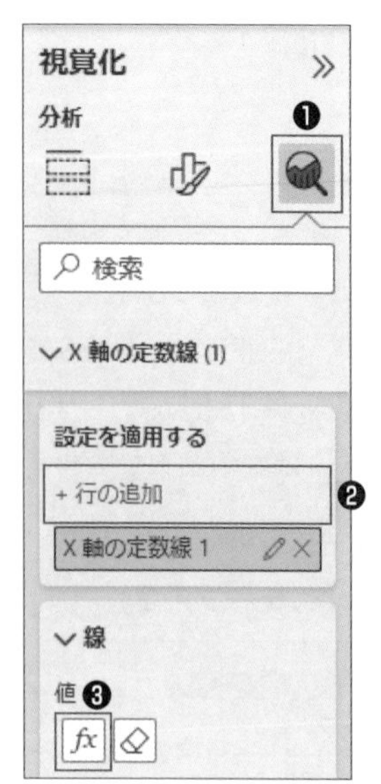

❶「分析」タブを選択
❷「X軸の定数線」を追加する
❸計算式を設定する
データに今日の日付を表示する列を作成し、その列の値を使用してください

6.5.2 作業明細

ここでは、作業明細の使い方と作成のポイントについて紹介します。

テーブルのビジュアルで作業明細を表示することで、工程ごとに予定の作業数を確認できます。「納期が遅れている」作業と「今日が納期」の作業は色分けされているので、重要な作業がひと目で確認できます。また、確認した作業のレコードをクリックすれば、棒グラフのビジュアルで作業期間を確認できます。

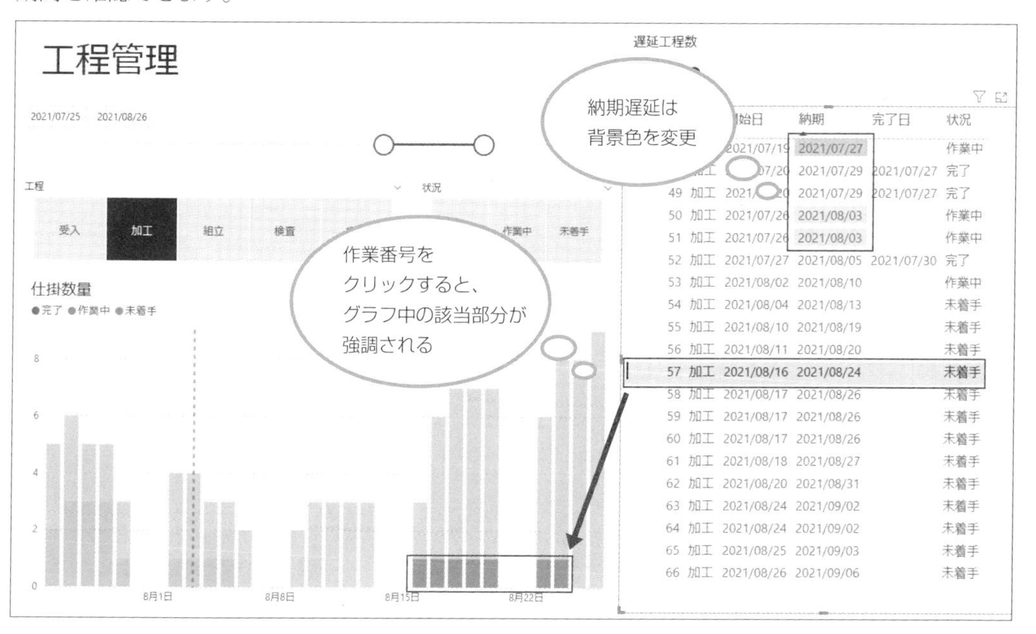

作成ポイント

1　納期遅延という項目を追加して、納期からの遅れ日数がわかる計算式を追加する

内容は、「今日 − 納期」を計算して、0以上の数字だけを出すようにしています。

```
納期遅延 = IF([完了日] = BLANK() && MAX('Todayパラメータ'[今日])
        - [納期] >= 0, MAX('Todayパラメータ'[今日]) - [納期], BLANK())
```

・納期遅延のDAX関数の説明

IF文を利用し、納期遅延が発生していない場合は空白表示にしています。

関数の構文：IF(条件式, 条件式がTrueのときの値, 条件式がFalseのときの値)

パラメータ名	値に設定した内容
条件式	完了日が空白かつ納期が今日以前のレコードを抽出
条件式がTrueのときの値	納期遅延の日数を設定。「今日 − 納期」の計算式
条件式がFalseのときの値	空白を設定

2 「今日が納期」「遅延している」作業を色分けして表示する

先ほど作成した納期遅延の列を利用して、条件付き書式で背景色を変えます。納期遅延が0より大きいときは遅延しているので赤色で表示し、納期遅延が0のときは今日が納期なので黄色で表示するように設定します。

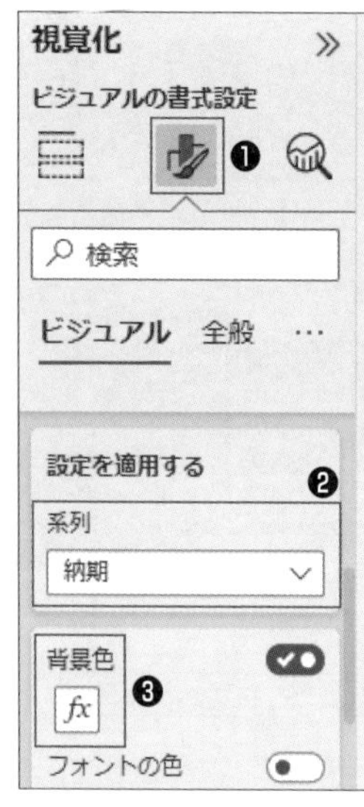

❶「書式」タブを選択
❷「系列」に「納期」の列を選択
❸「背景色」をクリック

背景色 - 背景色

データ形式スタイル
ルール
適用先
値のみ
基準にするフィールド ❶
納期遅延 の合計
概要
合計
ルール
色の順序を逆にする
値が次の場合 > 0 数値 終了 < 999 数値 結果
値が次の場合 = 0 数値 ❷ 結果

❶納期遅延の列を選択
❷納期遅延の合計が0以上のときは赤表示、0の場合は黄色に設定

6.6 レポート学習のまとめ

6章では4つのレポートを紹介しました。

1　人員計画レポート

現場が使う情報に全体視点のグラフを追加することを紹介しました。これにより、経営の立場から考えてほしい視点に誘導したり、視野を広くして考えられるレポートを作成しました。

2　貸借対照表のレポート

貸借対照表を起点として、各分析レポートに展開する構造が、Power BIの有効性についての社内各部の理解を得て、導入を進めるのに適していることを紹介しました。

3　営業活動レポート

契約に至るまでのプロセスを可視化できるフィルターのグラフを紹介しました。プロセス定義とデータ集めが大変ですが、これを実現すると、改善可能なプロセスがひと目でわかるようになります。

4　工程管理レポート

工程ごとの負荷をグラフでわかりやすく表現しました。納期は日付データであるため、グラフで表現しにくいのですが、日付単位でレコードを持つように変換することで、うまく視覚化できました。

本章では、レポートの紹介の中で、Power BIでよく使う技術についても説明しました。

MEMO

第 7 章

役立つ機能やテクニック

普通にレポートを作成しているだけでは気がつかない便利な機能が、
Power BIにはたくさんあります。
この章では、特に役立つ機能をランキング形式で紹介します。

7.1 使いやすいレポートに変身させる機能ベスト3

7.1.1 ポップアップメニューの作成

Power BIでは、アプリのようなメニュー画面の作成ができます。具体的には、検索画面をポップアップとして表示したり、メニューを表示してページを切り替えたりすることができます。これらは、専用の機能がPower BIに備わっているわけではなく、実はいままで読者のみなさんが学んできた内容を組み合わせることで実現できます。その方法を覚えると、レポートを作成する上でのデザインの幅が大幅に広がります。

作成の手順

検索画面のポップアップを実現するためには、次のような仕組みが必要となります。

1. **検索画面を前面に出した状態でブックマークに保存する**
   検索画面をいまのレポートの前面にかぶせる形で作成して、その状態をブックマークします。
2. **検索画面を非表示にした状態でブックマークに保存する**
   1で作成した検索画面を非表示にして、そのあとブックマークに保存します。登録した2つのブックマークを交互にクリックしてみると、検索画面が表示されたり閉じたりするように見えます。
3. **2つのブックマークをボタンに割り当てる**
   ボタンを作成して、ブックマークを割り当てます。これで、「2つのボタンを交互にクリックすると、検索画面を開いたり閉じたりする」ように見える画面が作成できます。

このほかにも、ブックマークや選択項目、ボタンなどの機能を組み合わせると、強力な機能ができあがります。ボタンをクリックするだけで、グラフを拡大表示したり、メニューを表示したりするなど、アイディア次第で応用できます。それでは、ポップアップ画面の作成方法を演習しましょう。

▼ポップアップを開く前の画面

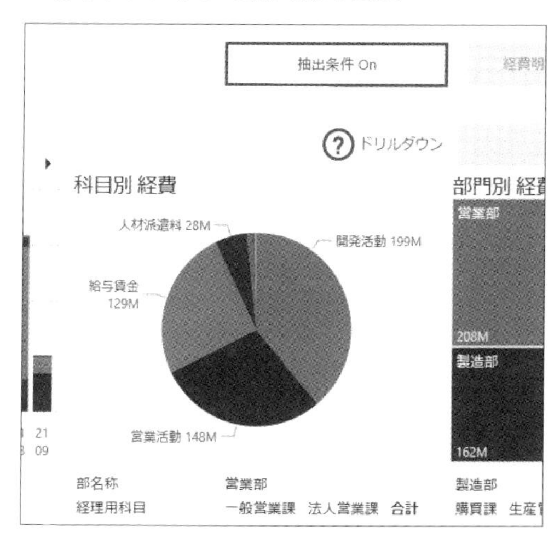

▼ポップアップを開いた画面

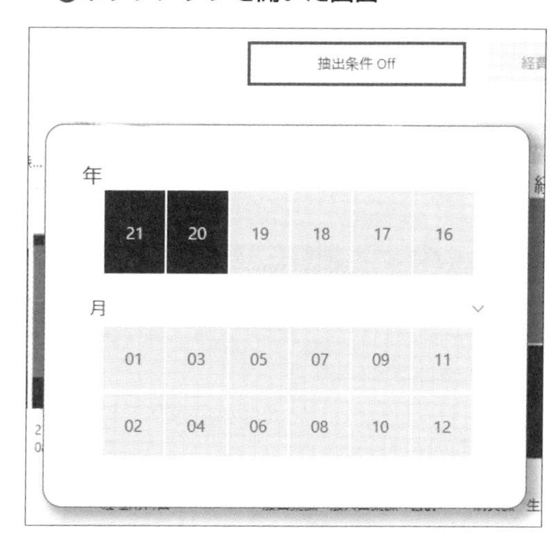

演習：検索条件のポップアップメニューを作成する

ここでは、ポップアップメニューを作成していきます。

1　ポップアップメニューを作成する

ポップアップする検索画面を作成します。既存のレポートの上に、テキストボックスやスライサーを配置してください。

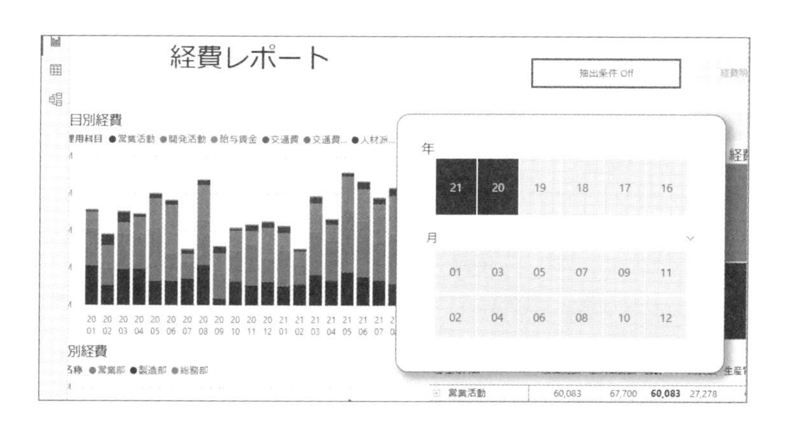

2　検索画面のブックマークを登録する

検索画面の作成が終わったら、この状態を「ポップアップ表示」としてブックマークに追加します。ブックマークには、画面の状態とデータの状態が保存されています。画面の状態だけブックマーク機能として使うので、「データ」パラメータのチェックを外して、データを再現対象外にします。

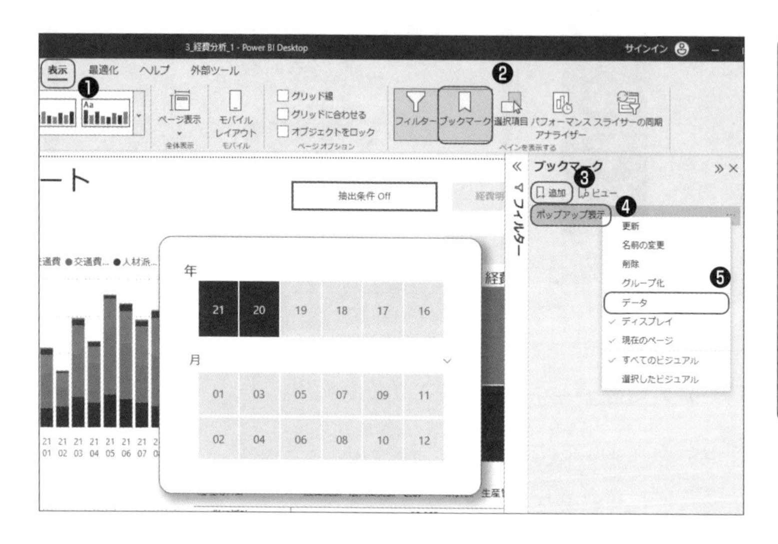

❶「表示」リボンを選択
❷「ブックマーク」を選択状態にする
❸「追加」ボタンをクリック
❹ブックマークの名前を「ポップアップ表示」に変更
❺右クリックメニューから「データ」のチェックを外す

3　検索画面を閉じた状態の作成

次に、検索画面を閉じた状態を作ります。そのために、選択項目メニューを利用して、検索画面で使用したビジュアルを非表示にします。

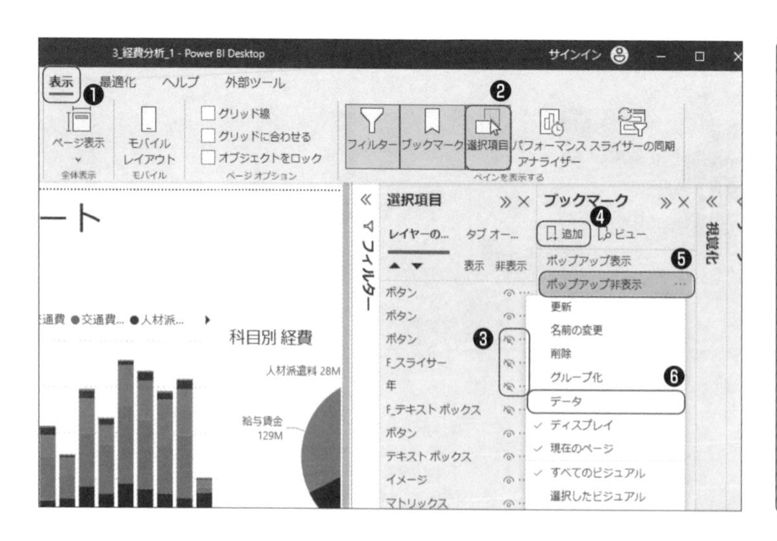

❶「表示」リボンを選択
❷「選択項目」を選択状態にする
❸検索画面で使用したビジュアルを非表示にする
❹ブックマークに追加する
❺追加したブックマークの名前を「ポップアップ非表示」に変更
❻右クリックメニューから「データ」のチェックを外す

4 ブックマークをボタンに割り当て

検索画面を表示するボタンと閉じるボタンの2つを作成します。表示するボタンには「ポップアップ表示」のブックマークを割り当て、閉じるボタンには「ブックマーク非表示」のブックマークを割り当てます。

「検索画面を表示」するボタンの作成は次の図の手順でおこないます。同様に「検索画面を閉じる」ボタンも作成してください。

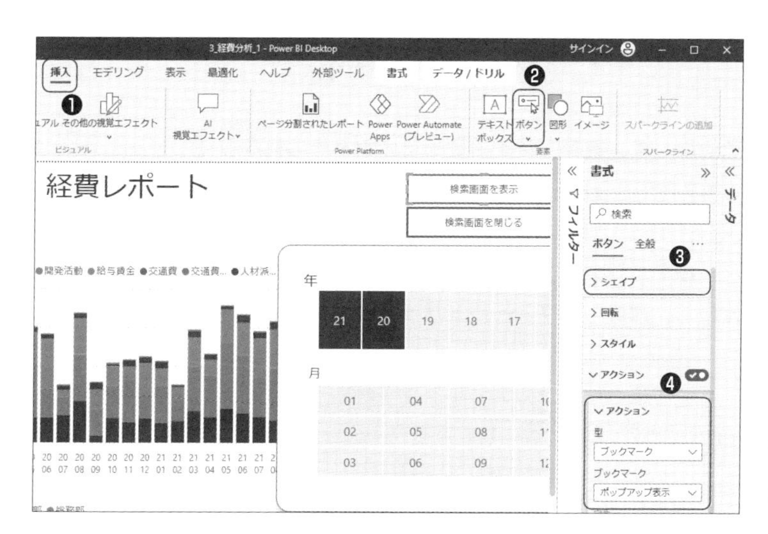

❶「挿入」ビジュアルを選択
❷「ボタン」をクリックしてボタンを作成する
❸ボタンの「シェイプ」の「テキスト」に「検索画面を表示」と設定してボタンに表示する文字を設定
❹「アクション」に次の値を設定
型：ブックマーク
ブックマーク：ポップアップ表示

設定が完了したら、「検索画面を表示」と「検索画面を閉じる」のボタンを交互にクリックしてみてください。ポップアップメニューのように画面が閉じたり、開いたりするように見えます。

7

ワンポイント **スライサーの同期**

「表示」リボンの中にスライサーの同期の機能があります。この機能を使うと、ページごとにスライサーを表示するか、抽出条件のみ適用するかを設定できます。この機能を使えば、検索専用ページを作という使い方もできます。

7.1.2 メジャーの表示切り替え

表示するメジャーの列を、選択した値に変えることができます。例えば、売上高のビジュアルをクリックひとつで受注高のレポートに切り替えることができます。これは、**フィールドパラメータ**という機能を使います。

作成の手順

次の手順で、フィールドパラメータを使ったグラフを作成します。

1. **「新しいメジャー」機能を使用して、集計方法を指定したメジャーの列を作成します。**
2. **「新しいパラメータ」から「フィールド」を作成することで、メジャーを選択できるパラメータを作成します。**
3. **手順の2で作成したフィールドパラメータを使用して、スライサーを作成します。**
4. **積み上げ縦棒グラフを作成し、作成したフィールドパラメータをY軸に設定します。**

以上で、フィールドパラメータを使用したビジュアルが作成されます。スライサーからメジャーを選択してみて、選択したメジャーのグラフに切り替われば成功です。次の演習では、詳しい手順を紹介します。

▼フィールドパラメータを使用したグラフの例

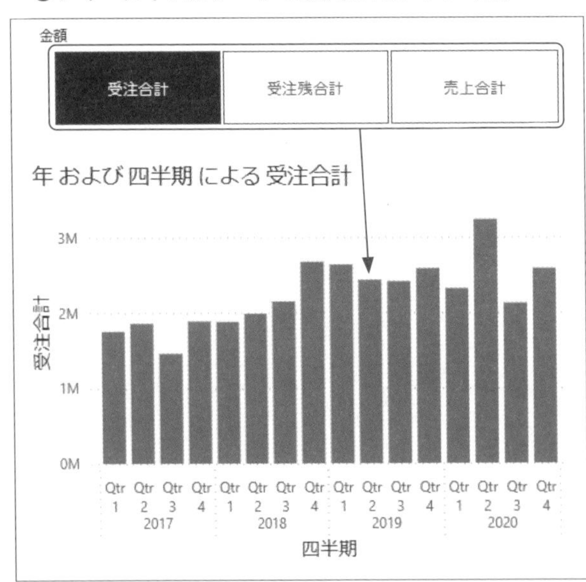

クリックすると、棒グラフの表示を「受注合計」から「受注残合計」や「売上合計」に変更できる

演習：フィールドパラメータを使用したビジュアルを作成しよう

1　メジャーの作成

フィールドパラメータで使う列は、ビジュアル上で集計方法(値を合計するか、件数を出すか、平均値を出すか、など)を指定できません。そのため、集計方法を指定したメジャーの列を作成します。

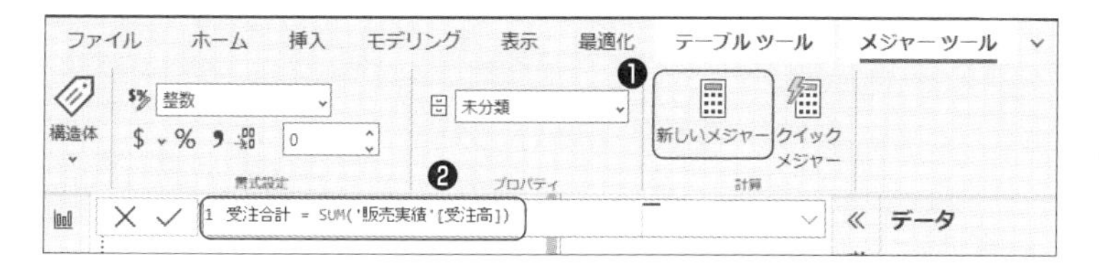

❶「新しいメジャー」を選択
❷集計式を記入

2　フィールドパラメータを作成

選択候補の列をまとめたパラメータを作成します。

❶「モデリング」リボンを選択
❷「新しいパラメーター」から「フィールド」を選択
❸「名前」はパラメータの名前を記入
❹フィールド欄には、手順の1で作成したメジャーを追加

3　スライサーの作成

デフォルトでは、自動的にスライサーがレポートに作成されます。そのため、作業は不要です。

4　ビジュアルの作成

作成したフィールドパラメータは、他の列と同じようにデータウィンドウの一覧に表示されます。そこからフィールドパラメータを選択してビジュアルを作成します。

以上で完了です。スライサーの選択を変えることによって、ビジュアルの値が変わることを確認してみましょう。

7.1.3 フィールドの値による色の変更

Power BIでは、いろいろな場所の色を設定できます。文字の色、背景色、グラフなどです。色の設定として手動で設定するほかに、条件付き書式を使って変更する方法があります。

ここで紹介する方法は、条件付き書式のフィールド値を使った色の設定です。これは、「テーブルに色の情報が入った列を入れることで、その列の値の色を表示する」という機能です。

この方法のメリットは、データに色の情報を持っているので管理しやすい、ということです。また、メジャーを使って計算することで複雑な条件設定が可能となります。

条件付き書式のフィールド値の設定手順

1 テーブルに色情報を記入した列を追加する

列の値には、"Red"、"Green"といった英語名や、#FF0000といったカラーコードも使用できます。

▼色データの設定例

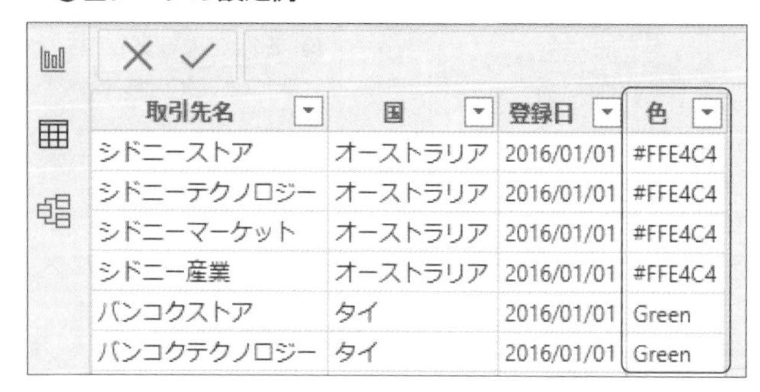

取引先名	国	登録日	色
シドニーストア	オーストラリア	2016/01/01	#FFE4C4
シドニーテクノロジー	オーストラリア	2016/01/01	#FFE4C4
シドニーマーケット	オーストラリア	2016/01/01	#FFE4C4
シドニー産業	オーストラリア	2016/01/01	#FFE4C4
バンコクストア	タイ	2016/01/01	Green
バンコクテクノロジー	タイ	2016/01/01	Green

2 ビジュアルの書式設定から、条件付き書式を設定する

条件付き書式の「データ形式スタイル」に、「フィールド値」を指定します。

▼色データの設定例

既定色 - 列 - 色

データ形式スタイル

フィールド値

基準にするフィールド　概要

最初の 色　第 1

演習：メジャーの値を利用して、条件付き書式の色を設定する

この演習では、「金額の大きさによって色を変える」列を作成します。

1　メジャーを作成する

最初に、計算のもとになるメジャーを作成します。

```
売上高SUM = SUM('販売実績'[売上高])
```

2　色を指定する列を作成する

先ほど作ったメジャーをもとに、金額によって色を変更する列を作成します。次のサンプルは、「100万円以上の場合は緑、1万円以上の場合は黄色、それ未満の場合は赤」を表示するDAX式です。SWITCHは、条件式をもとに出力を変更するDAX関数です。

```
色 =
SWITCH(
   TRUE(),
    ([売上高SUM] >= 1000000), "Green",
   (1000000 > [売上高SUM] && [売上高SUM] >= 10000), " Yellow", "Red"
)
```

3　ビジュアルの書式設定

下準備が整ったのでビジュアルに色を設定します。変更したい書式項目に移動し、条件付き書式のアイコンをクリックして先ほど作成した「色」の列を設定します。

```
データ形式スタイル　：フィールド値
基準にするフィールド：色
```

上記の例では、棒グラフの色を売上が100万円以上のときに、緑色となるように変更しました。

条件付き書式のルールのデータ形式スタイルを使っても同様のことができます。しかし、条件が複雑だったり、設定箇所が複数あったりする場合は、今回のように色を指定した列を準備する方が便利です。

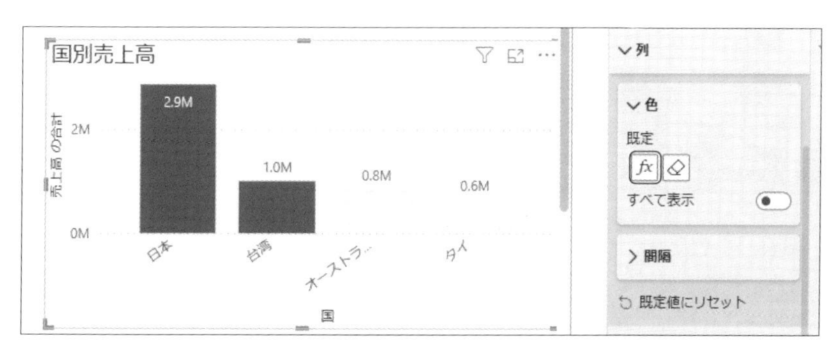

7.2 ビジュアル作成に関するテクニックベスト3

7.2.1 ヒストグラムの作成

よく使われるグラフの種類にヒストグラムがあります。**ヒストグラム**とは、データを特定区間で区切って集計したグラフのことです。よくある例は、テストの得点分布のグラフです。0点台、10点台、20点台、……などと10点刻みで得点人数を数えて、棒グラフにしたものです。

ヒストグラムはよく使われるものですが、Power BIにはヒストグラムのビジュアルは用意されていません。その理由は、グループ機能を使えば棒グラフのビジュアルで容易に作成できるからです。ここではヒストグラムの作成方法を紹介します。

作成の手順

1 グループ作成

グループ化したい列に対して、「新しいグループ」から、ビンを使用してグループを作成します。ビンは「容器」のことであり、「区分けのない数字を容器で区切って分割する」というイメージになります。

2 ヒストグラム作成

手順の1で作成したグループをX軸に設定し、Y軸にもグループのカウントを設定することで、ヒストグラムが作成できます。

▼テストの点数表のヒストグラム

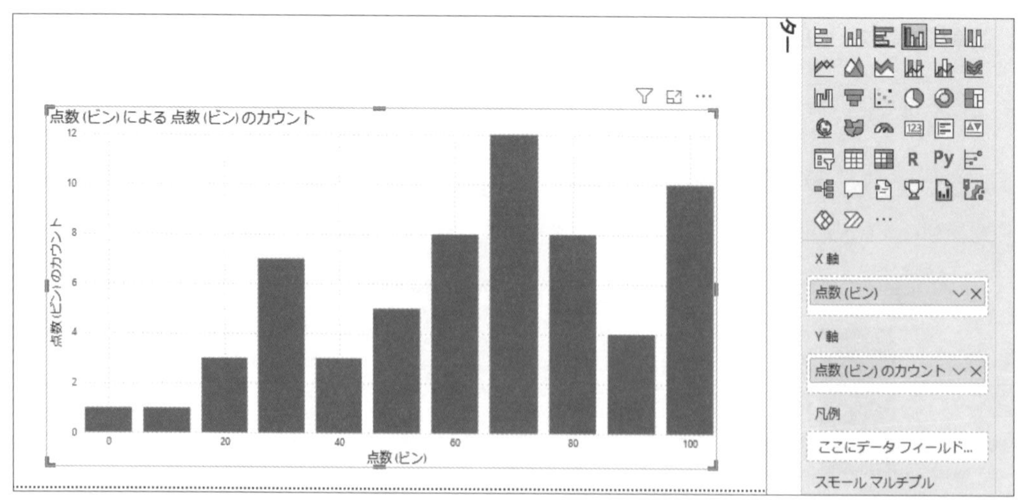

演習：ヒストグラムのビジュアル作成

ここでは、テストの点数の分布を表示するヒストグラムの作成を行います。

1　新しいグループを追加する

棒グラフの表示範囲のもととなるグループを作成します。

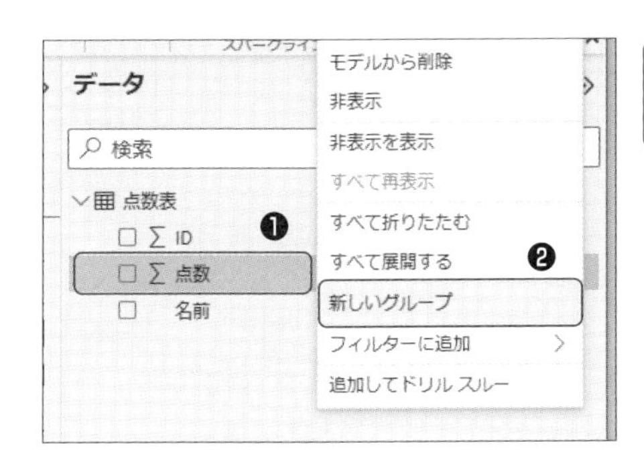

❶数値項目である「点数」を右クリック
❷「新しいグループ」を選択

2　グループの作成

「ビンのサイズ」を設定します。今回は10点間隔で集計するので「10」を設定します。

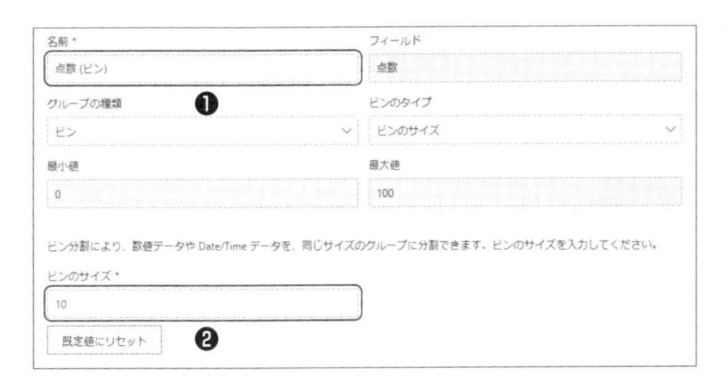

❶列の「名前」を設定
❷「ビンのサイズ」を設定

3　積み上げ縦棒グラフの作成

積み上げ縦棒グラフのビジュアルを選択し、先ほど作成したグループを「X軸」と「Y軸」に設定して、ヒストグラムを作成します。

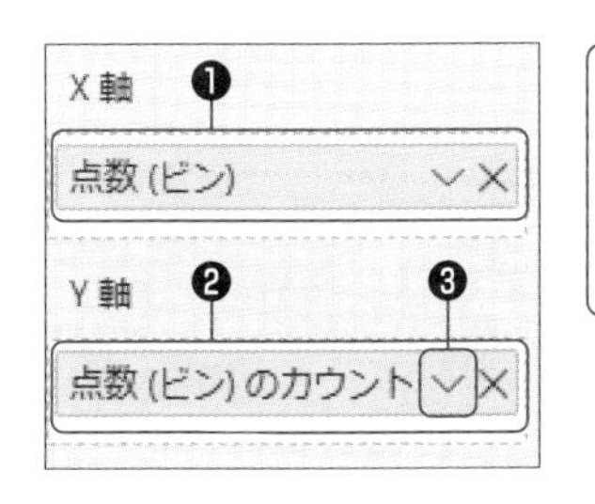

❶X軸に「点数（ビン）」を設定
❷Y軸に「点数(ビン)」を設定
❸プルダウンを開き、集計方法を「カウント」に変更

7.2.2　テーブルデータのURLにリンク設定や画像データの表示

メールの本文やExcelシートには、クリック操作で簡単に対象のWebサイトに移動可能なリンクを作成できるので便利です。Power BIでも同様にリンク設定を追加できます。

また、画像を動的に表示したいことがあります。例えば、社員一覧の情報を表示するときに、社員の顔写真があると情報を理解しやすくなります。この場合も、Web上に顔写真の画像ファイルを置いておけば、レポートでその画像を表示できるようになります。

作成の手順

1　データの用意

URLが入ったデータを用意します。

2　列のデータ定義

画像を表示する場合は、列のデータカテゴリの定義で「画像のURL」を設定します。URLのリンク設定をする場合は、列のデータカテゴリの定義で「Web URL」を設定します。

3　書式設定

テーブルのビジュアルを作成して表示します。URLのリンクを設定する場合は、書式設定の「セル要素」から「Web URL」をチェックします。

▼URLリンクと画像を表示したテーブルビジュアル

演習：画像表示とURLのリンクを作成する

ここでは、URL一覧が入っているデータをもとに、リンク先の画像表示と**URLリンク**の生成を行います。

1 データを用意する

「http(s)://～」というURLが入ったデータを用意します。

2 列のデータカテゴリを設定する

画像用のURLには、データカテゴリで「画像のURL」を設定します。URLリンク用の列には、データカテゴリに「Web URL」を設定します。

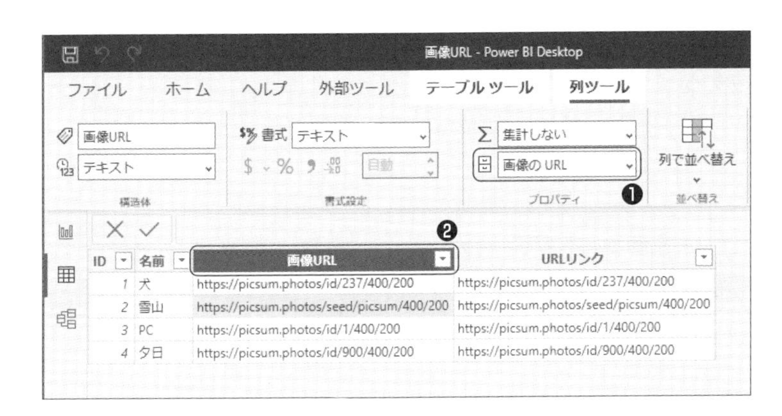

❶画像用のURLを選択
❷データカテゴリに「画像のURL」を設定

3 書式設定

画像は、先ほど設定した「画像URL」の列を設定すれば表示されます。次に、「名前」の列にURLのリンクを設定してみます。URLのリンクは書式で設定します。セルに対してデータカテゴリが「Web URL」となっている列を、条件付き書式で設定することで実現できます。

❶書式設定を開く
❷「セル要素」を選択
❸「系列」に「名前」の列を選択
❹「Web URL」の条件付き書式を設定する。基準にするフィールドにURL用のリンクの列を設定する
❺リンクが設定された

7.2.3 レーダーチャートの作成

分析用のグラフとしてよく耳にするものの1つに、レーダーチャートがあります。レーダーチャートは、製品、人物などの強みや特徴を捉えるためによく使われるグラフです。Power BIのビジュアル一覧にはレーダーチャートがないので、Power BIでは作成できないと思われています。しかし、レーダーチャートはカスタムビジュアルとして用意されているので、ダウンロードして使用することが可能です。

レーダーチャートを作成する手順

1 「その他のビジュアル取得」から「Radar Chart」をダウンロードする

「Radar Chart」はMicrosoft社が提供するカスタムビジュアルなので、安心して使えます。

2 レーダーチャートを作成する

ダウンロードしたカスタムビジュアル「Radar Chart」を使用して、レーダーチャートのグラフを簡単に作成することができます。

▼「Radar Chart」のダウンロード画面

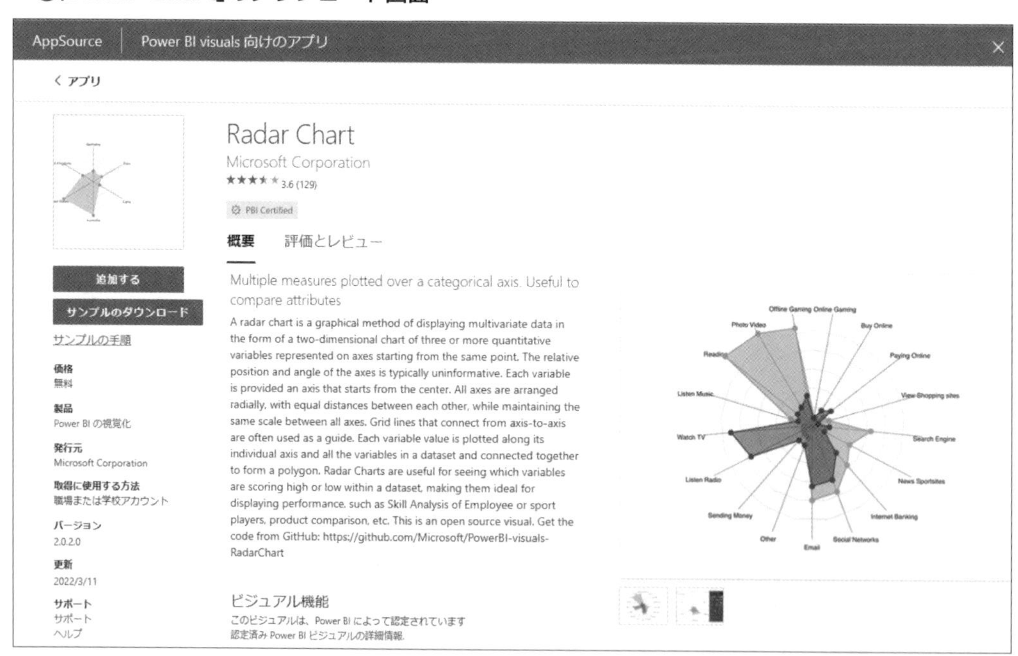

演習：ヒストグラムのビジュアル作成をする

ここでは、レーダーチャートのビジュアルを追加して、ヒストグラムのグラフを作成します。

1　Radar Chartをダウンロードする

ビジュアルの取得画面を開きます。開いたら「Radar Chart」で検索して追加します。

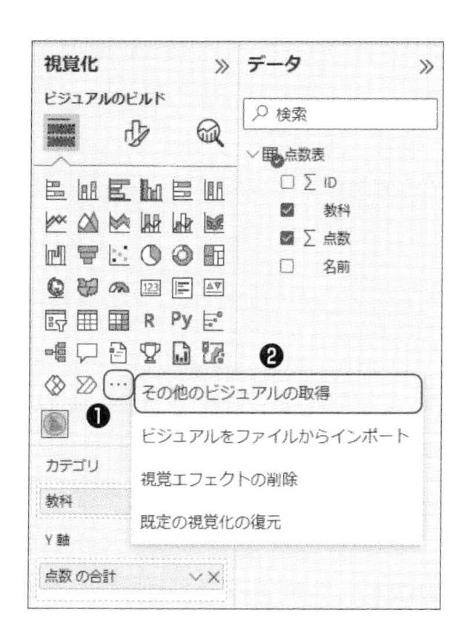

❶「その他のビジュアルの取得」のアイコンをクリック
❷「その他のビジュアルの取得」を選択

2　Radar Chartを作成する

カテゴリ用の列と値を持ったデータを用意して、レーダーチャートを作成します。次のサンプルは、テストの教科別の得点を表示したレーダーチャートです。

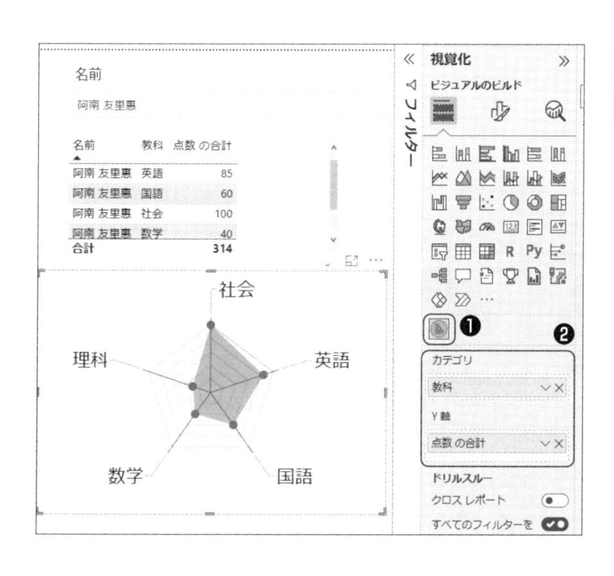

❶ Radar Chartを選択
❷「カテゴリ」と「Y 軸」を選択

7.3 きれいなレポートに欠かせない書式設定 ベスト3

7.3.1 テーマのギャラリー

きれいなレイアウトのレポートをゼロから作成するのはとても大変です。Power BIには20ほどのデフォルトのテーマが用意されており、そこから選択すれば簡単に見栄えのいいレポートを作成できます。とはいえ、デフォルトのテーマの中に気に入ったものが見つからない場合もあります。

そんなときにおすすめなのが、テーマのギャラリーです。テーマのギャラリーには、利用者が投稿したテーマが集められています。数多くのテーマが揃っており、そこから気に入ったものを選ぶことで、好みのレイアウトのレポートを作成できるようになります。

作成の手順

1 **Power BIのテーマのプルダウンを開き、「テーマのギャラリー」をクリックする**

2 **Power BIのギャラリーページに移動します。画像を見て、気に入ったテーマを選択する**
詳細ページにJSONファイルがあるので、それをダウンロードします。

3 **Power BIのテーマのプルダウンから「テーマを参照」を選択し、先ほどダウンロードしたJSONファイルをアップロードする**

▼ギャラリーのWebページ

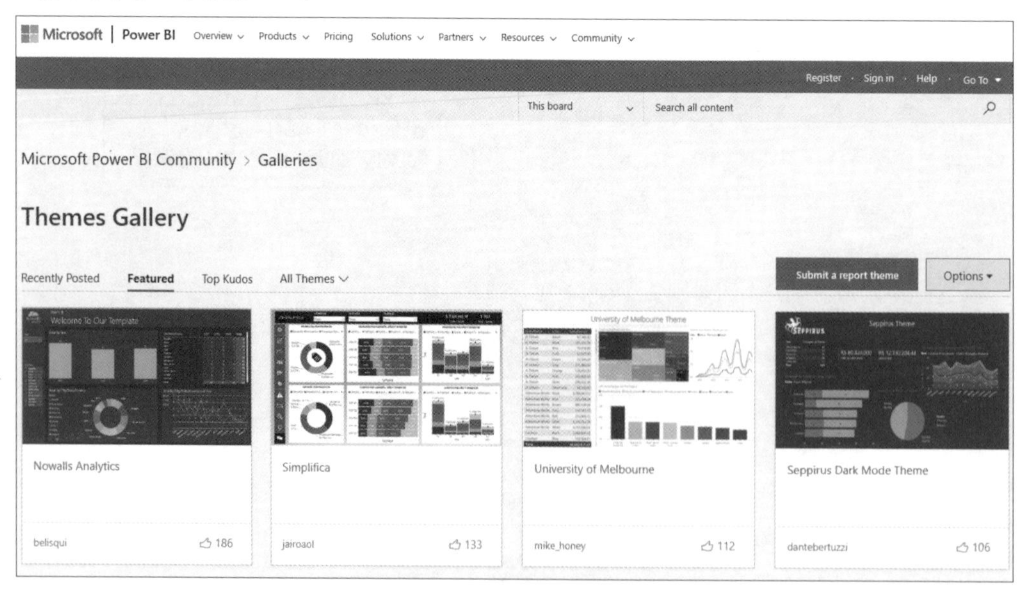

演習：ユーザーが提供しているテーマを使用してみよう

1 「テーマのギャラリー」ページを開く

テーマのプルダウンを開き、「テーマのギャラリー」を選択します。

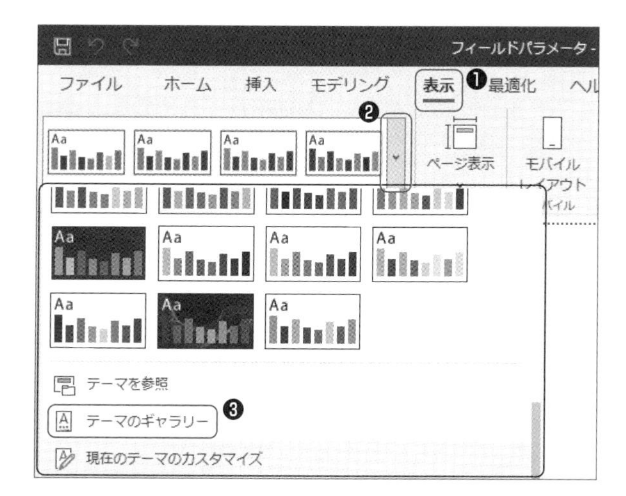

❶「表示」タブを選択
❷テーマのプルダウンを開く
❸「テーマのギャラリー」を選択

2 テーマ設定用のJSONファイルをダウンロード

気に入ったテーマをクリックすると、最初の方の投稿で画像ファイルとJSONファイルが投稿されているので、JSONファイル(拡張子「.json」)をダウンロードします。

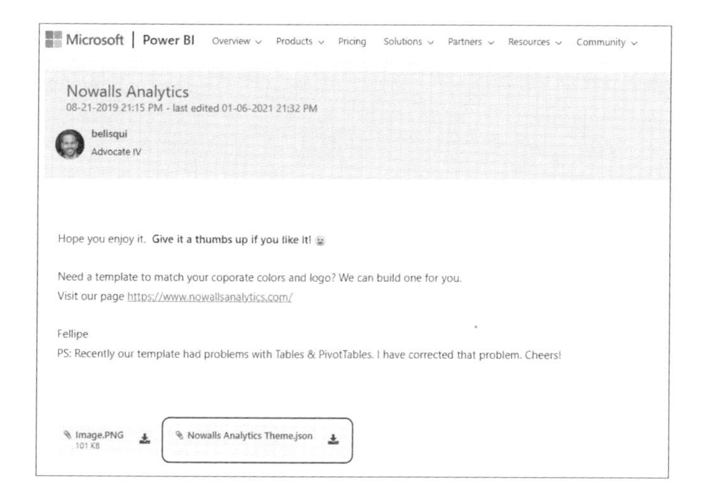

3 JSONファイルをアップロードする

JSONファイルにはテーマの設定内容が記載されています。手順の2でダウンロードしたJSONファイルを、「テーマを参照」からアップロードします。「テーマを参照」は、手順の1でクリックした「テーマのギャラリー」のすぐ上の項目です。

7.3.2　サイズの統一と書式設定の貼り付け

Power BIのレイアウトを最終調整していてよくあるのが、ビジュアルのサイズ変更やフォントサイズの変更です。1つのビジュアルについて、タイトルのフォントサイズを変えたり色を変えたりしたら、他のビジュアルも調整して統一性を維持しないと、見た目が悪くなります。これは、手間のかかる大変な作業です。

そこでここでは、統一性を維持しつつレイアウトや書式の調整を効率的に行うための操作方法を紹介します。

調整の手順

1　複数ビジュアルを一括で変更する

複数のビジュアルを選択状態にすることで、ビジュアルの書式を一括で変更できます。ただし、一括変更できるのは同じ種類のビジュアルに限られるので要注意です。この方法では、サイズだけでなくその他の書式についても、複数のビジュアルで一括変更できます。

2　書式のコピー／貼り付けをする

「ホーム」タブの「書式のコピー／貼り付け」を使うことで、選択したビジュアルの書式を他のビジュアルにコピーできます。違う種類のグラフでも、タイトルや凡例といった共通の書式情報がコピーされます。

参考：ビジュアル設定の順番について

慣れないうちは、書式設定の調整にあたり、個々のビジュアルの修正から始めがちです。しかし、順番としては次のとおり、「大きい設定から細かな設定へ」という流れで進めるのがよいでしょう。

●書式設定の順番

1　テーマの使用

2　現在テーマのカスタマイズ

3　個別にビジュアルを修正

この項で紹介した方法は、「**3　個別にビジュアルを修正**」の段階で利用してください。

演習：書式設定作業の効率化して行う方法

●ビジュアルのサイズを一括で変更する

まず、一括変更の対象となる複数のビジュアルを、Ctrlキーを押しながらすべて選択します。その状態で、書式の「プロパティ」から「高さ」と「幅」を変更します。

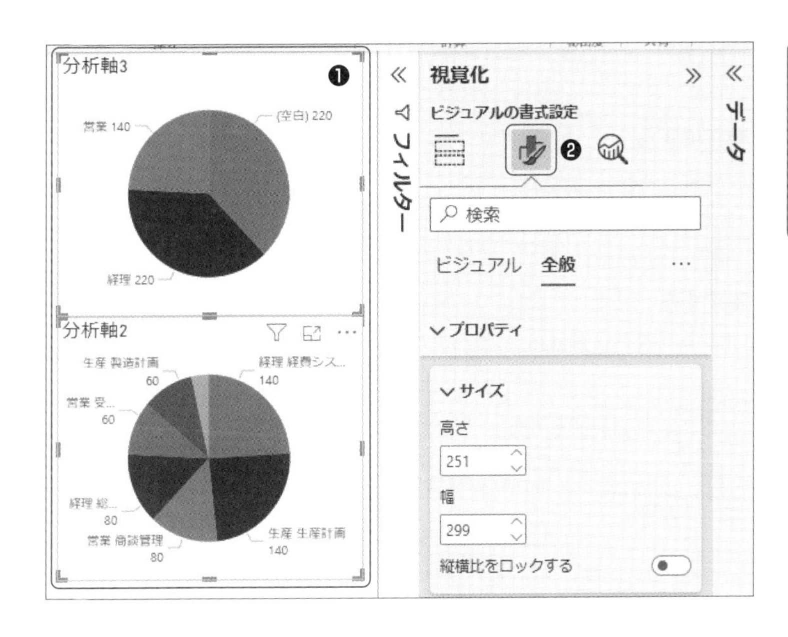

❶対象とするビジュアルを、Ctrlキーを押しながら選択して、複数が選択された状態にする
❷書式設定を変更する

●書式のコピー／貼り付け

書式設定が済んだビジュアルを選択し、「ホーム」タブの「書式のコピー／貼り付け」を選択します。選択するとマウスがハケのアイコンに変わるので、コピー先のビジュアルをクリックして指定します。

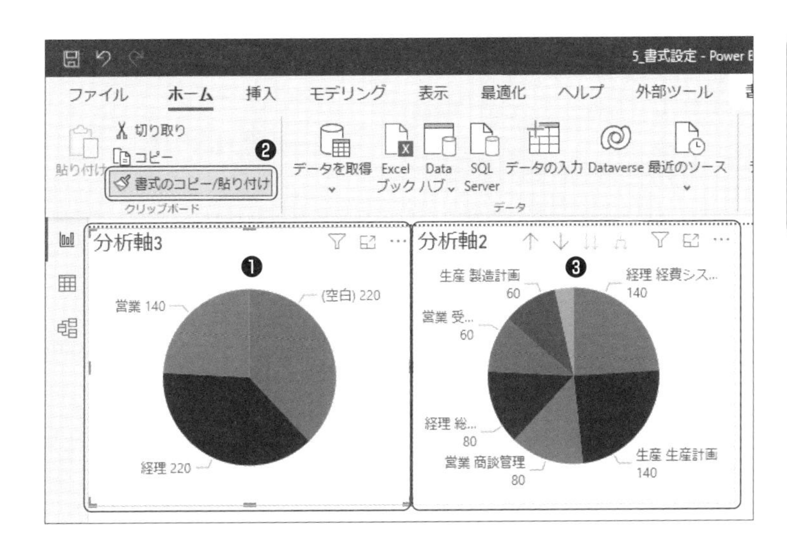

❶書式設定済みのビジュアルを選択
❷「書式のコピー／貼り付け」を選択
❸貼り付け先のビジュアルをクリック

7.3.3 背景画像を設定する

Power BIでは、基本図形は用意されていますが、見栄えのよい凝ったレイアウトにするのは難しいです。見栄えをよくするには、**背景画像**を使うのがよいでしょう。別ツールで画像を作成して、それをPower BIの背景画像とします。ここでは、レポートに背景画像を設定する手順を紹介します。

背景画像を設定する手順

1 Power BIでレイアウトを作成する

いつものとおりにPower BIでレポートを作成します。

2 背景画像を作成する

別途、背景画像を作成します。そのためには、画像ツールやPowerPointなどを使います。

3 Power BIに背景画像を設定する

作成した背景画像をPower BIに取り込みます。

次の図は、背景の色のグラデーションやタイトルまわりを背景画像で作成した例です。

▼背景画像を設定した例

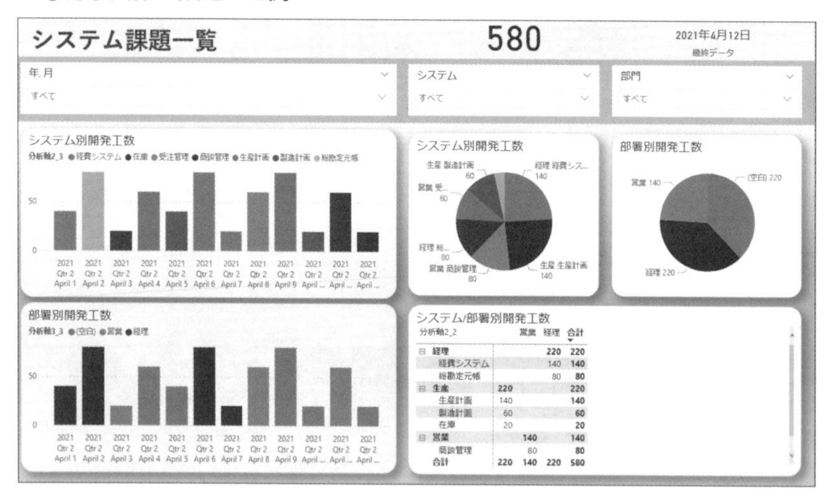

演習：背景画像を設定する

背景画像の設定を行います。背景画像の作成方法はいろいろありますが、ここではPowerPointで背景画像を作成する例を紹介します。

1 Power BIでレポートを作成する

Power BIでレポートを作成して、スクリーンショットをとります。

2 PowerPointで背景のレイアウト画像を作成する

背景のレイアウト画像の作成で難しいのは、背景画像とPower BIのレポートとの位置調整です。これをスムーズに行うため、透明化したPower BIレポートのスクリーンショットを背面に表示し、その前面に背景レイアウト(タイトル文字やグラデーションなど)を描画します。具体的には次の手順で進めます。

①Power BIのスクリーンショット画像をPowerPointに貼り付けて、ページいっぱいに合わせます。
②画像表示の透明度を上げて、薄く見える状態にします。
③文字やオブジェクトを画像の上に追加して、レイアウトを整えます。
④Power BIの画像を削除します。
⑤PowerPointでの保存の際に、ファイルをPNG形式に変更して保存します。

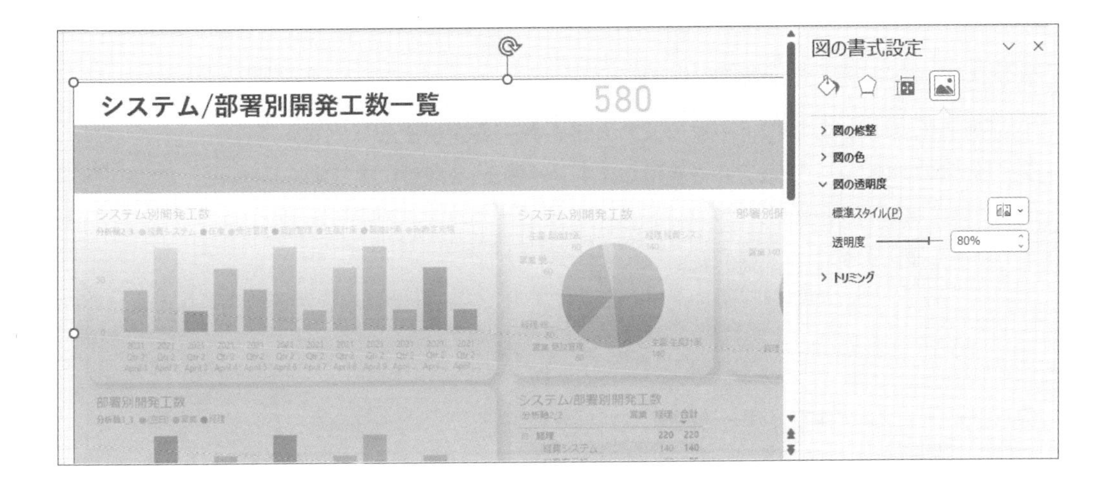

3 Power BIで背景画像を設定する

ページの書式設定から、「キャンバスの背景」に、先ほど保存したイメージ(画像ファイル)を設定します。

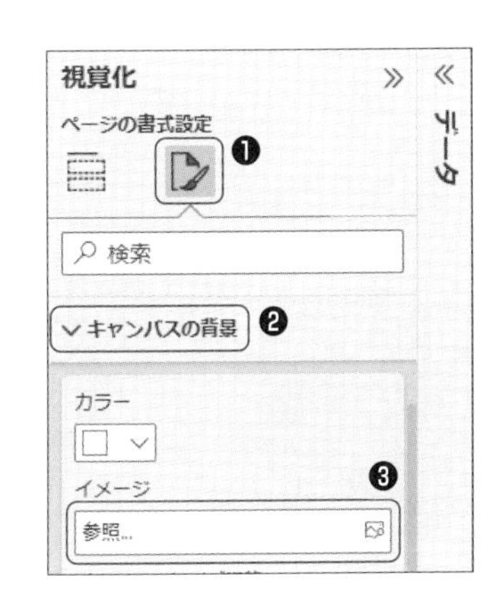

❶「書式」を選択
❷「キャンバスの背景」を選択
❸「イメージ」からファイルを設定

7.4 運用保守に必要な機能 ベスト2

7.4.1 パフォーマンスアナライザー

Power BIのレポートのデータ量が多くなったり、レポートの構造が複雑になったりすると、Power BIのパフォーマンスが落ちることがあります。このとき、「どの修正がきっかけで遅くなったのか」というパフォーマンス低下の原因が突き止められないと、その対策も難しくなります。

Power BIには**パフォーマンスアナライザー**という機能があり、それを使用することで、ビジュアルごとの表示スピードを確認できます。また、ビジュアルごとに、DAXクエリ(DAX式の処理)および表示にかかった時間も確認できるので、パフォーマンス低下の原因究明と対策が容易になります。

表示スピードを確認する手順

1 「最適化」リボンの「パフォーマンスアナライザー」を選択する

2 「記録の開始」➡「ビジュアルを更新します」➡「停止」を順番に実行する

この作業により、ビジュアルを更新したときの処理時間を記録します。

3 結果を確認する

ビジュアルごとの処理時間を確認できます。そこで、極端に遅い処理がないかどうか確認します。

▼パフォーマンスアナライザーの画面

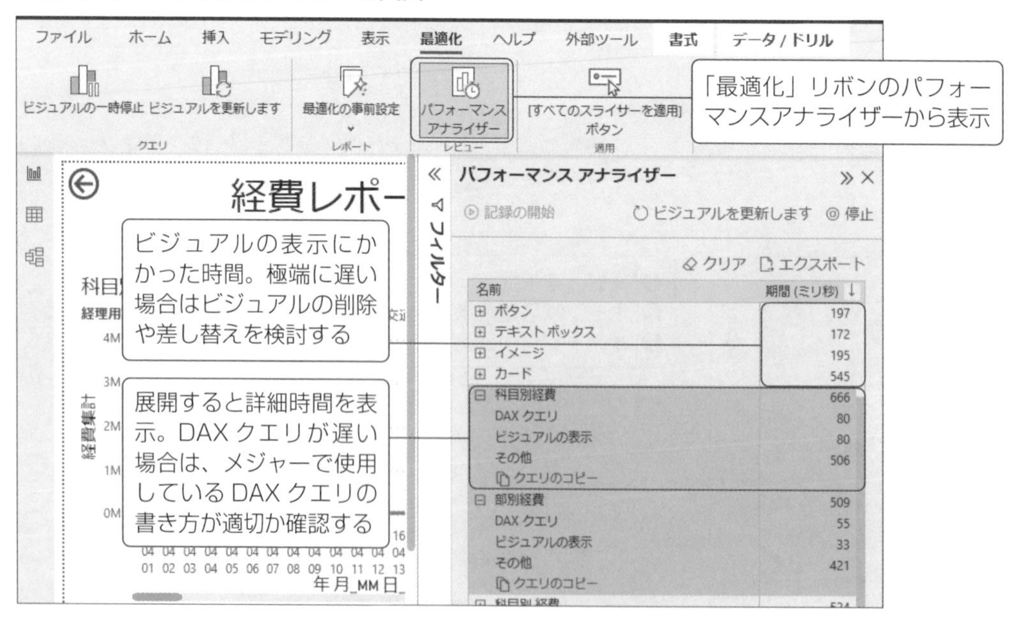

演習：パフォーマンスアナライザーの実行

パフォーマンスアナライザーの機能を使用して、各ビジュアルの処理時間を確認します。

1　パフォーマンスアナライザーを開く

「最適化」リボンから「パフォーマンスアナライザー」を開きます。

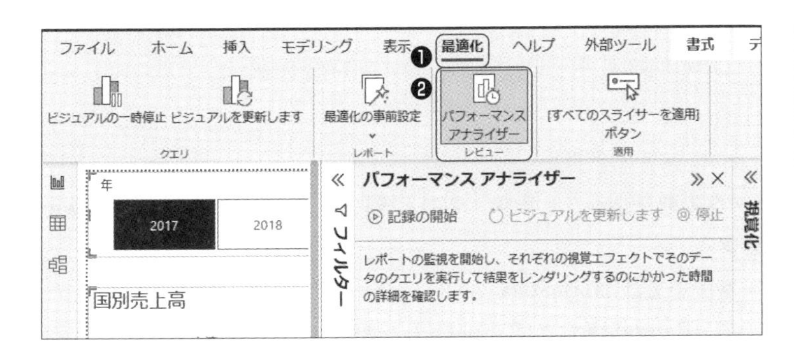

❶「最適化」リボンを選択
❷「パフォーマンスアナライザー」を選択

2　記録を開始する

パフォーマンスアナライザーのウィンドウ上部にあるリンクを、「記録の開始」から順番にクリックします。ビジュアル単位の処理時間が表示されるので、その結果を確認します。

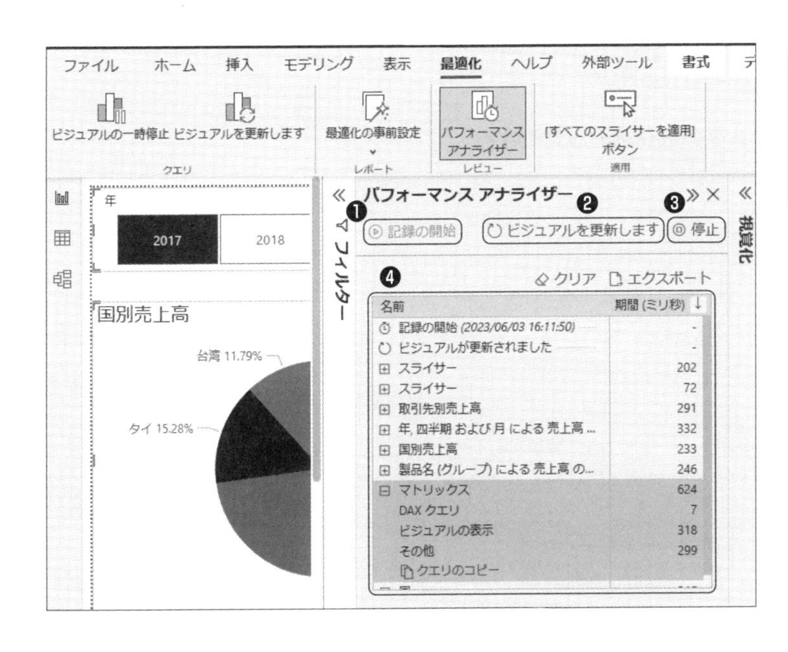

❶「記録の開始」を実行
❷「ビジュアルを更新します」を実行
❸「停止」を実行
❹結果を確認

7.4.2　増分更新

Power BIのデータは全件更新が基本です。そのため、データ容量が大きいテーブルを使用している場合は、更新時間が問題となってきます。例えば、1日に100件の日次データが追加される情報を5年分持っているとします。この場合、100件の更新のために、18万件ほどのデータを毎日更新しなくてはならなくなります。そこで、更新時間を短縮するために、指定期間のデータだけを変更する**増分更新**機能が備わっています。

※**注意**　増分更新は有料のPower BIサービス用の機能です。Power BI Desktop単体では利用できません。

増分更新の設定の手順

1　Power BI Desktopでデータの取り込みをします。そのときに、「データの変換」からPower Queryエディターを開きます。

2　Power Queryエディターを開いて、「RangeStart」と「RangeEnd」のパラメータを追加します。

3　Power Queryエディターで、「RangeStart」と「RangeEnd」を使用した抽出条件を追加します。

4　Power BI Desktopで、テーブルの右クリックメニューから「増分更新」をチェックして設定します。

5　レポートを保存して、Power BIサービスに登録します。

演習：増分更新の設定の手順

この演習では、増分更新の設定をします。

1　Power BI Desktopでデータの取り込み設定をする

「データ取得機能」からデータを取り込みます。次にPower Queryエディターを開きます。

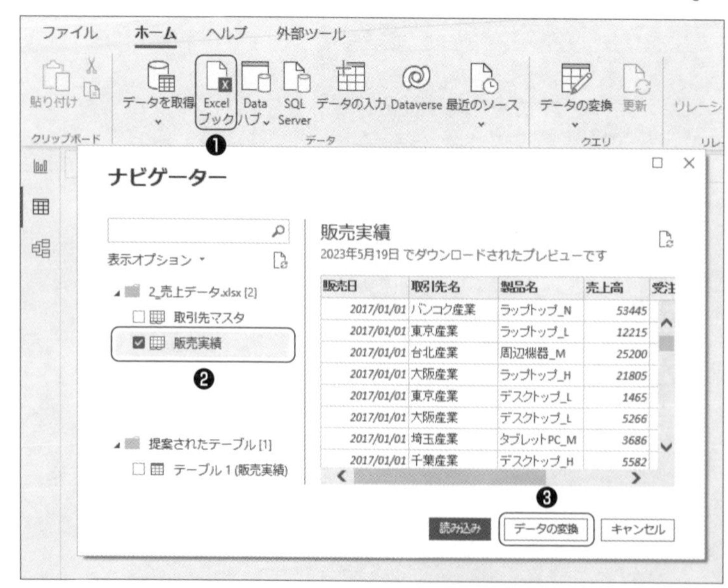

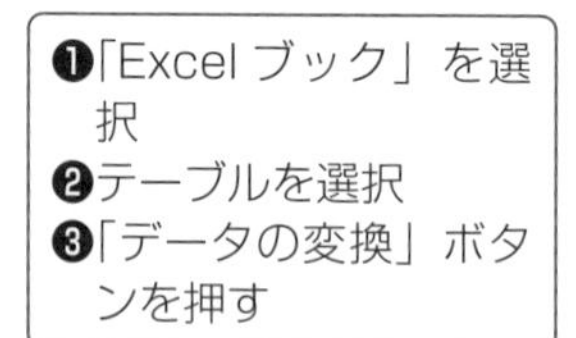

❶「Excel ブック」を選択
❷テーブルを選択
❸「データの変換」ボタンを押す

2　Power Queryエディターでパラメータを追加する

「RangeStart」と「RangeEnd」のパラメータを追加します。違う名前を使用すると動かなくなるので、名前は変えないでください。

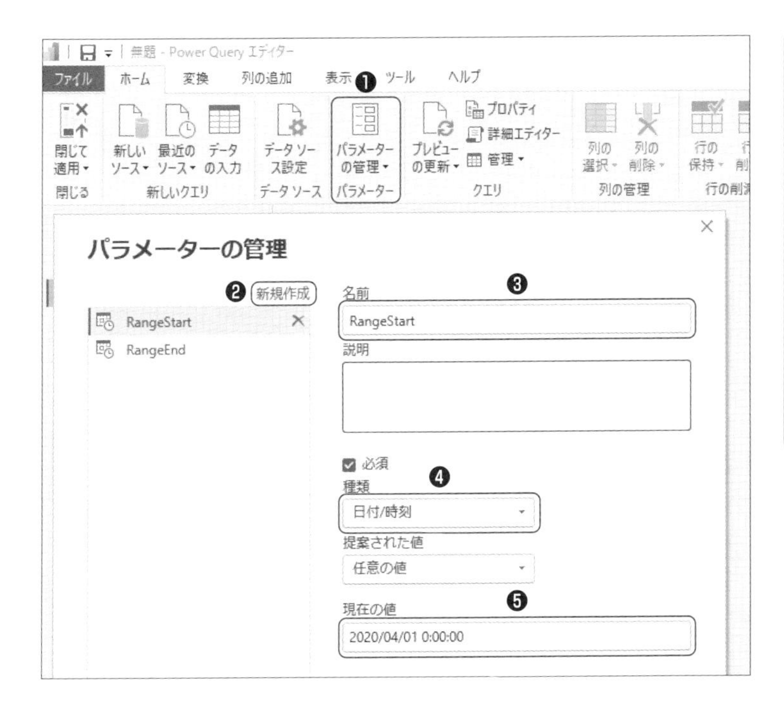

❶「パラメータの管理」を選択
❷「新規作成」をクリック
❸「名前」に「RangeStart」と入力
❹「種類」で「日付／時刻」を選択
❺「現在の値」にデフォルト値の日付をセット

同様にRangeEndも追加する

3　Power Queryエディターでデータにフィルターを設定する

「販売日」がRangeStartとRangeEndの間となっているデータのみを抽出するように、フィルターを追加します。

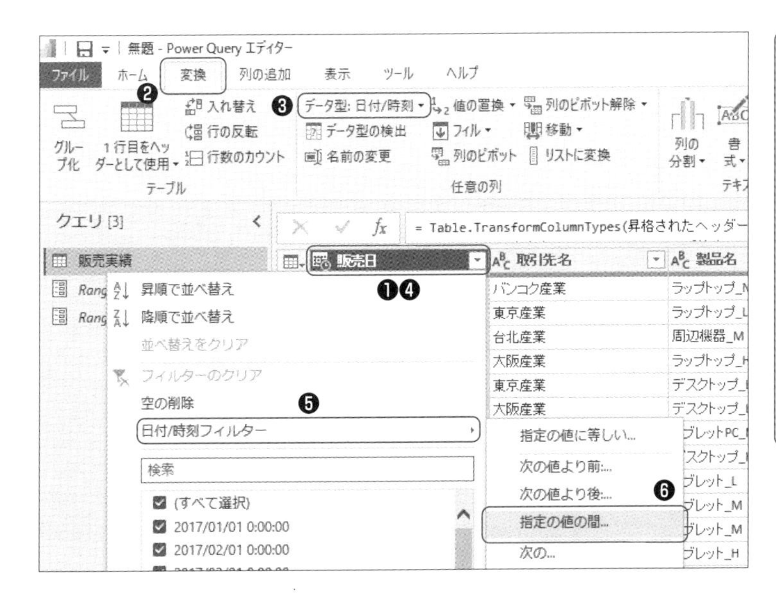

❶対象の日付列（ここでは「販売日」列）を選択
❷「変換」リボンを選択
❸データ型を「日付／時刻」に変更
❹対象の日付列のフィルターアイコンをクリック
❺「日付／時刻フィルター」を選択
❻「指定の値の間」を選択

パラメータには、次のように「RangeStart」の値以降、「RangeEnd」の値以前で設定します。
設定が終わったら、Power Query エディターを、左上端の「閉じて適用」から閉じます。

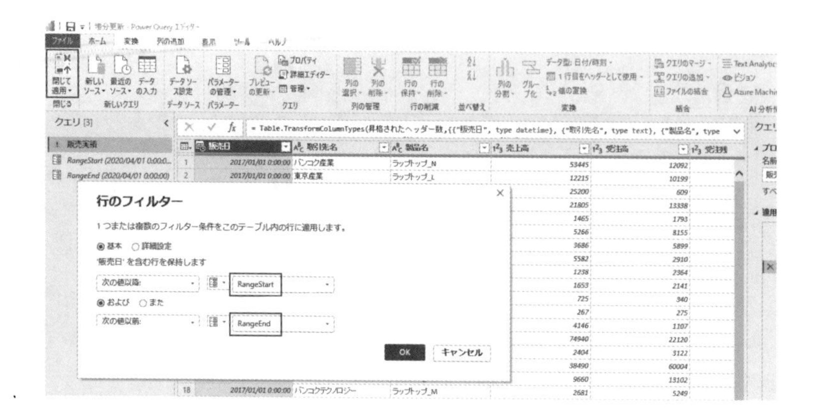

4 Power BI Desktopで増分更新を設定する

増分更新を設定したいテーブルを右クリックして、「増分更新」を選択します。

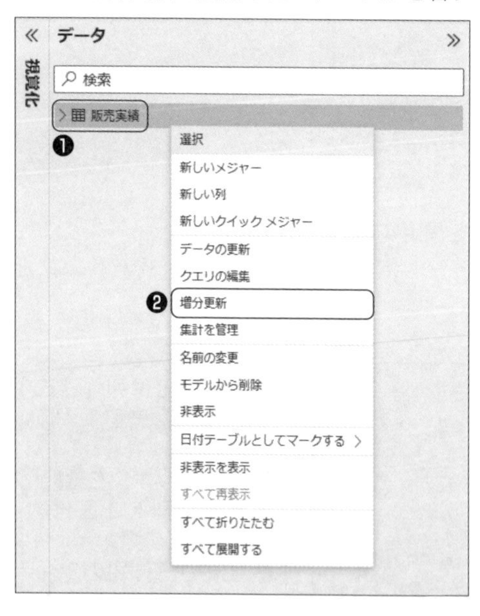

❶テーブルを右クリック
❷「増分更新」選択

5 Power BI Desktopで増分更新のパラメータを設定する

アーカイブデータ期間および増分更新の開始期間を設定します。

アーカイブに表示されている表示日付の期間はPower BI上に保存され、データ更新されないデータです。アーカイブの開始期間の前のデータは削除されます。増分更新の表示日付の期間のデータが、更新処理で更新されます。

画面を開いたときに、「テーブルの選択」が表示されない場合は、Power Queryでの設定がうまくいっていません。手順の2〜3を再度確認してください。

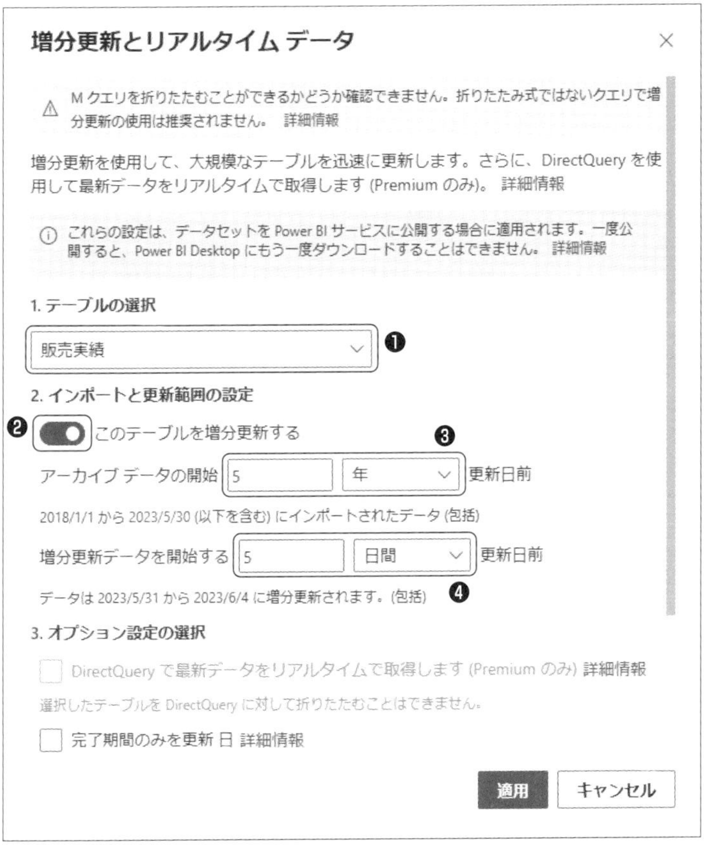

増分更新とリアルタイム データ

M クエリを折りたたむことができるかどうか確認できません。折りたたみ式ではないクエリで増分更新の使用は推奨されません。 詳細情報

増分更新を使用して、大規模なテーブルを迅速に更新します。さらに、DirectQuery を使用して最新データをリアルタイムで取得します (Premium のみ)。 詳細情報

これらの設定は、データセットを Power BI サービスに公開する場合に適用されます。一度公開すると、Power BI Desktop にもう一度ダウンロードすることはできません。 詳細情報

1. テーブルの選択

販売実績 ❶

2. インポートと更新範囲の設定

❷ このテーブルを増分更新する

アーカイブ データの開始 5 年 更新日前 ❸

2018/1/1 から 2023/5/30 (以下を含む) にインポートされたデータ (包括)

増分更新データを開始する 5 日間 更新日前

データは 2023/5/31 から 2023/6/4 に増分更新されます。(包括) ❹

3. オプション設定の選択

DirectQuery で最新データをリアルタイムで取得します (Premium のみ) 詳細情報

選択したテーブルを DirectQuery に対して折りたたむことはできません。

完了期間のみを更新 日 詳細情報

適用 キャンセル

❶対象テーブルを選択
❷増分更新をオンにする
❸アーカイブ開始期間を設定
❹増分更新期間を設定

以上でPower BIの役に立つ機能の紹介を終わります。ふつうにPower BIのレポートを作成していると、気が付かない機能が多かったと思います。このような機能を学ぶには、ふだんから他の人が作成したレポートを見るように心がけるのがいいでしょう。面白い表現方法や機能を見つけたときに、作り方を確認しておくと徐々に自分のレパートリーを増やすことができます。Power BIはシンプルですが、ビジュアルや機能の組み合わせで多彩な表現ができます。本書があなたのPower BIレポートの作成に少しでもお役に立てれば幸いです。

索　引

●あ行

●か行

●さ行

●た行

●な行

●は行

●ま行

●や・ら・わ行

●アルファベット

著者プロフィール

片平　毅一郎（かたひら　きいちろう）

株式会社アドバンテストのIT部門に所属。
ERPの国内導入とグローバル導入時の過去2回に、新規レポートシステム構築のテックリードを担当。専攻は計量経済学でデータ分析を習得。一橋大学卒。
Power BIのブログも書いているので、本書の補完にぜひ訪れてください。

▼Power BI道場
https://www.katalog.tokyo/

技術校閲

福澤　公子（ふくざわ　きみこ）

プライスウォーターハウスコンサルティング(現PwCコンサルティング)に入社。
SCMコンサルタントとして、生産計画作成システムの導入を推進。その後、日本アイ・ビー・エム株式会社のファイナンス部門にてアウトソーシング契約の財務分析に従事した。

基本操作からレポート作成までわかる！
Microsoft Power BIの教科書[第2版]

発行日	2023年　8月27日	第1版第1刷
	2024年　7月18日	第1版第2刷

著　者　片平　毅一郎

発行者　斉藤　和邦
発行所　株式会社　秀和システム
〒135-0016
東京都江東区東陽2-4-2　新宮ビル2F
Tel 03-6264-3105（販売）Fax 03-6264-3094
印刷所　三松堂印刷株式会社

ISBN978-4-7980-7018-6 C3055

定価はカバーに表示してあります。
乱丁本・落丁本はお取りかえいたします。
本書に関するご質問については、ご質問の内容と住所、氏名、電話番号を明記のうえ、当社編集部宛FAXまたは書面にてお送りください。お電話によるご質問は受け付けておりませんのであらかじめご了承ください。